数据库原理及应用

（第3版）

U0230285

主　编◉姜代红
副主编◉刘风华　胡局新

清华大学出版社
北京

内 容 简 介

本书全面介绍了数据库系统的基本原理、基本操作、数据库设计和应用技术，并以具体的校企合作案例，完整地介绍了数据库应用系统开发的整个过程。本书主要内容包括数据库系统概述、关系数据库、关系数据库标准语言 SQL、关系规范化理论、数据库设计、数据库保护技术、SQL Server 2019 应用、数据库应用系统开发技术、数据库应用系统开发案例和数据库技术新进展。本书与中国大学 MOOC 网站的"数据库原理及应用"课程配套使用，网站提供丰富的资源，包括教学课件、教学视频、实验资源、习题参考答案和数据库应用系统开发案例程序源码等。

本书既可作为高等院校计算机及相关专业的教材，又可作为从事计算机软件工作的科技人员、工程技术人员以及其他相关人员的参考书。

图书在版编目（CIP）数据

数据库原理及应用 / 姜代红主编. -- 3 版.

北京：清华大学出版社，2024.7. -- ISBN 978-7-302
-66689-9

Ⅰ. TP311.13

中国国家版本馆 CIP 数据核字第 2024S62Y38 号

责任编辑：邓　艳
封面设计：刘　超
版式设计：文森时代
责任校对：马军令
责任印制：丛怀宇

出版发行：清华大学出版社
　　　网　　　址：https://www.tup.com.cn，https://www.wqxuetang.com
　　　地　　　址：北京清华大学学研大厦 A 座　　　　　邮　　编：100084
　　　社　总　机：010-83470000　　　　　　　　　　邮　　购：010-62786544
　　　投稿与读者服务：010-62776969，c-service@tup.tsinghua.edu.cn
　　　质量反馈：010-62772015，zhiliang@tup.tsinghua.edu.cn
印　装　者：三河市人民印务有限公司
经　　销：全国新华书店
开　　本：185mm×260mm　　　印　　张：20　　　字　　数：512 千字
版　　次：2010 年 12 月第 1 版　　2024 年 7 月第 3 版　　印　　次：2024 年 7 月第 1 次印刷
定　　价：65.00 元

产品编号：103545-01

本书编委会

主　　编：姜代红

副主编：刘风华　　胡局新

编　　委：李子龙　　王小磊　　冯仕民

　　　　　罗程果　　丁　娟　　师忠凯

参编企业：江苏昆山杰普软件科技有限公司

前　　言

数据库技术是计算机科学技术中发展最快、应用最广泛的技术之一，在计算机辅助设计、人工智能、大数据、电子商务和科学计算等领域均得到广泛应用，已经成为计算机信息系统和应用系统的核心技术和重要基础。

本书是国家级线上线下混合式一流本科课程"数据库原理及应用"配套教材，同时是江苏省高等学校精品教材和"十二五"江苏省高等学校重点教材。第 2 版秉承着强化基础、紧密联系实际应用、为教学和社会及产业服务的原则，以数据库应用实例贯穿于各章节，将数据库基本原理、技术与应用三者有机结合起来，突出实践应用。本次修订继续保留并强化了这些特色，结合作者二十多年的教学实践与对数据库理论与技术的深层理解，融入数据库前沿技术，采用具体校企合作案例完整地介绍数据库应用系统开发的整个过程，进一步优化内容、淘汰旧知识、充实新技术，更新案例教学，补充实验指导，增加思政元素，形成理论与应用相结合的具有微课资源、MOOC 资源、实验资源的立体化教材。

本书的主要特点是突出基础性和应用性。其目标是帮助读者掌握数据库的基本理论，并培养数据库应用开发能力。通过实例，帮助读者更好地理解抽象的理论知识；通过应用开发设计，提高读者解决实际问题的能力；通过大量习题，检查读者对基本知识的掌握程度。

本书全面介绍了数据库系统的基本概念、基本原理和应用技术。全书共 10 章。第 1 章是数据库系统概述，主要介绍了数据库技术的产生与发展、相关概念、特点、体系结构和数据模型等；第 2 章是关系数据库，主要介绍了关系数据库的数据结构、关系操作和关系完整性约束；第 3 章是关系数据库标准语言 SQL，以丰富的示例生动、具体地讲解了 SQL 的数据定义、数据查询、数据操作、视图、索引及数据控制；第 4 章是关系规范化理论，主要讲解了函数依赖、范式和关系模式分解；第 5 章是数据库设计，通过实例着重讲解了需求分析、概念结构设计、逻辑结构设计、物理结构设计及数据库的实施和维护；第 6 章是数据库保护技术，主要介绍了数据库的安全性保护、完整性保护、并发控制和恢复；第 7 章是 SQL Server 2019应用，通过实例介绍了 T-SQL 语言、数据库管理、存储过程、触发器和游标；第 8 章是数据库应用系统开发技术，介绍了数据库访问技术，并以 MyEclipse 为例介绍了数据库管理系统的开发过程；第 9 章是数据库应用系统开发案例，通过实际校企合作数据库应用系统开发的案例，展示了数据库应用系统开发的整体过程；第 10 章是数据库技术新发展，主要介绍了分布式数据库、面向对象数据库、XML 数据库、数据仓库及数据挖掘技术、NoSQL 数据库。

本教材的修订由姜代红主持并负责全书的统稿，其中，姜代红修订第 1 章、第 2 章，刘凤华修订第 3 章和第 7 章，李子龙修订第 4 章中的部分内容及第 10 章，师忠凯修订第 4 章中的部分内容，王小磊修订第 5 章，冯仕民、丁娟修订第 6 章，胡局新修订第 8 章和编写第 9章的部分内容，罗程果（企业）编写第 9 章部分内容。

很多老师对这次教材的修订给予了很大帮助，尤其是前两版的编者及承担本课程教学工作的程红林、蒋秀莲、孙宁等老师，他们对本教材的再版提出了很多建设性意见和建议，在此一并表示感谢，也向使用前两版教材和提供宝贵意见的师生表示感谢！

同时作者所在学院和昆山杰普软件科技有限公司也给予了大力的支持和保障，在此表示感谢！

　　在本书的修订过程中，我们参阅和借鉴了相关参考文献及资料，吸收了许多同人和专家的宝贵经验，在此深表谢意！

　　衷心感谢清华大学出版社的编辑们，正是他们的辛勤工作，才使得本书修订得以顺利出版。

　　由于作者水平有限，加之时间紧张，书稿虽几经修改，仍难免存在缺点，恳请广大读者给予批评指正。另外，为了方便教学，本书配套有教学课件、教学视频、试题库、习题参考答案、案例程序源码和实验指导等教学资源。在中国大学 MOOC 平台上，开设了"数据库原理及应用"课程，可前往学习和下载课程配套资源，也可到清华大学出版社网址（www.tup.com.cn）下载，其他方面的需求可与作者联系。

编　者

目　　录

第 1 章　数据库系统概述

世界著名未来学家阿尔文·托夫勒指出："谁握住了信息（数据），谁控制了网络，谁就将拥有整个世界。"这句话充分体现了数据的重要性，数据库技术作为信息化建设的核心，对各领域的数据处理至关重要，数据库的建设规模、数据量和使用频度，已成为衡量国家科技水平和信息化程度的重要标准。

本章学习目标： 了解数据库技术的产生与发展；理解数据库系统的相关概念、特点和内容；掌握数据模型的数据结构及其特点；理解数据库系统采用三级模式结构；学会概念模型与逻辑模型及其应用；掌握数据库管理系统的组成及其工作模式，了解国内外常用的数据库管理系统。

1.1　数据库技术的产生与发展

1.1.1　数据和数据管理技术

数据库系统的目标是高效地管理和共享大量的信息，因为信息和数据是分不开的。

1. 数据

数据（Data）是数据库中存储的基本对象。由于早期的计算机系统主要用于科学计算，处理的数据基本都是整数、浮点等数值型数据，因此，人们头脑中对数据的第一个反应就是数字，其实数字只是数据最简单的一种形式，在现代计算机系统中数据的种类非常丰富，例如，文本、图像、声音、视频等都是数据。

数据是用来记录信息的可识别的符号组合，是信息的具体表现形式，例如，一个学生的信息可以用一组数据"20160509244，张三，男，18，软件工程"来表示。数据必须和语义相结合才有实际意义。上面这组数据表示的信息是一个姓名为张三的学生，学号为20160509244，性别为男，年龄为 18 岁，专业为软件工程。

数据的表现形式是多样的，可以用多种不同的数据形式表示同一个信息。例如，"2016年股市将上涨 60%""二〇一六年股市将上涨 60%""2016 年股市将上涨百分之六十"，这3 种不同的数据表现形式所表达的信息并无不同。

信息是客观世界中各种事物的特征或运动状态在人脑中的反映，体现了人们对事物的认识和理解程度。信息与数据是分不开的，它们既有联系，又有区别。数据是信息的符号表示（或称为载体），信息则是数据的内涵，是对数据语义的解释。

数据库领域中，通常处理的是像学生信息这样的数据，它是有结构的，称之为结构化数据。正因为如此，通常对数据、信息不做严格区分。

2．数据管理技术

数据管理指数据的收集、整理、组织、存储、检索和维护等操作处理过程，是数据处理的核心任务。

数据处理（也称信息处理）指从某些已知的数据出发，推导整理出一些新的数据，使其表示出一些新的信息的过程，涉及数据的收集、管理、加工直至产生新信息的全过程。如图 1-1（a）所示，通过数据处理，产生如图 1-1（b）所示的汇总信息量，从中可以看到，男生人数为 4 人，女生人数为 2 人。

Sno学号	Sn姓名	Sex性别
100101	姜珊	女
100102	李思	女
100103	孙浩	男
100104	周强	男
100105	李斌	男
100106	黄琪	男

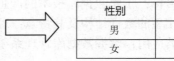

性别	人数
男	4
女	2

　　　　　（a）数据处理前　　　　　　　　　　　　　　　　　（b）数据处理后

图 1-1　数据处理过程

数据处理与数据管理相联系，数据管理技术的优劣将直接影响数据处理的效率。

1.1.2　数据管理技术的发展

计算机数据处理的速度和规模是人工方式或机械方式无可比拟的，随着数据处理量的增长，数据管理技术应运而生。随着计算机硬件、软件及计算机应用的发展，数据管理经历了人工管理、文件系统管理和数据库系统管理 3 个发展阶段。

1．人工管理阶段

20 世纪 50 年代中期以前，计算机主要用于科学计算，数据管理处于人工管理阶段，数据处理的方式是批处理。

当时计算机硬件存储设备主要有磁带、卡片、纸带等，还没有磁盘等直接存取的存储设备；软件也处于初级阶段，没有操作系统和管理数据的专门软件。数据的组织和管理完全靠程序员手工完成，因此也称为手工管理阶段，该阶段数据的管理效率很低，具有以下特点。

（1）不保存数据。因为计算机主要用于科学计算，不要求将数据长期保存，只是在每次计算时，将数据和程序输入计算机内存中，然后进行计算，最后将计算结果输出，所以计算机中不保存数据和程序。

（2）应用程序管理数据。数据需要由应用程序管理，每个应用程序不仅要考虑数据的逻辑结构，还要考虑设计其物理结构，包括数据的存储结构、存取方法和输入方式等，使得程序员的工作量很大。

（3）数据不共享，冗余度大。每个程序都有自己的一组数据，程序与数据融为一体，相互依赖。当多个应用程序涉及某些相同的数据时，势必造成数据重复存储的现象，这种现象称为数据冗余。因此，程序之间有大量的冗余数据。

（4）程序与数据不具有独立性。程序依赖于数据，如果数据发生变化，必须对应用程序做相应的修改，因此，数据与程序不具有独立性，该特点加重了程序员的负担。

数据独立性是数据库领域中一个常用术语和重要概念，说明程序与数据的分离程度。

在人工管理阶段，程序与数据之间是一一对应关系，如图 1-2 所示。

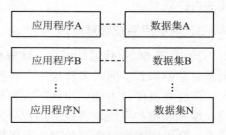

图 1-2　人工管理阶段程序与数据间的关系

2. 文件系统管理阶段

20 世纪 50 年代后期到 20 世纪 60 年代中期，数据管理进入文件系统阶段，数据处理方式上不仅有批处理，而且能够联机实时处理。

计算机得到了广泛应用，这时的计算机不仅用于科学计算，还用于信息管理。在硬件方面，已经有了磁盘、磁鼓等直接存取的存储设备；在软件方面，有了操作系统和专门用于管理数据的应用软件（即文件系统），具有以下特点。

（1）数据可以长期保存。计算机大量用于数据处理，数据需要长期保留在外存设备上，以供进行查询、修改、插入和删除等操作。

（2）文件系统管理数据。文件系统把数据组织成内部有一定结构的记录，并以文件的形式存储在存储设备上，这样，程序只与存储设备上的文件交互，不必关心数据的物理存储（如存储位置、结构等），而由文件系统提供的存取方法实现数据的存取，从而实现按文件名访问，按记录进行存取。

（3）程序与数据之间有一定的独立性。程序通过文件系统对数据文件中的数据进行读取和处理，使得程序和数据之间具有设备独立性，即当改变存储设备时，不必改变应用程序。程序员不需要考虑数据的物理存储，而将精力集中于算法程序设计上，大大减少了维护程序的工作量。

在文件系统管理阶段，程序与数据之间的关系如图 1-3 所示。

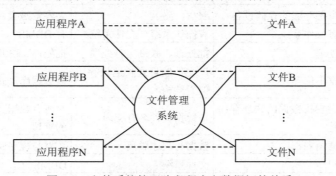

图 1-3　文件系统管理阶段程序和数据间的关系

尽管文件系统有上述优点，但仍存在以下缺点。

（1）数据共享性差，冗余度大。在文件系统中，一个文件基本上对应一个应用程序，即文件仍然是面向应用的。当不同的应用程序具有部分相同的数据时，也必须建立各自的文件，不能共享相同的数据，这就会造成同一个数据重复存储，因此数据冗余度大，浪费存储空间。

同时，相同数据的重复存储、各自管理，可能造成数据的不一致性，给数据的修改和维护带来困难。

（2）数据独立性差。数据仍然依赖于应用程序，缺乏独立性，不能反映现实世界事物之间的内在联系。

3．数据库系统管理阶段

20 世纪 60 年代后期以来，计算机用于管理数据的规模更为庞大，应用越来越广泛，数据量也急剧增长，同时多种应用、多种语言互相覆盖地共享数据集合的要求越来越强烈。

在计算机硬件方面，出现了大容量、存取快速的磁盘。同时软件价格上升，硬件价格下降，编制和维护系统软件及应用程序所需的成本相对增加；其中维护的成本更高，在处理方式上，联机实时和分布式处理的应用更多。

在这种背景下，以文件系统作为数据管理手段已经不能满足应用的需求。为满足多用户、多个应用程序共享数据的需求，使数据为尽可能多的应用服务，数据库技术应运而生，出现了统一管理数据的专门软件系统，即数据库管理系统（DataBase Management System，DBMS）。

数据库管理系统是数据管理技术发展的一个重大变革，将过去在文件系统中的以程序设计为核心、数据服从程序设计的数据管理模式改变为以数据库设计为核心、应用程序设计退居次位的数据管理模式，如图 1-4 所示。

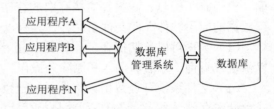

图 1-4　数据库系统管理阶段程序和数据间的关系

通过以上介绍，可对数据管理技术 3 个阶段的特点加以分析比较，如表 1-1 所示。

表 1-1　数据管理技术 3 个阶段的比较

要　　素	人工管理阶段	文件系统管理阶段	数据库系统管理阶段
时　　间	20 世纪 50 年代中期	20 世纪 50 年代后期至 20 世纪 60 年代中期	20 世纪 60 年代后期至今
应 用 背 景	科学计算	科学计算、管理	大规模管理
硬 件 背 景	无直接存取的存储设备	磁盘、磁鼓	大容量磁盘
软 件 背 景	没有操作系统	有操作系统（文件系统）	有 DBMS
处 理 方 式	批处理	批处理、联机实时处理	批处理、联机实时处理、分布处理
数 据 保 存 方 式	数据不保存	以文件的形式长期保存，但无结构	以数据库形式保存，有结构
数 据 管 理	考虑安排数据的物理存储位置	与数据文件名打交道	对所有数据实行统一、集中、独立的管理
数 据 与 程 序	数据面向程序	数据与程序脱离	数据与程序脱离，实现数据的共享
数 据 的 管 理 者	用户	文件系统	DBMS
数 据 面 向 的 对 象	某一应用程序	某一应用程序	现实世界
数 据 的 共 享 程 度	无共享	共享性差	共享性好
数 据 的 冗 余 度	冗余度极大	冗余度大	冗余度小
数 据 的 独 立 性	不独立，完全依赖于程序	独立性差	具有高度的物理独立性和一定的逻辑独立性

续表

要　　素	人工管理阶段	文件系统管理阶段	数据库系统管理阶段
数据的结构化	无结构	记录内有结构，整体无结构	整体结构化，用数据模型描述
数据的控制能力	应用程序控制	应用程序控制	由 DBMS 提供数据的安全性、完整性、并发控制和恢复能力

　　数据管理技术进入数据库系统阶段，起到奠基作用的是 20 世纪 60 年代末的 3 个里程碑事件，标志着数据库技术已发展到成熟阶段，并具有坚实的数学理论基础。

　　（1）1968 年，美国 IBM 公司研制、开发出世界上第一个商品化的数据库管理系统 IMS（Information Management System），它是一个典型的层次数据库系统。

　　（2）1969 年，美国数据系统语言协会 CODASYL（Conference on Data System Language）下属的数据库任务组 DBTG（DataBase Task Group）发表了一系列研究数据库方法的 DBTG 报告，提出了网状数据模型。

　　（3）1970 年，美国 IBM 公司 San Jose 研究实验室的研究员 E. F. Codd 发表了题为《大型共享数据库的数据关系模型》的论文，文中提出了数据库的关系模型，定义了关系数据库的基本概念，引进了规范化理论，奠定了关系数据库的坚实理论基础，并一直沿用至今。

　　20 世纪 90 年代，面向对象技术迅猛发展，人们也提出面向对象的数据库，用于存储复杂的数据对象。虽然面向对象数据库在存储空间数据和媒体数据时具有一定的优势，却未能在数据库领域得到广泛的应用。后来，关系数据库厂商通过扩展的方式将面向对象数据库的优点整合到自己的产品中。

1.2　数据库系统的基本概念

1.2.1　数据库

　　数据库（DataBase，DB）直接从字面意思理解，就是存储数据的仓库，只不过这个仓库存在于计算机的存储设备上。

　　严格地讲，数据库是指在计算机的存储设备上合理存放的，相关联、有结构的数据集合。该定义具有以下含义。

　　（1）数据库是在计算机的存储设备上存放的，属于计算机领域的一个术语。

　　（2）数据库是一个数据集合。

　　（3）数据集合是有结构的，这一点也是和文件系统相比最大的特点之一。

　　（4）数据集合是相关联的。

　　（5）数据集合是合理存放的。

　　因此，数据库中的数据按一定的数据模型组织和存储，可共享并具有较小的冗余度，数据之间相互联系而又有较高的独立性。

　　例如，图书馆可能同时有描述图书的数据（图书编号、书名、单价、作者、出版社、出版日期）和图书借阅数据（读者编号、图书编号、单价、借阅时间、借阅天数）。在这两个数据中，图书编号是重复的，称为冗余数据。在构造数据库时，由于数据可以共享，因此，可以消除数据的冗余，只存储一套数据即可。

1.2.2　数据库管理系统

数据库管理系统（DBMS）是位于用户与操作系统之间的一层数据管理软件，为用户或应用程序提供访问数据库的方法，包括数据定义、查询、更新及各种数据控制。DBMS 总是基于某种数据模型，可以分为层次型数据模型、网状型数据模型、关系型数据模型和面向对象数据模型。DBMS 的主要功能、组成和重要地位见 1.6 节。

1.2.3　数据库系统

数据库系统是指在计算机系统中引入数据库后的系统，它不仅包含数据库管理软件和数据库，还可以按照数据库方式存储、维护、提供数据。数据库系统一般由数据库、硬件系统、软件系统和人员 4 部分组成，如图 1-5 所示。

1. 数据库

数据库是某一信息应用领域内与各项应用有关的全体数据的集合，可独立于应用由 DBMS 单独创建和维护。创建的数据库存储在磁盘等物理存储介质上，向应用系统提供数据支持。

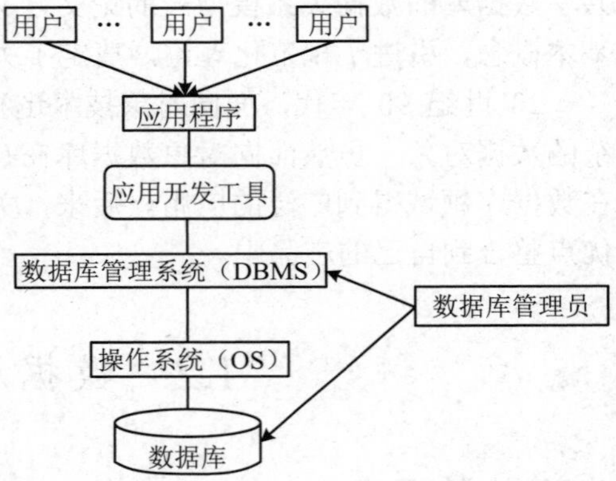

2. 硬件系统

由于数据库中的数据量很大，因此对硬件的要求也较高，要有足够大的内存和硬盘来存放数据库和做数据备份。要求系统有较高的通信能力，以提高信息传送率。

图 1-5　数据库系统组成

3. 软件系统

软件系统包括数据库管理系统、操作系统、语言工具与开发环境、数据库应用系统等。

4. 人员

开发、管理和使命数据库系统的人员主要有数据库管理员、系统分析员和数据库设计人员、应用程序员和终端用户。数据库系统人员具体介绍如下。

1）数据库管理员

数据库管理员负责全面管理和控制数据库的人员，其具体职责包括：确定数据库中的信息内容和逻辑结构；确定数据库的存储结构和存取策略；定义数据的安全性和完整性约束条件；监控数据库的使用和运行；进行数据库的改进和重组重构。

2）系统分析员和数据库设计人员

系统分析员主要负责应用系统的需求分析和规范说明，需和用户及数据库管理员相配合，确定系统的硬件、软件配置，并参与数据库的概要设计。数据库设计人员参与用户需求调查、应用系统的需求分析，主要负责数据的设计，包括各级模式的设计、确定数据库中的数据等。

3）应用程序员

应用程序员负责设计、编写数据库应用的程序模块，用以完成对数据库的操作。使用某些高级语言或利用多种数据库开发工具生成应用程序，组成系统，并负责调试和安装。

4）终端用户

终端用户是通过应用系统的用户界面使用数据库的普通用户，如车站的售票员等。

一般在不引起混淆的情况下，人们常常把数据库系统简称为数据库。

1.3　数据库系统的特点

20 世纪 70 年代以来，数据库技术迅速发展，技术人员开发出许多相关产品，并投入运行。使用数据库系统来管理数据比使用文件系统具有明显的优势，从文件系统到数据库系统，是数据管理技术的一个飞跃，该阶段的特点如下。

1．数据结构化

数据结构化是文件系统与数据库系统的根本区别之一。数据库系统中的数据采用一定的数据模型来组织、描述和存储，数据模型不仅能够描述数据本身的特征，还能够描述现实世界中各种数据组织和数据间的联系。

2．数据冗余度小、共享性高，避免了数据的不一致性

数据库中的数据是面向所有用户的数据需求、面向整个系统组织的，可以共享。因此，不同用户、不同应用可同时存取数据库中的数据，每个用户或应用只使用数据库中的一部分数据，同一数据可供多个用户共享，从而减少了不必要的数据冗余，节省了存储空间，也避免了数据之间的不一致性，即避免了同一数据在数据库中的重复存储。

在此需说明一点，从理论上讲，数据库中的数据应该是冗余度越小越好。然而，在实际运行的数据库系统中，为了提高查询效率，在某种程度上仍然保留一些重复数据，称为可控冗余度，由系统负责对冗余数据进行检查、维护。

3．数据独立性高

数据独立性是指数据库中的数据与应用程序之间相互独立、互不依赖，这在很大程度上减少了应用程序设计与维护的工作量。

在数据库系统中，数据独立性一般分为数据的逻辑独立性和物理独立性。

逻辑独立性是指用户的应用程序与数据库的逻辑结构是相互独立的，数据库的逻辑结构发生变化时，用户的程序不需要改变。如在学生数据库表中，原有"学号""姓名""课程号""成绩"字段，在学生选课后，需要增加"课程名"字段，虽然数据库表的逻辑结构由（学号，姓名，课程号，成绩）变为（学号，姓名，课程号，课程名，成绩），但在学生选课基本情况的查询中，不需要改变应用程序，整个系统仍然可以正常运行。

物理独立性是指用户的应用程序与数据库的存储结构是相互独立的。改变数据库的存储结构时，不影响逻辑结构，只要不改变逻辑结构，就不影响应用程序。若某个数据库管理系统升级或进行了数据库迁移，管理系统一般会将以前的存储结构用新的存储方式进行存储，但逻辑结构是不变的，所以也不需要改变应用程序。

4．统一数据管理和控制功能

在数据库的数据管理方式下，应用程序不能直接存取数据，必须通过数据库管理系统这个中间接口才能访问数据，因此，数据库中的数据是由数据库管理系统统一管理和控制的。数据库管理系统必须提供以下 4 个方面的数据控制功能。

1）数据的安全性（Security）保护

数据的安全性保护是指保护数据以防止不合法的使用造成的数据泄露和破坏，每个用户只能按规定对某些数据以某些方式进行访问和处理。例如，数据库系统通常采取用户标识与鉴别实现安全保护，即每次用户要求进入系统时，由系统进行核对，合法者才具有使用权。

2）数据的完整性（Integrity）控制

数据的完整性是指数据的正确性、有效性和相容性。

- □　正确性：指数据的合法性。如学生表中的年龄属性是数值型，只能含有数字 0~9，不能含字母或特殊符号。
- □　有效性：指数据是否在定义的有效范围。如月份只能用 1~12 的正整数表示。
- □　相容性：指表示同一事实的两个数据应相同，不一致就是不相容。如一个人不能有两个性别。

3）并发控制（Concurrency Control）

并发控制是指多个用户同时存取或修改数据库时，避免因发生相互干扰而提供给用户不正确的数据，防止数据库受到破坏的各种技术。如多个用户可以同时读取数据，但同一时间只能允许一个用户写入数据。

4）数据库恢复（Recovery）

数据库恢复是指将数据库从错误状态恢复到某一正确状态的功能。如计算机系统的硬件故障、软件故障、操作员的失误等均会影响数据库中数据的正确性，甚至造成数据库中部分或全部数据丢失。

1.4　数　据　模　型

模型是对现实世界中某个对象特征的模拟和抽象。如飞机模型抽象了飞机的基本特征——机头、机身、机翼和机尾，可以模拟飞机的飞行过程，而数据模型（Data Model）是模型的一种，它是对现实世界中数据特征的抽象，是数据库系统的核心和基础，应满足 3 个方面的要求：一是能比较真实地模拟现实世界；二是容易理解；三是便于在计算机上实现。目前，一种数据模型要很好地满足这 3 个方面的要求尚很困难。

1.4.1　数据模型的类型

数据模型是数据库系统的基础，各种计算机上实现的 DBMS 软件都是基于某种数据模型的。为了把现实世界的具体事物抽象、组织为某一 DBMS 支持的数据模型，通常先把现实世界中的客观对象抽象为概念模型，然后把概念模型转换为某一 DBMS 支持的数据模型，这一过程如图 1-6 所示。

图 1-6　现实世界到计算机世界的数据建模过程

从图 1-6 可以看出，数据处理中，数据加工经历了现实世界、信息世界和计算机世界 3 个不同世界的两级抽象和转换。

在数据库系统中，针对不同的使用对象和应用目的，可将数据模型分为两类：概念数据模型和逻辑数据模型。

1．概念数据模型

概念数据模型也称概念模型，按照用户的观点对数据建模，强调其语义表达能力。概念模型简单、清晰、易于用户理解，是用户和数据库设计人员之间进行交流的语言和工具，它是一种独立于计算机系统的数据模型，完全不涉及信息在计算机中的表示，只是用来描述某个特定组织所关心的信息结构，是对现实世界的第一层抽象，是存在于人们头脑中的信息模型。例如，E-R 模型、扩充 E-R 模型均属于这类模型。

2．逻辑数据模型

逻辑数据模型也称逻辑模型，按计算机系统的观点对数据建模，有严格的形式化定义，主要用于 DBMS 实现，是对现实世界的第二级抽象。从概念模型到逻辑模型的转换可以由数据库设计人员完成，也可以用设计工具协助设计人员完成。逻辑模型主要包括层次模型（Hierarchical Model）、网状模型（Network Model）、关系模型（Relational Model）和面向对象模型（Object-Oriented Model）等。

1.4.2　数据模型的基本组成

数据模型通常由数据结构、数据操作和数据完整性约束 3 部分组成。

1．数据结构

数据结构描述数据库的组成对象及对象之间的联系，是系统静态特性的描述。它是数据模型最基本的组成部分，在数据库系统中，通常按照数据结构的类型来命名数据模型。例如，采用层次型数据结构、网状型数据结构和关系型数据结构的数据模型分别称为层次模型、网状模型和关系模型。

2．数据操作

数据操作是对数据库中数据对象执行的操作的集合，描述了数据的动态特征。这些操作主要包括两大类：查询和更新。数据模型要给出这些操作的确切含义、操作规则和实现操作的语言定义。例如，在关系模型中，数据操作提供了一组完备的关系运算（分为关系代数和关系演算两大类），以支持对数据库的各种操作。

3．数据完整性约束

数据的完整性约束条件是一组完整性规则的集合，定义了给定数据模型中数据及其联系所具有的制约和依存规则，用来限定符合数据模型的数据库状态及状态的变化，以保证数据库中数据的完整性。

在关系模型中，完整性约束分为实体完整性约束、参照完整性约束和用户自定义完整性约束。

1.4.3　概念数据模型

概念数据模型是从现实世界到计算机世界的一个中间层次，是数据库设计人员进行数据库设计的重要工具。其中，E-R 数据模型（Entity-Relationship Data Model）是最为著名和常用的概念模型，它由 Peter Pin-Shan Chen 于 1976 年提出，用来描述概念数据模型中的概念。概念数据模型涉及的概念有如下几个。

1．基本概念

1）实体（Entity）

实体是现实世界中客观存在并可相互区别的"事件"或"物体"的抽象。它可以是具体的人、事、物，也可以是抽象的概念或联系。

例如，一个学校、一名教师、一个部门、一门课程、学生的一次选课等。

2）实体集（Entity Set）

实体集指同类实体的集合。例如，一个班级的全体学生、一批商品等。

3）属性（Attribute）

实体所具有的某一特性称为属性。一个实体可以有很多特征，因此也可以有很多属性。例如，学生实体具有学号、姓名、性别、年龄、所在院系等属性；课程实体具有课程号、课程名、学时等属性。

4）关键字

能唯一标识一个实体的属性或属性集称为关键字。例如，学生学号是学生实体的关键字，学号和课程号是选课关系的关键字。

5）域（Domain）

域指实体中属性的取值范围。例如，学生性别属性域是{男，女}，学生成绩属性域是{0,1,2,…,100}。

6）联系（Relationship）

实体与实体之间、实体与实体集之间或实体集与实体集之间的关联称为联系。

联系通常可分为如下 3 种。

（1）一对一联系（1∶1）。如果对于实体集 A 中的每一个实体，实体集 B 中至多有一个（也可以没有）实体与之联系，反之亦然，则称实体集 A 与实体集 B 具有一对一联系，记为 1∶1，如图 1-7 所示。

例如，学校里面，一个班级只有一个正班长，而一个班长只在一个班级中任职，则班级与班长之间具有一对一联系。

（2）一对多联系（1∶n）。如果对于实体集 A 中的每一个实体，实体集 B 中有 n 个实体

（$n \geqslant 0$）与之联系，而对于实体集 B 中的每一个实体，实体集 A 中至多有一个实体与之联系，则称实体集 A 与实体集 B 有一对多联系，记为 $1:n$，如图 1-8 所示。

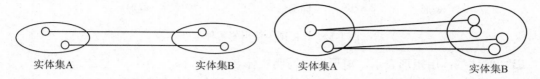

图 1-7　两个实体集之间的 1∶1 联系　　　　图 1-8　两个实体集之间的 1∶n 联系

例如，一个班级中有若干名学生，而每个学生只属于一个班级，则班级与学生之间具有一对多联系。

（3）多对多联系（$m:n$）。如果对于实体集 A 中的每一个实体，实体集 B 中有 n 个实体（$n \geqslant$ 0）与之联系；反之，对于实体集 B 中的每一个实体，实体集 A 中也有 m 个实体（$m \geqslant 0$）与之联系，则称实体集 A 与实体集 B 具有多对多联系，记为 $m:n$，如图 1-9 所示。

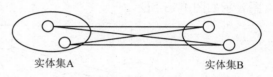

图 1-9　两个实体集之间的 $m:n$ 联系

例如，一门课程同时有若干个学生选修，而一个学生可以同时选修多门课程，则课程与学生之间具有多对多联系。

实际上，一对一联系是一对多联系的特例，而一对多联系又是多对多联系的特例。

一般地，两个以上的实体集之间也存在着一对一、一对多和多对多联系。例如，对于课程、教师与参考书 3 个实体集，如果一门课程可以由若干个教师讲授、使用若干本参考书，而每一个教师只讲授一门课程，每一本参考书只供一门课程使用，则课程与教师、参考书之间的联系是一对多的，如图 1-10 所示。

同一个实体集内的实体之间也可以存在一对一、一对多、多对多的联系。例如，教师实体集内部具有领导与被领导的联系，即某一教师（校长）领导若干名教师，而一个教师仅被另外一个教师（校长）直接领导，因此这是一对多的联系，如图 1-11 所示。

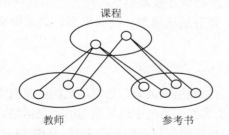

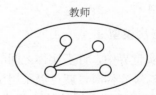

图 1-10　3 个实体集之间的 1∶n 联系　　　　图 1-11　一个实体集内部实体之间的 1∶n 联系

2. E-R 图

E-R 数据模型提供了表示实体、属性和联系的方法。这 3 个概念简单明了、直观易懂，用来模拟现实世界比较自然。用 E-R 数据模型对一个系统的模拟称为 E-R 数据模型。E-R 数据模型可以很方便地转换成相应的关系、层次和网状数据模式。E-R 数据模型可以用非常直观的 E-R 图（E-R Diagram）表示，E-R 图中包括如下几个主要符号，如图 1-12 所示。

图 1-12　E-R 图中使用的各种符号

- ❑ 实体型：用矩形表示，矩形框内写明实体名。
- ❑ 属性：用椭圆形表示，并用无向边将其与相应的实体连接起来。
- ❑ 联系：用菱形表示，菱形框内写明联系名，并用无向边分别与有关实体型连接起来，同时在无向边上标明联系的类型（1：1、1：n、m：n）。

例如，学生实体具有学号、姓名、性别、出生年份、入学时间、所在院系等属性，用 E-R 图表示如图 1-13 所示。

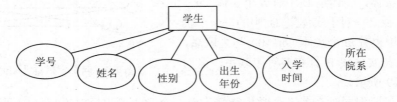

图 1-13　学生实体及其属性

需要注意的是，如果一个联系具有属性，则其属性也要用无向边与该联系连接起来。例如，学生与课程之间存在选课的 m：n 联系，成绩是选课的属性，用 E-R 图表示如图 1-14 所示。

图 1-14　学生与课程之间的 m：n 联系

1.4.4　逻辑数据模型

概念数据模型虽然能很好地模拟现实世界，但独立于具体的数据库系统，为了进一步把现实世界建成数据库系统可以识别的模型，就需要把概念数据模型转化为逻辑数据模型。

目前，数据库领域最常用的逻辑数据模型主要有层次模型、网状模型、关系模型和面向对象模型 4 种。

1. 层次模型

在现实世界中，许多实体之间的联系是一种自然的层次关系，如组织机构、家庭成员关系等。处理这类实体时，就可以采用层次模型。它是数据库系统中最早出现的数据模型，基于层次模型的数据库管理系统的典型代表是美国 IBM 公司于 1968 年开发的 IMS（Information Management System，信息管理系统）。

1）数据结构

层次模型是用树形结构来表示各类实体以及实体间的联系。如图 1-15 所示为一个高校中专业的组织机构层次关系。

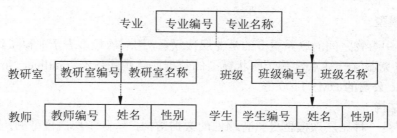

图 1-15　层次模型示例

层次数据模型的数据结构是树状结构，需满足如下条件。

（1）有且只有一个结点没有双亲结点（称为根结点）。

（2）根以外的其他结点有且只有一个双亲结点。

层次模型的特点是记录之间的联系通过指针来实现，常用的实现方法有邻接法和链接法。邻接法是用连续的物理顺序表示记录之间联系的方法，在该方法中，由根记录开始存放，按照自顶向下、自左至右的顺序存储记录；链接法是一种采用指针实现记录之间联系的方法，用指针按层次顺序把各记录链接起来，而各记录存储时不一定按层次顺序。

在层次模型中，树形结构的每个结点是一个记录类型，每个记录类型可包含若干个字段。记录之间的联系用结点之间的连线（有向边）表示。上层结点称为父结点或双亲结点，下层结点称为子结点或子女结点，同一双亲的子女结点称为兄弟结点，没有子女的结点称为叶结点，父子结点之间的联系是 $1:n$ 联系。

例如，图 1-15 所示的专业教学层次模型示例共有 5 个记录型，其中，专业为根结点，教研室和班级是兄弟结点（是专业的子女结点），教师和学生为叶结点，而每个记录型又由不同的字段构成。专业到教研室、专业到班级、教研室到教师、班级到学生都是 $1:n$ 的联系。

2）数据操作及完整性约束

层次模型支持的数据操作主要有查询、插入、删除和更新，其中执行插入、删除、更新操作时要满足层次模型的完整性约束条件，包括以下几个方面。

（1）执行插入操作时，不能插入无双亲的子结点。如新来的教师未分配教研室则无法插入数据库中。

（2）执行删除操作时，如果删除双亲结点，则其子女结点也会被一起删除。如删除某个教研室，则它的所有教师也会被删除。

（3）执行更新操作时，应更新所有相应的记录，以保证数据的一致性。

3）层次模型的优缺点

由于采用指针实现记录间的联系，层次数据模型具有查询效率高的优点。同时，层次数据模型还具有结构简单、层次分明、便于在计算机内实现的优点。若要存取某一记录型的记录，可以从根结点起，按照有向树的层次逐层向下查找，查找路径就是存取路径。

现实世界中很多联系都是非层次性的，如多对多联系、一个结点具有多个关系结点等，层次模型不能直接表示两个以上实体型间复杂的联系和多对多联系，只能通过引入冗余数据或创建虚拟结点的方法来解决，易产生不一致性；对数据的插入和删除操作限制较多；查询子女结点必须通过双亲结点，使得应用程序的编写比较复杂。

2．网状模型

现实世界中事物之间的联系更多的是非层次联系，用层次模型表示非树状结构很不方便，网状模型可以克服这一缺点。基于网状模型的数据库管理系统有 Gullinet Software 公司的 IDMS、Univac 公司的 DMS 1100 等。

1）数据结构

网状模型是一种比层次模型更具普遍性的数据结构，解除了层次模型的两个限制，允许多个结点无双亲；允许一个子结点有两个或多个父结点，则此时有向树变成了有向图，该有向图即描述了网状模型。网状模型中每个结点表示一个记录型（实体），每个记录型可包含若干个字段（实体的属性），结点间的连线表示记录类型（实体）间的父子关系，如图 1-16 所示是网状模型的例子。

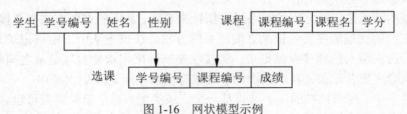

图 1-16　网状模型示例

2）数据操作及完整性约束

网状模型的数据操纵主要有查询、插入、删除和更新，其中执行插入操作时，允许插入无双亲的子结点；执行删除操作时，允许只删除双亲结点，其子结点仍保持存在；执行更新操作时，只需更新指定记录即可；查询操作可以有多种实现方法。

网状模型没有层次模型那样严格的完整性约束条件，但具体到某一个网状数据库产品时，可以提供一定的完整性约束，对数据操作加以限制。

3）网状模型的优缺点

网状模型的优点是能够直接描述现实世界、查询方便、结构对称、查询格式相同；操作功能强、速度快、存取效率较高。然而，网状数据模型也存在一些缺点：首先，数据结构及其对应的数据操作语言非常复杂；其次，数据独立性较差；最后，由于实体之间的联系是通过存取路径指示的，程序访问时需要指定明确的存取路径，这给程序设计带来了困难。

3．关系模型

关系模型是目前最为常用的一种数据模型。关系数据库系统采用关系模型作为数据的组织方式。

1970 年，美国 IBM 公司的研究员 E. F. Codd 首次提出了数据库系统的关系模型，开创了数据库关系方法和关系数据理论的研究，为数据库技术奠定了理论基础。20 世纪 80 年代以来，计算机软件厂商新推出的数据库管理系统几乎都支持关系模型，非关系系统的产品也大都加上了关系接口。

1）数据结构

关系模型用关系（即规范的二维表）来表示各类实体以及实体间的联系。

设有一个教学管理数据库，共有 6 个关系：学生关系（Student）、课程关系（Course）、选课关系（SelectCourse）、教师关系（Teacher）、授课关系（Teaching）和部门关系（Dept），这 6 个关系对应 6 个表，分别简写为 S（学生）、C（课程）、SC（选课）、TC（授课）、T（教师）、D（部门），如表 1-2～表 1-7 所示。本书后续章节的相关数据操作都在这 6 个表的基础上进行。

表 1-2　S（学生）

Sno（学号）	Sn（姓名）	Sex（性别）	Age（年龄）	BP（籍贯）	Dno（部门号）
100101	姜珊	女	18	湖南	01
100102	李思	女	17	江苏	02
100103	孙浩	男	21	江苏	03
100104	周强	男	20	新疆	04
100105	李斌	男	19	河南	01
100106	黄琪	男	21	湖北	02

表 1-3　C（课程）

Cno（课程号）	Cn（课程名）	Ct（课时）	Sem（开课学期）	Cp（课程性质）	Dno（部门号）
150101	数据结构	64	2	必修	01
150102	操作系统	48	4	必修	01
150103	数据库原理	64	4	必修	03

表 1-4　SC（选课）

Sno（学号）	Cno（课程号）	Score（成绩）
100101	150101	60
100101	150102	75
100101	150103	83
100102	150102	80
100103	150102	70
100105	150103	65

表 1-5　TC（授课）

Cno（课程号）	Tno（教师工号）	Cno（课程号）	Tno（教师工号）
150101	01	150102	03
150101	02	150103	01
150102	02		

表 1-6　T（教师）

Tno(教师工号)	Tn（姓名）	Sex（性别）	Age（年龄）	Prof（职称）	Dno（部门号）
01	张林	女	45	教授	01
02	王红	女	26	讲师	01
03	李雪	女	21	讲师	02
04	周伟	男	32	副教授	04
05	张斌	男	25	讲师	01
06	王平	男	30	副教授	02

表 1-7　D（部门）

Dno（部门号）	Dept（部门）	Dno（部门号）	Dept（部门）
01	信电	03	数理
02	管理	04	机电

2）数据操作及完整性约束

关系模型的数据操纵主要涉及查询、插入、删除和更新数据，其数据操作是集合操作，操作对象和操作结果都是关系，即若干元组的集合，而不像非关系模型是单记录的操作方式。关系模型还具有完整性约束条件，包括实体完整性、参照完整性和用户自定义完整性。

3）关系模型的优缺点

关系模型的优点：建立在严格数学概念基础上，有严格的设计理论；概念单一、结构简单直观、易理解、语言表达简练；描述一致，实体和联系都用关系描述，查询操作结果也是一个关系，保证了数据操作语言的一致性；利用公共属性连接，实体间的联系容易实现；由于存取路径对用户透明，数据独立性更高，安全保密性更好。其缺点是查询效率不高、速度慢、需要进行查询优化、采用静态数据模型。

4. 面向对象模型

面向对象模型（Object-Oriented Model，OOM）是指无论怎样复杂的事例，都可以准确地由一个对象表示，每个对象都是包含了数据集和操作集的实体，即面向对象模型具有封装性的特点。

1）对象与封装性（Encapsulation）

面向对象的模型中，每个概念实体都可以模型化为对象。如多边形地图上的一个结点、一条弧段、一条河流、一个区域或一个省都可看成对象。一个对象由描述该对象状态的一组数据和表达其行为的一组操作（方法）组成。例如，河流的坐标数据描述了其位置和形状，而河流的变迁则表达了它的行为。由此可见，对象是数据和行为的统一体。

一个对象 Object 可定义成一个三元组，其格式如下：

$$Object=(ID,S,M)$$

其中，ID 为对象标识；S 为对象的内部状态，可以直接是一个属性值，也可以是另外一组对象的集合；M 为方法集。

对象的行为是对象状态上操作的方法集，面向对象模型把对象的状态、行为封装为一体。

2）类（Classification）和继承（Inheritance）

类是关于同类对象的集合，是具有相同属性和操作的对象的抽象。属于同一类的所有对象共享相同的属性项和操作方法，每个对象都是这个类的一个实例，对象继承了类的基本属性和操作方法，同时每个对象也可以有与类不同的属性和操作。可以用一个三元组来建立一个类，其格式如下：

$$Class=(CID,CS,CM)$$

其中，CID 为类标识或类名；CS 为状态描述部分；CM 为应用于该类的操作。显然，当 Object∈Class，有 S∈CS，M∈CM。

因此，在实际的系统中，仅需对每个类定义一组操作，供该类中的每个对象应用。由于每个对象的内部状态不完全相同，所以要分别存储每个对象的属性值。

通过以上介绍，可对 4 种逻辑数据模型从产生时间、数据结构、数据联系等方面进行比较，如表 1-8 所示。

表 1-8　逻辑数据模型的比较

要　　素	关系模型	层次模型	网状模型	面向对象模型
产 生 时 间	1970 年由 E. F. Codd 提出	1968 年 IBM 公司的 IMS 系统	1971 年通过 CODASYLR 提出的 DBTG 报告	20 世纪 80 年代
数 据 结 构	二维表	树结构	有向图	对象
数 据 联 系	实体间公共属性值	指针	指针	对象标识
语 言 类 型	非过程性语言	过程性语言	过程性语言	面向对象语言
典 型 产 品	SQL Serve、Oracle、MySQL、Access	IMS	IDS/II、IMAGE/3000、IDMS、TOTAL	ONTOS DB

1.5　数据库系统的体系结构

1.5.1　数据库系统的三级模式结构

实际上数据库种类繁多，基于不同的数据模型，使用不同的数据库语言，运行在不同的操作系统之上，且存储结构也各不相同。但从数据库管理角度来看，数据库系统通常采用三级模式结构，并提供两级映像功能，如图 1-17 所示。

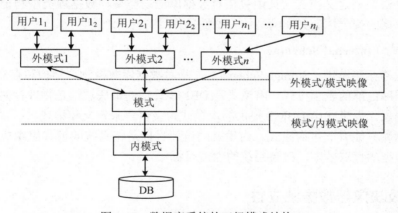

图 1-17　数据库系统的三级模式结构

在数据库系统中，用户看到的数据和计算机中存放的数据是不同的，它们之间是通过两次映像变换相互联系。

1.　外模式（External Schema）

外模式也称子模式或用户模式，是数据库用户能够看见和使用的局部数据的逻辑结构和特征的描述，是数据库用户的数据视图，也是与某一应用有关的数据逻辑表示。外模式由若干个外部记录类型组成。

外模式是模式的子集，一个数据库可以有多个外模式。外模式完全是按用户自己对数据的需要，站在局部的角度进行设计的。DBMS 提供外模式定义语言（DDL）进行定义，该定义主要涉及对外模式的数据结构、数据域、数据构造规则及数据的安全性和完整性等属性的描述。外模式可以在数据组成、数据间的联系、数据项的类型、数据名称上与模式不同，也可以在数据的安全性和完整性方面与模式不同。

使用外模式具有如下几个优点。

（1）使用外模式，用户不必考虑与自己无关的数据，也无须了解数据的存储结构，使得用户使用数据和设计程序的工作都得到简化。

（2）使用外模式，用户只能对自己需要的数据进行操作，数据库的其他数据与用户是隔离的，从而有利于数据的安全和保密。

（3）由于同一模式可以派生出多个外模式，有利于数据的独立性和共享性。

用户使用数据操纵语言 DML 对数据库进行操作，实际上就是对外模式的外部记录进行操作。用户对数据库的操作，只能与外模式发生联系，按照外模式的结构存储和操纵数据，不必关心模式。

2．模式（Schema）

模式也称逻辑模式或概念模式，是对数据库中全部数据的逻辑结构和特征的描述，是所有用户的公共数据视图。模式是数据库系统模式结构的中间层，不涉及数据的物理存储细节和硬件环境，也与具体的应用程序、所使用的开发工具及高级程序设计语言无关。

模式是数据库在逻辑级别上的视图，一个数据库通常只有一个模式。数据库模式以特定的数据模型为基础，综合考虑了所有用户的需求，并将其有机地整合为一个逻辑整体。DBMS 提供模式定义语言来定义模式，其中包括对数据库记录类型、数据项类型和记录之间联系的描述，以及数据的安全性定义和满足的完整性条件等。

3．内模式（Internal Schema）

内模式也称存储模式（Storage Schema），是对数据库数据物理结构和存储方式的描述，是数据在数据库内部的表示方式。内模式是 DBMS 管理的最底层，是物理存储设备上存储数据时的物理抽象。内模式由 DBMS 提供的内模式定义语言来定义和描述。

一个数据库只能有一个内模式。内模式的设计目标是将系统的模式组织成最优的物理模式，以提高数据的存取效率，改善系统的性能目标。

1.5.2　两级映像与数据独立性

数据库系统的三级模式结构包含对数据的 3 个抽象级别，它把数据的具体组织工作留给数据库管理系统（DBMS），用户只需抽象地处理数据，而不用关心数据在计算机中的表示和存储。为了能够在内部实现这 3 个抽象级别的联系和转换，DBMS 在三级模式之间提供了二级映像。

1．外模式/模式映像

外模式/模式映像一般是放在外模式中描述的。三级模式结构中，模式数据的全局逻辑结构，外模式是数据的局部逻辑结构。对于一个给定的模式，可以根据不同设计出多个不同的外模式。

　　外模式/模式映像定义了外模式与模式之间的对应关系。该映像的定义通常包含在外模式描述中。当模式改变时（如增加新的关系、新的属性、改变属性的数据类型等），由数据库管理员对外模式/模式映像做相应的修改，从而使外模式保持不变，而应用程序是依据数据的外模式编写的，所以不必修改，保证数据与应用程序的逻辑独立性，即数据的逻辑独立性。

　　2．模式/内模式映像

　　模式/内模式映像定义了数据库全局逻辑结构与存储结构之间的对应关系。该映像的定义通常包含在模式描述中。当数据库的存储结构改变时，数据库管理员可以修改模式/内模式之间的映像，保持数据模式不变，因而不必修改应用程序，保证数据与应用程序的物理独立性，简称数据的物理独立性。

　　这两种映像可以使数据库有较高的数据独立性，也可以使逻辑结构和物理结构得以分离，换来用户使用数据库的方便，最终把用户对数据库的逻辑操作导向对数据库的物理操作。

1.6　数据库管理系统

　　数据库管理系统（DBMS）是专门用来管理数据库的计算机软件。DBMS 主要是面向开发者而设计的，为应用程序提供访问数据库的各种接口，包括数据定义、数据操作、数据控制、事务管理以及数据库维护等功能。如图 1-18 所示，DBMS 在计算机中的位置介于应用程序和操作系统之间。开发者通常在 DBMS 的基础之上开发具体的应用程序，因此 DBMS 与操作系统、编译系统一起被归为系统软件。作为一种基础性软件，DBMS 的规模相对庞大，内部机制相当复杂。

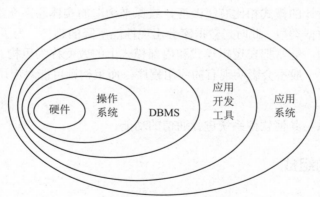

图 1-18　DBMS 的重要地位

1.6.1　DBMS 的主要功能

　　由于不同 DBMS 要求的硬件资源、软件环境不同，因此其功能与性能也存在差异。但一般说来，DBMS 的功能主要包括以下 6 个方面。

1．数据定义功能

数据定义功能包括定义数据的外模式、模式、内模式，定义模式之间的映像，定义有关的约束条件等。

2．数据操纵

数据操纵包括对数据库数据的检索、插入、修改和删除等基本操作。

3．数据库运行管理功能

对数据库的运行进行管理是 DBMS 的核心功能。所有访问数据库的操作都要在这些控制程序的统一管理下进行，以保证数据的安全性、完整性、一致性以及多用户对数据库的并发使用。

4．数据组织、存储和管理功能

DBMS 要分类组织、存储和管理数据库中的各种数据，包括用户数据、数据字典、存取路径等；要确定以何种文件结构和存取方式在存储设备上组织、存储这些数据，如何实现数据之间的联系，以提高存储空间利用率和存取效率。

5．数据库的建立和维护功能

数据库的建立功能是指 DBMS 根据数据库的定义，把实际的数据库数据存储到物理存储设备上，完成实际存放数据的数据库（目标数据库）的建立工作。

数据库的维护功能主要包括数据库运行时记录工作日志、监视数据库的性能、完成数据库的重组和重构功能。重组功能是指 DBMS 提供重组程序来重新整理零乱的数据库，以便回收已删除数据所占用的存储空间，并把记录从溢出区移到主数据区的自由空间中；重构功能是指 DBMS 提供重构程序来改善数据库的性能。在动态环境中，数据库运行一段时间后，其使用的模式与最初设计的模式相比有了改变，或原来构造的实体联系方法需要改变，或新的应用要求增加新的数据类型。此时，数据库会出现性能下降的趋势。为了改善数据库的性能，需对数据库进行重构。通常把在逻辑模式和内部模式上的改变称为重构。数据库的重组与重构是有区别的。重组一般不会影响现有的应用程序，而重构则可能对应用程序有所影响。

6．通信功能

DBMS 需要提供与其他软件系统进行通信的功能。

1.6.2　DBMS 的组成

为了提供上述 6 个方面的功能，DBMS 通常由以下 4 部分组成。

1．数据定义语言及其翻译处理程序

DBMS 一般都提供数据定义语言（Data Definition Language，DDL），供用户定义数据库的各种模式，翻译程序负责将它们翻译成相应的内部表示，即生成目标模式。

2．数据操纵语言及其编译程序

DBMS 提供了数据操纵语言（Data Manipulation Language，DML），实现对数据库的检索、插入、修改、删除等基本操作。

3．数据库运行控制程序

DBMS 提供了一些系统运行控制程序，负责在运行过程中实现对数据库的控制与管理，主要包括系统总控、安全性控制、完整性检查、并发控制、数据存取和更新及通信控制程序等。

4．实用程序

DBMS 通常还提供一些实用程序，主要用来建立与维护数据库，包括数据库初始装配、数据清理、重组数据库、数据库恢复、转储复制、跟踪程序等。

1.6.3　DBMS 的工作模式和用户存取数据的过程

DBMS 是 DBS 中对数据进行管理的软件系统，是 DBS 的核心组成部分。在 DBS 中对数据库的一切操作（数据定义、查询、更新和各种控制）都是通过 DBMS 进行的。DBMS 的工作模式如图 1-19 所示。

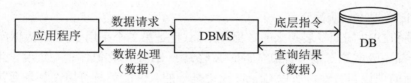

图 1-19　DBMS 的工作模式示意图

如图 1-20 所示是用户存取数据的过程示意图。用户对数据库进行操作是由 DBMS 把操作请求从应用程序带到外模式、模式、内模式，进而通过操作系统操作数据库中的数据。同时，DBMS 为应用程序的请求在内存中开辟一个数据库的系统缓冲区，用于数据传输和格式转换。

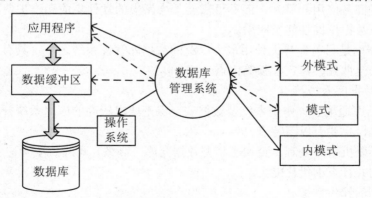

图 1-20　用户存取数据的过程示意图

☞ 知识拓展

国外常用的数据库产品　　　　　　国内常用的数据库产品

1.7　常用数据库管理系统简介

目前有许多 DBMS 产品，其中国外常用数据库管理系统有 Oracle、DB2、Microsoft SQL Server、MySQL、Access、Sybase SQL Server 和 Informix 等，国内常用数据库管理系统有 PolarDB、OceanBase、TiDB、GaussDB、openGauss、人大金仓等。它们在数据库市场上各自占有一席之地。下面简要介绍几种常用的数据库管理系统。

1. Oracle

1）Oracle 数据库系统简介

Oracle 是和 DB2 同期发展起来的数据库产品，也是第二个采用 SQL 的数据库产品。Oracle 从 DB2 等产品中吸取到了很多优点，同时又避免了 IBM 的官僚体制与过度学术化，大胆地引进了许多新的理论与特性，所以 Oracle 无论是功能、性能还是可用性都是非常优良的。

2001 年，新一代完整的、简单的电子商务基础结构的平台产品 Oracle 9i 发布，该产品由 Oracle 9i 数据库和 Oracle 9i 应用服务器组成，提供了电子商务企业所有关键的软件基础结构和开发电子商务应用所需要的所有重要功能，为电子商务应用和网站有效地提高运行速度、获得应用的可伸缩性和可用性提供了强有力的支撑，使用户能够有效地开发快速、高可用、安全可靠的电子商务应用和网站，而不再需要考虑昂贵的软件集成和维护费用，同时，还提供了强大的商业数据挖掘功能及应用。

Oracle 数据库是目前世界上使用最为广泛的数据库管理系统之一，具有可用性强、可扩展性强、数据安全性强、稳定性强等优点。

2）Oracle 数据库系统特点

Oracle 数据库适用于大中型系统及数据安全保密要求较高的应用系统开发，特别适用于分布式应用系统，主要有以下特点。

（1）适用于联机事务处理、查询密集型数据仓库：高效、可靠、安全。

（2）较高的并行查询优化能力。

（3）表扫描的异步预读。

（4）高性能的空间管理能力。

（5）允许多表视图上非模糊更新操作。

（6）支持多线程客户应用程序。

（7）先进的文件处理。

（8）多媒体技术和面向对象技术的支持。

（9）支持并行数据库和透明的分布式查询处理。

（10）对 Java 的支持。

2．DB2

1）DB2 数据库系统简介

DB2 是 IBM 公司的产品，起源于 System R 和 System R*，支持从桌面 PC 到 UNIX、从中小型机到大型机，既可以在主机上以主/从方式独立运行，也可在客户/服务器环境中运行。其中服务平台可以是 OS/400、AIX、OS/2、HP-UNIX、SUN-Solaris 等操作系统；客户机平台可以是 OS/2 或 Windows、Dos、AIX、HP-UX、SUN-Solaris 等操作系统。

1973 年，IBM 研究中心启动 System R 项目，为 DB2 的诞生打下了良好基础。System R 是 IBM 研究部门开发的一种产品，这种原型语言促进了技术的发展并最终在 1983 年将 DB2 带到了商业市场。2007 年，DB2 V9 出现，它是一个混合模式（关系型、层次型）数据库，既有关系模型，又直接支持 XML 的层次模型。

2）DB2 数据库系统的特点

DB2 数据库适用于大型系统的应用开发，较适用于分布式应用系统，主要有以下特点。

（1）提供对象关系特征。

（2）提供通用数据类型和通用应用的支持、联机事务处理、联机分析处理。

（3）通用数据访问功能和对 Java 的支持。

（4）DB2 Universal Database 支持基于内容的文本搜索、图像、视频、语言和指纹类型等。

（5）OLAP 和多维分析。

（6）良好的优化器。

（7）良好的可伸缩性。

3．Microsoft SQL Server

1）Microsoft SQL Server 数据库系统简介

Microsoft SQL Server 是微软推出的一款数据库产品。微软当初要进军图形化操作系统市场时，开始与 IBM 合作开发 OS/2，最终无疾而终，但是微软很快推出了自己的新一代视窗操作系统。而当微软发现数据库系统这块新市场时，并没有自己重新开发一个数据库系统，而是找到了 Sybase 来合作开发基于 OS/2 的数据库产品，当然，微软达到目的以后就立即停止与 Sybase 的合作，于 1995 年推出了自己的 Microsoft SQL Server 6.0，经过几年的发展，终于在 1998 年推出了轰动一时的 Microsoft SQL Server 7.0，也正是这一版本，使得微软在数据库产品领域有了一席之地。正因为这段“合作”历史，Microsoft SQL Server 和 Sybase SQL Server 在很多地方非常类似，如底层采用的 TDS 协议、支持的语法扩展、函数等。

2000 年，微软推出了 Microsoft SQL Server 2000，该版本继续稳固了 Microsoft SQL Server 的市场地位，由于 Windows 操作系统在个人计算机领域的普及，Microsoft SQL Server 理所当然地成为很多数据库开发人员接触的第一个而且极有可能也是唯一一个数据库产品，很多人甚至在 SQL Server 和数据库之间画上了等号，而且用 SQL 一词来专指 Microsoft SQL Server。2005 年，微软“审时度势”地推出了 Microsoft SQL Server 2005，并于 2008 年发布了新一代的 Microsoft SQL Server 2008，随后，相继推出了 Microsoft SQL Server 2012、Microsoft SQL

Server 2014、Microsoft SQL Server 2016、Microsoft SQL Server 2019，目前最新版本是 Microsoft SQL Server 2022。

Microsoft SQL Server 的可用性非常好，提供了很多外围工具来帮助用户对数据库进行管理，用户甚至无须直接执行任何 SQL 语句就可以完成数据库的创建、数据表的创建、数据的备份/恢复等工作；Microsoft SQL Server 的开发者队伍也是非常庞大的，因此，有众多可以参考的学习资料，学习成本非常低，这是其他数据库产品所不具有的优势；同时，从 Microsoft SQL Server 2005 开始，开发人员可以使用任何支持.Net 的语言来编写存储过程，这进一步降低了 Microsoft SQL Server 的使用门槛。

不过正如微软产品的一贯风格，Microsoft SQL Server 的缺陷也是非常明显的：只能运行于 Windows 操作系统上，一般无法在 Linux、UNIX 上运行；不管微软给出什么样的测试数据，在实际使用中，Microsoft SQL Server 在大数据量和大交易量的环境中的表现都不尽如人意，当企业的业务量到达一个相当的水平后，就要考虑升级到 Oracle 或者 DB2。

2）SQL Server 的特点

SQL Server 适用于开发大中型及分布式应用系统，具有强大的关系数据库创建、开发、设计和管理功能，其主要特点如下。

（1）SQL Server 是客户机/服务器关系型数据库管理系统（RDBMS）。

（2）支持分布式数据库结构。

（3）SQL Server 与 Windows NT/2000 完全集成。

（4）SQL Server 与 Microsoft BackOffice 服务器类集成。

（5）多线程体系结构。

4．MySQL

1）MySQL 数据库简介

MySQL 是一个小型关系型数据库管理系统，由瑞典的 MySQL AB 公司开发，属于 Oracle 旗下产品。目前，MySQL 被广泛地应用在中小型系统中，特别是在网络应用中用户群更多。MySQL 没有提供一些中小型系统中使用的特殊功能，所以其资源占用非常小，更易于安装、使用和管理。由于 MySQL 是开源的，是 PHP 和 Java 开发人员首选的数据库开发搭档，目前 Internet 上流行的网站构架方式是 LAMP（Linux+Apache+MySQL+PHP），即使用 Linux 作为操作系统，Apache 作为 Web 服务器，MySQL 作为数据库，PHP 作为服务器端脚本解释器。

MySQL 目前还很难用于支撑大业务量的系统，主要还是用来运行非核心业务；同时，MySQL 在国内没有足够的技术支持力量，对 MySQL 的技术支持工作是由 ISV 或者系统集成商来承担，这也导致部分客户对 MySQL 比较抵制，更倾向于使用有更强技术支持力量的数据库产品。

2）MySQL 数据库的特点

MySQL 数据库适用于开发中小型及分布式应用系统，具有较强的关系数据库管理功能，其主要特点如下。

（1）使用 C 和 C++编写，并使用了多种编译器进行测试，保证源代码的可移植性。

（2）Windows 等多种操作系统。

（3）为多种编程语言提供了 API。

（4）支持多线程，充分利用 CPU 资源。

（5）优化的 SQL 查询算法，有效地提高查询速度。

（6）既能够作为一个单独的应用程序应用在客户端服务器网络环境中，也能够作为一个库嵌入其他软件中。

（7）提供多语言支持。

（8）提供 TCP/IP、ODBC 和 JDBC 等多种数据库连接途径。

（9）提供用于管理、检查、优化数据库操作的管理工具。

5．Access

1）Access 数据库简介

Access 是一种关系型数据库管理系统，是 Microsoft Office 的组成部分之一。Access 1.0诞生于 20 世纪 90 年代初期，目前 Access 2010 及更高版本已经得到广泛使用。历经多次升级改版，其功能越来越强大，而操作更加简单，尤其是 Access 与 Office 高度集成，风格统一的操作界面使得许多初学者更容易掌握。

Access 应用广泛，能操作其他数据源的数据，包括许多流行的数据库（如 dBase、Paradox、FoxPro）和服务器、小型机及大型机上的许多 SQL 数据库。此外，Access 还提供 Windows操作系统的高级应用程序开发系统（VBA）。Access 与其他数据库开发系统相比有一个明显的区别：用户基本上不用编写代码，就可以在很短的时间里开发出一个功能强大且相当专业的数据库应用程序，并且这一过程是完全可视的，如果再添加一些简短的 VBA 代码，那么开发出来的程序就与专业程序员潜心开发的程序一样。

2）Access 数据库的特点

Access 数据库适用于开发中小型及分布式应用系统，具有较强的关系数据库管理功能，其主要特点如下。

（1）存储方式单一。

（2）支持面向对象。

（3）界面友好、易操作。

（4）集成环境、处理多种数据信息。

（5）Access 支持 ODBC，利用数据库访问页对象生成 HTML 文件，轻松构建 Internet/Intranet的应用。

6．GaussDB

1）GaussDB 数据库简介

GaussDB（for MySQL）云数据库是华为公司自主研发的最新一代企业级高扩展海量存储分布式数据库管理系统，完全兼容 MySQL。它是鲲鹏系统生态中的核心产品之一，既拥有商业数据库的性能和可靠性，又具备开源数据库的灵活性。

2）GaussDB 数据库的特点

GaussDB（for MySQL）是计算与存储分离、云化架构的关系型数据库管理系统，其主要特点如下。

（1）超高性能。

（2）高扩展性。

（3）高可靠性。

（4）高兼容性。

（5）超低成本。

（6）易开发。

1.8　本章小结

　　本章首先介绍了数据库技术的产生与发展，数据库系统基本概念及主要特点；其次，讨论了数据模型，介绍了数据模型的概念、三要素和主要的 4 种数据模型（层次模型、网状模型、关系模型和面向对象模型）；再次，阐述了数据库系统的体系结构，包括外模式、模式、内模式三级模式，外模式/模式、模式/内模式二级映射，保证了数据库系统的逻辑独立性和物理独立性；最后，介绍了数据库管理系统的主要功能及工作模式。

☞ 知识拓展

图灵奖得主：数据库先驱查尔斯·巴赫曼

习　题　1

一、单项选择题

1．（　　）是长期存储在计算机内的有组织、可共享的数据集合。

　　A．数据库管理系统　　　　　　　　　B．数据库系统

　　C．数据库　　　　　　　　　　　　　D．文件组织

2．在手工管理阶段，数据是（　　）。

　　A．有结构的　　　　　　　　　　　　B．无结构的

　　C．整体无结构，记录内有结构　　　　D．整体结构化的

3．在文件系统管理阶段，数据（　　）。

　　A．无独立性　　　　　　　　　　　　B．独立性差

　　C．具有物理独立性　　　　　　　　　D．具有逻辑独立性

4．在数据库系统管理阶段，数据是（　　）。

　　A．有结构的　　　　　　　　　　　　B．无结构的

　　C．整体无结构，记录内有结构　　　　D．整体结构化的

5. 数据库系统管理阶段，数据（　　　）。

　　A. 具有物理独立性，没有逻辑独立性

　　B. 具有物理独立性和逻辑独立性

　　C. 独立性差

　　D. 具有高度的物理独立性和一定程度的逻辑独立性

6. 数据库系统不仅包括数据库本身，还包括相应的硬件、软件和（　　　）。

　　A. 数据库管理系统　　　　　　　　B. 数据库应用系统

　　C. 相关的计算机系统　　　　　　　D. 各类相关人员

7. DBMS 通常可以向（　　　）申请所需计算机资源。

　　A. 数据库　　　　　B. 操作系统　　　C. 计算机硬件　　D. 应用程序

8. 在 DBS 中，DBMS 和 OS 之间的关系是（　　　）。

　　A. 并发运行　　　　　　　　　　　B. 相互调用

　　C. OS 调用 DBMS　　　　　　　　　D. DBMS 调用 OS

9. 数据库管理系统（DBMS）是（　　　）。

　　A. 一个完整的数据库应用系统　　　B. 一组硬件

　　C. 一组系统软件　　　　　　　　　D. 既有硬件，也有软件

10. 描述数据库全体数据的全局逻辑结构和特性的是（　　　）。

　　A. 模式　　　　　　B. 内模式　　　　C. 外模式　　　　　D. 用户模式

11. （　　　）不是 DBA 数据库管理员的职责。

　　A. 完整性约束说明　　　　　　　　B. 定义数据库模式

　　C. 数据库安全　　　　　　　　　　D. 数据库管理系统设计

12. 关系数据库的数据及更新操作必须遵循（　　　）等完整性规则。

　　A. 实体完整性和参照完整性

　　B. 参照完整性和用户自定义完整性

　　C. 实体完整性和用户自定义完整性

　　D. 实体完整性、参照完整性和用户自定义完整性

13. 现实世界中事物的特性在信息世界中称为（　　　）。

　　A. 实体　　　　　　B. 键　　　　　　C. 记录　　　　　　D. 属性

14. E-R 模型用于建立数据库的（　　　）。

　　A. 概念模型　　　B. 结构模型　　　C. 物理模型　　　　D. 逻辑模型

15. 数据模型的三要素是（　　　）。

　　A. 外模式、模式和内模式　　　　　B. 关系模型、层次模型、网状模型

　　C. 实体、属性和联系　　　　　　　D. 数据结构、数据操作和完整性约束

16. 设某学校中，一位教师可讲授多门课程，一门课程可由多位教师讲授，则教师与课程之间的联系是（　　　）。

　　A. 一对一联系　　B. 一对多联系　　　C. 多对一联系　　　D. 多对多联系

17. 逻辑模式（　　　）。

　　A. 有且仅有一个　　　　　　　　　B. 最多只能有一个

　　C. 至少两个　　　　　　　　　　　D. 可以有多个

18. 数据独立性是指（　　　）。
　　A. 用户与数据分离　　　　　　　　B. 用户与程序分离
　　C. 程序与数据分离　　　　　　　　D. 人员与设备分离
19. 在数据库三级模式间引入二级映像的主要作用是（　　　）。
　　A. 提高数据与程序的独立性　　　　B. 提高数据与程序的安全性
　　C. 保持数据与程序的一致性　　　　D. 提高数据与程序的可移植性
20. 在数据库中，产生数据不一致的根本原因是（　　　）。
　　A. 没有严格保护数据　　　　　　　B. 数据冗余量太大
　　C. 未对数据进行完整性控制　　　　D. 数据冗余

二、填空题

1. 数据库管理系统通常包括语言及其编译处理程序、_____以及_____这 3 个组成部分。

2. 信息世界中，客观存在并可相互区别的事物称为_____。

3. 数据模型的三要素是_____、_____、_____。

4. 数据的冗余是指_____。

5. 数据库系统一般由_____、_____、_____、_____和_____组成。

6. DBMS 是位于应用程序和_____之间的一层管理软件。

7. 数据管理技术经历了_____、_____和_____3 个阶段。

8. 数据库是_____。

9. 现实世界中事物的个体在信息世界中称为实体，在机器世界中称为_____。

10. 数据库模型应当满足_____、_____和_____3 个方面要求。

三、简答题

1. 简述数据库的定义。
2. 简述数据库管理系统的定义。
3. 数据库管理系统由哪几部分组成？
4. 文件系统中的文件与数据库系统中的文件有何本质上的区别？
5. 数据库系统有哪些特点？
6. 简述数据独立性、数据物理独立性与数据逻辑独立性。
7. 试分析数据库系统与文件系统相比是如何减少数据冗余的。
8. 数据库应用系统和数据库管理系统之间有何区别与联系？
9. 什么是完整性规则？为什么要定义完整性规则？

习题

课件

答案

第 2 章　关系数据库

关系数据库作为各种业务数据处理与存储中最常用的信息化核心技术，已经成为应用最广泛且备受瞩目的重要技术。在深入学习和应用数据库技术的过程中，掌握其基本理论知识至关重要。关系数据库系统在各行各业中都得到广泛应用，其数据结构直观易懂，能够统一地利用数据表来表示现实世界中的实体及其联系，并获得许多数据库技术的支持。

本章学习目标：掌握关系模型及其关系数据库相关概念；理解关系数据模型的完整性约束规则及其用法；掌握常用的关系代数运算，并学会运用常用的关系代数运算解决实际问题；了解关系演算的基本方法和过程。

☞ 知识拓展

图灵奖得主：关系数据库之父埃德加·考特

2.1　关系模型概述

关系模型简单灵活，并有着坚实的理论基础，是当前最流行的数据模型之一。关系数据模型是以集合论中的关系概念为基础发展起来的，在该模型中，不管是实体还是实体之间的联系，均由单一的结构类型——关系来表示。

2.1.1　基本概念

1. 关系（Relation）

关系模型是用二维表结构表示实体及实体间联系的数据模型，从用户的角度看，关系是一张"二维表"，它由行和列组成，如图 2-1 所示。

一个关系由关系名、关系模式和关系实例组成。它们分别对应于二维表的表名、表头和数据。关系模式是对关系"型"的描述，具体表示为关系名（属性 1，属性 2，...，属性 n）。关系的实例是指给定关系中元组的集合。例如，可以看到图 2-1 所示"学生表"中关系模式为：学生表（学号，姓名，性别，年龄，籍贯）。

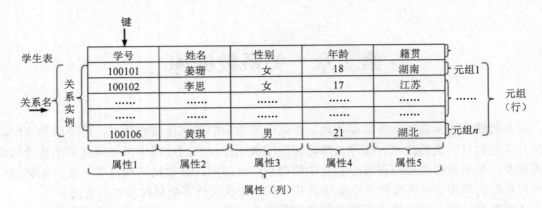

图 2-1　二维表对应的关系

2．属性（Attribute）

在二维表中，垂直方向的列被称为属性，用于描述该列中各个数据项的含义。每个属性都有一个名称，该名称称为属性名。例如，可以看到图 2-1 所示"学生表"中对应有 5 个属性：学号、姓名、性别、年龄、籍贯。

3．元组

一个元组指的是除第一行之外，构成二维表的每一行，用来标识实体集中的一个实体，例如，可以看到图 2-1 所示"学生表"中学号为 100101 的元组：（100101，姜珊，女，18，湖南）。

4．元数和基数

关系中属性的个数称为元数，元组的个数称为基数。

5．分量

元组由若干分量构成，每个分量对应一个属性，因此分量的个数与关系属性的数量保持一致。而元组中的每一个属性值称为该元组的分量。例如，可以看到图 2-1 所示"学生表"中有 5 个属性，它的第一个元组可以表示为（100101，姜珊，女，18，湖南），该元组含有 5 个分量。

📢 **注意**：关系中的属性名不能相同，任意两行（元组）也不能相同。

2.1.2　关系模型的形式化定义

在关系数据模型中，数据是以二维表的形式表示，这是一种非形式化的定义。关系模型是建立在集合代数理论基础上的，因此，这里从集合论角度给出关系模型的形式化定义。

1．域

定义 2.1　域是一组具有相同数据类型的值的集合，又称值域，用 D 表示。在关系中用来表示属性的取值范围。域中数据的个数称为域的基数，用 m 表示。

【例 2-1】D_1=姓名集合＝{姜珊，李思，孙浩，周强，李斌，黄琪}，m_1=6。

其中 D_1 为域名，表示表 1-2 所示学生关系中姓名的集合，域的基数为 6。

【例 2-2】D_2=课程名集合＝{数据结构，操作系统，数据库原理}，m_2=3。

其中 D_2 为域名，表示表 1-3 所示课程关系中课程名的集合，基数为 3。

2. 笛卡儿积（Cartesian Product）

定义 2.2　给定一组域 $\{D_1,D_2,\cdots,D_n\}$（n 表示域的个数），则 $D_1,D_2,\cdots,D_n$ 的笛卡儿积为

$$D_1 \times D_2 \times \cdots \times D_n = \{(d_1,d_2,\cdots,d_n) \mid d_i \in D_i, i=1,2,\cdots,n\}$$

其中，每个 $(d_1,d_2,\cdots,d_n)$ 叫作一个 n 元组，简称为一个元组。

元素中的每个值 d_i 叫作一个分量，来自相应的域，即 $d_i \in D_i$。D_i（$i=1,2,\cdots,n$）为有限集，D_i 的基数用 m_i（$i=1,2,\cdots,n$）表示，则笛卡儿积 $D_1 \times D_2 \times \cdots \times D_n$ 的基数 M 为所有域的基数的累乘之积，即 $M = \prod\limits_{i=1}^{n} m_i$。

事实上，当认为多个域间有一定的联系时，就可以用笛卡儿积的方法将它们以关系的形式建立一张二维表，以表示这些域之间的联系。

【例 2-3】D_1=身份集合={教师，学生}，D_2=性别集合={男，女}，D_3=学历集合={研究生，本科生，专科生}。

则 D_1、D_2、D_3 的笛卡儿积为

$D_1 \times D_2 \times D_3$={（教师，男，研究生），（教师，男，本科生），（教师，男，专科生），（教师，女，研究生），（教师，女，本科生），（教师，女，专科生），（学生，男，研究生），（学生，男，本科生），（学生，男，专科生），（学生，女，研究生），（学生，女，本科生），（学生，女，专科生）}

其中，教师、学生、男、女、研究生、本科生、专科生都是分量；（教师，男，研究生）、（教师，男，本科生）等都是元组，其基数 $M = \prod\limits_{i=1}^{3} m_i = m_1 \times m_2 \times m_3 = 2 \times 2 \times 3 = 12$，即元组数量为 12。它的 12 个元组可构成一张二维表，如表 2-1 所示。

表 2-1　D_1、D_2、D_3 的笛卡儿积（$D_1 \times D_2 \times D_3$）

身　份	性　别	学　历	身　份	性　别	学　历
教师	男	研究生	学生	男	研究生
教师	男	本科生	学生	男	本科生
教师	男	专科生	学生	男	专科生
教师	女	研究生	学生	女	研究生
教师	女	本科生	学生	女	本科生
教师	女	专科生	学生	女	专科生

3. 关系

定义 2.3　笛卡儿积 $D = D_1 \times D_2 \times \cdots \times D_n$ 的任一子集 D' 称为定义在域 $D_1,D_2,\cdots,D_n$ 上的 n 元关系（简称关系），记为 R。可记为

$$R = \{<t_1,t_2,\cdots,t_n> \mid <t_1,t_2,\cdots,t_n> \in D' \subseteq D\}$$

其中，子集 D' 中的任一元素 $<t_1,t_2,\cdots,t_n>$ 称为 R 的一个元组。R 表示关系的名字，n 称为关系的目或度。n 目关系必有 n 个属性。当 $n=1$ 时，称为单元（目）关系。当 $n=2$ 时，称为二元（目）关系。……当 $n=m$ 时，称为 m 元关系。

关系是笛卡儿积的有限子集，所以关系也是一个二维表。

【例 2-4】如图 2-2 所示为例 2-3 中笛卡儿积的子集，即所有学历为"研究生"的教师构成的集合形成的二维表，称为关系。

身份	性别	学历
教师	男	研究生
教师	女	研究生

图 2-2　关系实例

4．关系模式

关系模式是对关系的描述，关系实际上就是关系模式在某一时刻的状态或内容。也就是说，关系模式是型，关系是它的值。关系模式是静态的、稳定的，而关系是动态的、随时间不断变化的，因为关系操作在不断地更新着数据库表中的数据。但在实际应用中，常常把关系模式和关系统称为关系，读者可以从上下文中加以区别。

关系模式可以形式化地表示为

$$R(U,D,dom,F)$$

其中，R 为关系名；U 为组成该关系的属性名集合；D 为属性组 U 中属性的域；dom 为属性向域的映像集合；F 为属性间的数据依赖的集合。

通常，可用 R(U)来简化地表示关系模式。

在书写关系模式的过程中，一般用下画线标识出关系的主关系键（将在 2.1.4 节讨论）。

【例 2-5】1.4.4 节中，"选课关系" SC 的关系模式可描述为 SC(<u>Sno,Cno</u>,Score)。

- ❑ U={ Sno,Cno,Score}。
- ❑ D={字符串，整型数}。
- ❑ dom(Sno)=字符串。
- ❑ dom(Cno)=字符串。
- ❑ dom(Score)=整型数。
- ❑ F 表示(Sno, Cno) $\xrightarrow{F}$ Score，即成绩完全函数依赖于学号和课程号，属性间数据依赖将在第 4 章中讨论。

2.1.3　关系的性质

尽管关系与传统的二维表格数据文件具有相似之处，但是它们又有区别，严格地说，关系是一种规范化的二维表格。在关系模型中，对关系做了种种限制，关系具有以下性质。

（1）关系中不允许出现相同的元组。

由于数学上集合中不能包含相同的元素，而关系是由元组组成的集合，因此作为集合中的元素，每个元组在关系中应该是唯一的，即任意两个元组不能完全相同。

（2）关系中元组的顺序（即行序）可以任意。

因为集合中的元素是无序的，所以作为集合元素的元组也是无序的，即关系中元组上下无序，可以任意交换两行的次序。

（3）关系中属性无序，即列的顺序可以任意交换。

按属性名引用时，属性左右无序。交换时，属性值应该同属性名一起交换，否则将得到不同的关系。

（4）同一属性名下的各个属性值必须来自同一个域，是同一类型的数据。

列是同质的，即每一列中的分量是同一类型的数据，取自同一个域。

（5）关系中各个属性必须有不同的名字，而不同的属性可来自同一个域。

不同的列可来自同一个域，其中的每一列称为一个属性，不同的属性要设置不同的属性名。例如，专职与兼职是两个不同的属性，但它们可取自同一个域，如{教师，工人，农民}。

（6）关系不允许在表中嵌套表。

关系中的每一个属性值都是不可再分的，即元组分量必须是原子的。关系中的每一个数据项必须是简单的数据项，而不是组合数据项。

2.1.4　关系的键

关系的键是指属性或属性组合（属性集），其值能够唯一地标识一个元组，常用的关系的键主要有以下 4 种。

1. 候选键

定义 2.4　设关系 R 有属性 A_1, A_2, …, A_n，其属性集 $K=(A_i,A_j,…,A_k)$，当且仅当满足下列条件时，K 被称为候选键。

（1）唯一性：关系 R 的任意两个不同元组的属性集 K 的值是不同的。

（2）最小性：组成关系键的属性集$(A_i,A_j,…,A_k)$中，任一属性都不能从属性集 K 中删除，否则将违背唯一性的性质。

通过定义可知，能唯一标识关系中元组的一个属性或属性集称为候选键，也称候选关键字或候选码。

例如，在教学管理数据库中，学生关系中的学号能唯一标识每个学生，则属性学号就是学生关系的一个候选关键字；又如在选课关系 SC（学号，课程，成绩）中，属性集（学号，课程号）也组成了候选关键字，即对于属性集（学号，课程号），删除任一属性，都无法唯一标识选课记录。

2. 主关系键

若一个关系有多个候选键，通常选用一个候选键作为查询、插入或删除元组的操作变量。被选用的候选键称为主键，也称为主关系键，还称为主关键字或主码。例如，在学生关系中，学号为学生关系的候选键，姓名也能作为学生关系的候选键（无重名学生）。如果选定学号作为数据操作的依据，则学号为主关系键；如果选定姓名作为数据操作的依据，那么姓名为主关系键。

在关系数据库中，主关系键是关系模型中的一个重要概念，应具有以下特性。

（1）唯一性：每个关系必定有且仅有一个主关系键。主关系键一经选定就不能随意改变。

（2）非冗余性：如果从主关系键属性集中抽去任一属性，则该属性集不再具有唯一性。

（3）有效性：主关系键中的任一属性都不能为空值。

3. 外部关系键

定义 2.5　如果关系 R_2 的一个或一组属性 X 不是 R_2 的主关系键，而是另一关系 R_1 的主关系键，则该属性或属性集 X 被称为关系 R_2 的外部关系键或外码，并称关系 R_2 为参照关系，关系 R_1 为被参照关系。

外部关系键是用来表示多个关系联系的方法。由外部关系键的定义可知，被参照关系的主关系键和参照关系的外部关系键必须定义在同一个域上。

例如，在教学管理数据库中，选课关系 SC 的主关键字是属性集（学号，课程号），学号和课程号中的任何一个都不能唯一确定选课关系中的整个元组，但它们分别是学生关系 S 与课程关系 C 的主关系键。因此，学号或课程号都是选课关系的外部关系键。选课关系为参照关系，学生关系和课程关系为被参照关系，如图 2-3 所示。

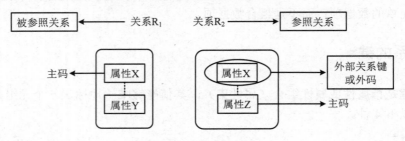

图 2-3　外键示意图

4. 主属性与非主属性

包含在任一候选关键字中的属性称为主属性，未包含在任一候选关键字中的属性称为非主属性。

在最简单的情况下，一个候选关键字只包含一个属性。在最极端的情况下，所有属性的组合是关系的候选关键字，称为全键或全码。

【例 2-6】假设有教师授课关系 TCS，分别有 3 个属性：教师工号（Tno）、课程号（Cno）和学生学号（Sno）。一个教师可以讲授多门课程，一门课程可以由多个教师讲授；同样，一个学生可以选修多门课程，一门课程可以被多个学生选修。在这种情况下，Tno、Cno、Sno 三者之间是多对多关系，则属性集(Tno, Cno, Sno)是关系 TCS 的全码，Tno、Cno、Sno 都是主属性。

2.2　关系的完整性约束

关系模型的完整性是关系的某种约束条件，这些约束条件实际上是现实世界的要求。关系模型提供了 3 类完整性约束：实体完整性、参照完整性和用户自定义完整性。其中，实体完整性和参照完整性是关系模型必须满足的完整性约束，被称作关系的两个不变性，由关系数据库系统自动支持。而用户自定义完整性是用户根据实际应用需求而定义的约束，针对不同的关系数据库有不同的约束条件。

1. 实体完整性

实体完整性规则：若属性 A 是基本关系 R 的主码（主键），则所有元组中 A 取值唯一，并且 A 中所有属性不能全部或部分为空值。

关于实体完整性规则说明如下。

（1）实体完整性规则是针对基本关系而言的。一个基本表通常对应现实世界的一个实体集。例如，学生关系对应学生实体的集合。

（2）现实世界中的实体是可区分的，即每个实体都具有唯一标识。例如，每个学生都是独立的相互区别的个体。

（3）在关系中以主键作为唯一标识。

（4）主键中的属性（即主属性）不能取空值（不知道或无意义的值）。如果主属性取空值，就失去了唯一标识元组（或实体）的作用。

【例 2-7】设有学生、课程和选课 3 个关系，关系和主键表示如下。

（1）学生（学号，姓名，性别，年龄，籍贯，部门号），主键为学号。

（2）课程（课程号，课程名，课时，开课学期，课程性质，部门号），主键为课程号。

（3）选课（学号，课程号，成绩），主键为（学号，课程号）。

在学生关系中，学号的值不能为空。

在选课关系中，因为主键为（学号，课程号），所以学号和课程号的值不能同时为空，也不能部分为空。

2. 参照完整性

现实世界中的实体之间往往存在某种联系，在关系模型中，实体及实体间的联系都是用关系来描述的，这样就存在关系与关系间的引用。参照完整性规则用来定义外键与主键之间的引用规则，该规则的实质是不允许引用不存在的实体。

参照完整性规则：若属性（或属性集）F 是基本关系 R 的外键（外码），它与基本关系 S 的主键 K 相对应（基本关系 R 和 S 可能是相同的关系），则 R 中的每个元组在 F 上的值必须等于 S 中某个元组的主键值或者取空值（F 的每个属性值均为空值）。

【例 2-8】学生关系和部门关系用下面的关系表示，其中主键用下画线标识。

学生（<u>学号</u>，姓名，性别，年龄，籍贯，部门号）

部门（<u>部门号</u>，部门）

可见，学生关系的部门号与部门关系的主键部门号相对应。因此，部门号属性是学生关系的外键，这里部门关系是被参照关系，学生关系为参照关系。

学生关系中部门号属性只能取下面两类值。

（1）空值，表示该学生尚未安排部门。

（2）非空值，该值必须是部门关系中某个元组的部门号值，表示该学生被分配到一个已存在的部门中。即被参照的部门关系中一定存在一个元组，其主键值等于参照关系（学生关系）中的外键值。

【例 2-9】在教学管理数据库中有下面两个关系模式。

（1）S(<u>Sno</u>, Sn, Sex, Age, BP, Dno)。

（2）SC(<u>Sno</u>, Cno, Score)。

其中，带下画线的为主键，带波浪线的为外键。

根据规则要求，关系 SC 中的 Sno 值应该在关系 S 中出现。如果关系 SC 中有一个元组('100101', '150101', 60)，而学号 100101 却在关系 S 中找不到，那么就认为在关系 SC 中引用了一个不存在的学生实体，这就违反了参照完整性规则。

需要指出的是，外键并不一定要与引用的主键同名。在实际的数据库设计中，为了增强可读性，当外键与引用的主键属于不同关系时，通常给它们取相同的名称。

3. 用户自定义完整性

实体完整性和参照完整性适用于任何关系数据库系统。除此之外，不同的关系数据库系统根据其应用环境的不同，往往还需要一些特殊的约束条件。用户自定义完整性是指针对某一具体关系数据库的约束条件，允许用户自定义完整性约束，它反映某一具体应用所涉及的数据必须满足的语义要求。

例如，在例 2-9 的学生关系 S 中，可通过用户自定义完整性使 Sn 不能为空，也可在选课关系 SC 中定义 Score 在 0～100 之间。

2.3　关系代数

关系操作的特点是采用集合操作方式，即操作的对象和结果都是集合。常用的关系操作包括关系的查询、插入、删除和修改，其中关系的查询操作最为重要。关系的操作可分为关系代数和关系演算两大类。

关系代数是用对关系的运算来表达查询要求，而关系演算是用谓词来表达查询要求，按照谓词变元的基本对象是元组变量还是域变量，又可分为元组关系演算和域关系演算。本节主要介绍关系代数，即关系运算。

关系代数包括传统的集合运算和专门的关系运算两类，常见的关系运算符如表 2-2 所示，其中比较运算符和逻辑运算符用来辅助专门的关系运算。

表 2-2　关系代数运算符表

运　算　符		含　　义
传统的集合运算符	∪	并
	−	差
	∩	交
	×	广义笛卡儿积
专门的关系运算符	σ	选择
	Π	投影
	⋈	连接
	÷	除
比较运算符	>	大于
	⩾	大于等于
	<	小于
	⩽	小于等于
	=	等于
	≠	不等于
逻辑运算符	¬	非
	∧	与
	∨	或

2.3.1 传统的集合运算

传统的集合运算是把关系看成元组的集合，以元组作为集合中的元素来进行交、差、并及笛卡儿积运算，其运算是从关系的水平方向，即行的角度进行的。除笛卡儿积之外，参与运算的两个关系必须相容，即两个关系的属性个数必须相同，且相应属性值必须取自同一个域。

1. 并

关系 R 与 S 的并是一个与 R、S 相容的关系，且其元组由属于 R 或 S 的元组组成，可记作 R∪S。

$$R∪S=\{t \mid t∈R \lor t∈S\}$$

注意：R∪S 的结果集合是 R 中记录和 S 中记录合并在一起构成的一个新关系，合并后的结果需要去掉重复的记录（行）。

【例 2-10】如图 2-4（a）所示，关系 R、S 为 2015 年和 2016 年教师的授课关系，现在要了解这两年间每位教师所讲授的课程情况，就可运用 R 和 S 的并运算，其结果为图 2-4（b）中的 R∪S 关系。

关系 R

教师工号（Tno）	课程号（Cno）
01	150101
02	150101
03	150102
04	150103

关系 S

教师工号（Tno）	课程号（Cno）
02	150103
03	150102
05	150103

（a）关系 R∪S

教师工号（Tno）	课程号（Cno）
01	150101
02	150101
02	150103
03	150102
04	150103
05	150103

（b）并运算结果

图 2-4 关系 S、关系 R 及并运算结果

2. 差

关系 R 与 S 的差是一个与 R、S 相容的关系，且其元组是由属于 R 而不属于 S 的元组组成的一个新关系，即在 R 中删除与 S 中相同的元组后所组成的一个新关系，可记作 R-S。

$$R-S=\{t \mid t∈R \land t∉S\}$$

注意：S-R 与 R-S 是不同的，S-R 表示由只在 S 中出现而不在 R 中出现的元组构成的一个新关系。

【例 2-11】使用例 2-10 中的关系 R、S，现要了解每个教师在 2015 年所任课程与 2016 年所任课程不重复的课程情况（2015 年讲授而在 2016 年没有讲授的所有课程），就可运用 R 和 S 的差运算，运算结果如图 2-5 所示。

教师工号（Tno）	课程号（Cno）
01	150101
02	150101
04	150103

图 2-5　差运算结果

3. 交

关系 R 与 S 的交是一个与 R、S 相容的关系，其元组是由既属于 R 又属于 S 的所有元组组成的一个新关系，即由 R 和 S 中相同的元组所组成的一个新关系，可记作 R∩S。

$$R∩S=\{t \mid t∈R∧t∈S\}$$

关系的交运算可以用差来表示，可记作 R∩S= R-(R-S)= S-(S-R)。

【例 2-12】使用例 2-10 中的关系 R、S，现要了解每个教师在 2015 年和 2016 年讲授相同课程的情况，可运用 R 和 S 的交运算，结果如图 2-6 所示。

教师工号（Tno）	课程号（Cno）
03	150102

图 2-6　交运算结果

4. 乘积（广义笛卡儿积）

两个分别为 m 目和 n 目的关系 R 和 S 的广义笛卡儿积是一个 $m+n$ 列的元组的集合。元组的前 m 列是关系 R 的一个元组，后 n 列是关系 S 的一个元组。若 R 有 k_1 个元组，S 有 k_2 个元组，则关系 R 和关系 S 的广义笛卡儿积有 $k_1×k_2$ 个元组。可记作 R×S。

$$R×S=\{t \mid t=<t_m, t_n>∧t_m∈R∧t_n∈S\}$$

【例 2-13】如图 2-7（a）所示，关系 R、S 分别为教师关系和课程关系的简表，假设在教学排课环节中需要了解所有的任课情况（即任何一位教师都可以讲授任何一门课程），即可使用关系的乘积运算，R 和 S 的乘积运算结果如图 2-7（b）所示。

关系 R（教师简表）

教师工号（Tno）	教师名（Tn）
01	张林
02	王红
03	李雪

关系 S（课程简表）

课程号（Cno）	课程名（Cn）
150101	数据结构
150102	操作系统
150103	数据库原理

（a）关系 R×S（所有教师和所有课程的任课关系表）

图 2-7　广义笛卡儿积运算举例

教师工号（Tno）	教师名（Tn）	课程号（Cno）	课程名（Cn）
01	张林	150101	数据结构
01	张林	150102	操作系统
01	张林	150103	数据库原理
02	王红	150101	数据结构
02	王红	150102	操作系统
02	王红	150103	数据库原理
03	李雪	150101	数据结构
03	李雪	150102	操作系统
03	李雪	150103	数据库原理

（b）乘积运算结果

图 2-7　广义笛卡儿积运算举例（续）

传统的集合运算可以实现关系数据库的许多基本操作。例如，数据记录的添加和插入操作可通过关系的并运算实现；数据记录的删除操作可通过差运算实现；数据记录的修改操作可在先删除原始记录后插入修改的新记录，即通过差和并两次运算实现。

2.3.2　专门的关系运算

传统的集合运算只从行的角度进行运算，功能相对简单，而要灵活地实现关系的多样查询操作，则需要专门的关系运算。专门的关系运算可同时从行和列的角度进行关系运算，这种运算是为数据库的应用而引进的特殊运算，包括选择、投影、连接和除法等。

1. 选择

选择又称为限制，是一个单目运算符，即对一个关系进行运算。选择运算是从关系 R 中选择某些满足给定条件的元组组成一个新的关系。可记作 $\sigma_F(R)$。

$$\sigma_F(R)=\{t \mid t \in R \wedge F(t)=True\}$$

其中，F 是选择的条件，是一个取值为逻辑值真或假的逻辑表达式。σ 为选择运算符，$\sigma_F(R)$ 表示从 R 中挑选满足表达式 F 为真的元组所构成的关系，也可记作

$$\sigma_F(R)=\{t \mid t=<t_1, t_2, \ldots, t_k> \wedge t \in R \wedge F(t)=True\}$$

逻辑表达式 F 的基本形式为 $X_1 \theta Y_1[\varphi X_2 \theta Y_2]\cdots$，其中，θ 表示比较运算符号，可以是>、⩾、<、⩽、=或≠；X_1、Y_1 等是属性名、常量或简单函数，属性名也可以用它的序号来代替；φ 表示逻辑运算符，当有多个选择条件时，可以用 ¬、∧ 或 ∨ 连接起来。

【例 2-14】查询江苏籍的全体学生。

$$\sigma_{BP='江苏'}(S)或 \sigma_{5='江苏'}(S) \quad （5 为 BP 属性的序号）$$

其中，σ 为选择运算符；BP= '江苏'为选择条件；S 为学生表，即在关系表 S 中选择 BP='江苏'的所有学生。选择结果如图 2-8 所示。

📢 **注意：** 属性名也可以用属性的序号来代替，如 BP= '江苏'也可以表示为 5= '江苏'。

Sno	Sn	Sex	Age	BP	Dno
100102	李思	女	17	江苏	02
100103	孙浩	男	21	江苏	03

图 2-8　选择运算结果

【例 2-15】查询年龄在 18～20 岁江苏籍的所有女生。

$$\sigma_{BP='江苏' \wedge (age>=18 \wedge age<=20) \wedge Sex='女'}(S)$$

2. 投影（Projection）

选择运算是从关系的水平方向上进行操作，投影运算则是从关系的垂直方向上操作。投影运算也是单目运算符，是从关系 R 中选择指定属性列组成新的关系。可记作 $\Pi_A(R)$。

$$\Pi_A(R)=\{t\,[A]\,|t\in R\}$$

其中，A 为 R 中要选择的属性列。

如果 R 中的每列都具有属性名，那么操作符 Π 的下标可以用属性名表示，也可以用属性名序号表示（中间用逗号分隔）。例如，有关系 R(A,B,C)，那么 $\Pi_{C,A}(R)$ 与 $\Pi_{3,1}(R)$ 是等价的。

【例 2-16】查询学生的姓名和籍贯，即求学生关系 S 在 Sn 和 BP 两个属性上的投影。

$$\Pi_{Sn,BP}(S) 或 \Pi_{1,5}(S)$$

其中，Π 为投影运算符；Sn、BP 表示所要投影的列；S 为学生表，即在关系表 S 中投影（选取）Sn、BP 分别为两列（两个属性）。结果如图 2-9 所示。

Sn	BP	Sn	BP	Sn	BP
姜珊	湖南	孙浩	江苏	李斌	河南
李思	江苏	周强	新疆	黄琪	湖北

图 2-9　投影运算结果

【例 2-17】查询教师表中所有教师的姓名。

$$\Pi_{Tn}(T) 或 \Pi_2(T)$$

【例 2-18】查询教师表中所有男教师的姓名和职称。

$$\Pi_{Tn,Prof}(\sigma_{Sex='男'}(T))$$

【例 2-19】查询选课表中的所有课程号。

$$\Pi_{Cno}(SC)$$

投影结果如图 2-10 所示。

注意：投影之后的运算结果不仅取消了原关系中的某些列，还可能取消某些元组，而取消了某些属性列后可能出现重复行，则应取消这些完全相同的行。

Cno
150101
150102
150103

图 2-10　投影结果

3. 连接（Join）

连接也称为 θ 连接，是双目运算符。连接运算是从两个关系的笛卡儿积中选取满足连接条件的元组。可记作 $R\underset{A\theta B}{\bowtie}S$。

$$R\underset{A\theta B}{\bowtie}S=\{t_R\frown t_S|t_R\in R \wedge t_R\in S \wedge t_R[A]\theta t_S[B]\}$$

其中，A 和 B 分别为 R 和 S 上度数相等且可比的属性组；$t_R\frown t_S$ 称为元组的连接，它是

一个 $n+m$ 列的元组，n、m 为 A 和 B 的属性列个数；θ 是比较运算符，$A\theta B$ 为连接条件。当 θ 是 "=" 时为等值连接，θ 是 "<" 时为小于连接，θ 是 ">" 时为大于连接。连接运算是最为重要也是最为常用的连接，称为自然连接。

自然连接是一种特殊的等值连接，是在广义笛卡儿积 R×S 中选取同名属性中符合相等条件的元组，再进行投影，删除重复的同名属性，组成新的关系。可记作 R⋈S。

$$R\bowtie S=\{t_R\frown t_S|t_R\in R\wedge t_R\in S\wedge t_R[A]=t_S[B]\}$$

【例 2-20】图 2-11（a）、图 2-11（b）分别为关系 R 与 S；图 2-11（c）为 R⋈S，即 R 和 S 的小于连接（C<D）；图 2-11（d）为 R⋈S，即 R 和 S 的等值连接（C=D）；图 2-11（e）为 R⋈S，即 R 和 S 的等值连接（R.X=S.X）；图 2-11（f）为 R⋈S，即 R 和 S 的自然连接。

X	Y	C
X1	Y1	1
X2	Y1	3
X3	Y2	5
X3	Y2	7

（a）关系 R

X	D
X1	1
X2	2
X3	3
X4	4

（b）关系 S

R.X	Y	C	S.X	D
X1	Y1	1	X2	2
X1	Y1	1	X3	3
X1	Y1	1	X4	4
X2	Y1	3	X4	4

（c）R⋈S C<D

R.X	Y	C	S.X	D
X1	Y1	1	X1	1
X2	Y1	3	X3	3

（d）R⋈S C=D

R.X	Y	C	S.X	D
X1	Y1	1	X1	1
X2	Y1	3	X2	2
X3	Y2	5	X3	3
X3	Y2	7	X3	3

（e）R⋈S R.X=S.X

X	Y	C	D
X1	Y1	1	1
X2	Y1	3	2
X3	Y2	5	3
X3	Y2	7	3

（f）R⋈S

图 2-11 连接运算举例

等值连接与自然连接都运用了两个关系的笛卡儿积运算，但是通过例 2-20 发现，二者的区别和联系如下。

（1）自然连接是一种特殊的等值连接。

（2）等值连接中不要求相等属性值的属性名相同，而自然连接要求相等属性值的属性名必须相同，即两个关系只有在同名属性下才能进行自然连接。如图 2-11（d）中 R 的 C 列和 S 的 D 列可进行等值连接，但因为属性名不同，不能进行自然连接。

（3）等值连接不去掉重复属性，而自然连接去掉重复属性，也就是说，自然连接是去掉重复列的等值连接。如图 2-11（e）中 R 的 X 列和 S 的 X 列进行等值连接时，结果有重复的属性列 X（即 R.X 和 S.X），而进行自然连接时，结果只有一个属性列 X，如图 2-11（f）所示。

4. 除法（Division）

给定关系 R(X, Y)和 S(Y, Z)，其中 X、Y、Z 为属性组，则 R÷S 是元组在 X 上的分量值 x 的像集 Y_x 包含 S 在 Y 上的投影的集合。可记作 R÷S。

$$R÷S = \{t_R[X]|t_R \in R \wedge Y_x \supseteq \Pi_Y(S)$$

其中，$t_R[X]$为 R 中元组在 X 上的分量值 x；Y_x 为 x 在 R 中的像集；$\Pi_Y(S)$为 Y 在 S 中的投影。

R 中的 Y 与 S 中的 Y 可以有不同的属性名，但必须来自相同的域。关系的除法运算不是基本运算，它是一种由关系代数基本操作复合而成的操作，可记作 R÷S。

$$R÷S = \Pi_x(R) - \Pi_x(\Pi_x(R) \times S - R)$$

【例 2-21】查询选修了 150101 和 150102 号课程，并且成绩都为 60 的学生的学号。

如图 2-12（a）所示为选课关系 SC，如图 2-12（b）所示为查询条件形成的关系 K，通过分析可知 $K = \Pi_{Cno,Score}(\sigma_{(Cno= '150101' \wedge Score=60) \vee (Cno= '150102' \wedge Score=60)}(SC))$。

进行如下分析。

（1）学号 100101 的像集为{('150101', 60), ('150102', 60), ('150103', 80)}。

（2）学号 100102 的像集为{('150101', 60), ('150102', 70)}。

（3）学号 100103 的像集为{('150101', 80), ('150103', 72)}。

K 在 (Cno,Score) 上 的 投 影 $\Pi_{Cno,Score}(K)$ 为 {('150101',60), ('150102',60)}， 本 例 中 $\Pi_{Cno,Score}(K)=K$。

显然只有学号为 100101 的像集{('150101',60), ('150102',60),('150103',80)}$\supseteq \Pi_{Cno,Score}(K)$，如图 2-12（c）所示 SC÷K={'100101'}即为所求。

Sno	Cno	Score
100101	150101	60
100101	150102	60
100101	150103	80
100102	150101	60
100102	150102	70
100103	150101	80
100103	150103	72

Cno	Score
150101	60
150102	60

A
100101

　　　（a）选课关系 SC　　　　　　　　（b）关系 K　　　　（c）SC÷K

图 2-12　除运算举例

2.3.3　关系代数运算的应用举例

将由 5 种基本关系代数运算（∪、−、×、σ、Π）经过有限次复合的式子称为关系代数表达式。这种表达式的运算结果仍是一个关系。运用关系代数表达式可以实现复杂的数据查询操作。以下查询例题中使用的均是 1.4.4 节中的教学管理数据库中的关系 D、S、C 和 SC。

【例 2-22】查询年龄在 20 岁以下的女学生。

$$\sigma_{Sex= '女' \wedge Age<20}(S)$$

【例 2-23】查询成绩及格的学生的学号。

$$\Pi_{Sno}(\sigma_{Score>=60}(SC))$$

【例 2-24】查询学生"姜珊"所属的部门号。

$$\Pi_{Dno}(\sigma_{Sn='姜珊'}(S))$$

【例 2-25】查询河南籍年龄为 18～20 岁的学生姓名。

$$\Pi_{Sn}(\sigma_{BP='河南'\wedge Age>=18\wedge Age<=20}(S))$$

【例 2-26】查询课程号为 150101 且成绩高于 80 分的所有学生的姓名。

$$\Pi_{Sn}(\sigma_{Cno='150101'\wedge\ Score>80}(SC)\bowtie S)$$

$$或\ \Pi_{Sn}(\sigma_{Cno='150101'\wedge\ Score>80}(SC)\bowtie\Pi_{Sno,Sn}(S))$$

【例 2-27】查询信电学院学生都选修的课程的课程号。

首先建立两个临时关系：

$$R=\Pi_{Sno,Cno}(SC)$$

$$T=\Pi_{Sno}(\sigma_{Dept='信电'}(S\bowtie D))$$

然后进行除运算 R÷T。

【例 2-28】查询学号为 100101 的学生所选修的所有课程的学生学号。

$$\Pi_{Sno,Cno}(SC)\div\Pi_{Cno}\ (\sigma_{Sno='100101'}(SC))$$

【例 2-29】查询选修全部课程的学生的学号和姓名。

$$\Pi_{Sno,Cno}(SC)\div\Pi_{Cno}(C)\bowtie\Pi_{Sno,Sn}\ (S)$$

2.4　关　系　演　算

关系代数是过程化的语言，通过规定对关系的运算进行查询，即要求用户说明运算的顺序，通知系统每一步应该怎样做。关系演算是非过程化的语言，通过规定查询的结果应满足什么条件来表达查询要求，只需提出要达到的要求，通知系统要做什么，而将怎样做的问题交给系统去解决。所以关系演算使用起来更加方便、灵活，受到广大用户的欢迎。

2.4.1　元组关系演算

元组关系演算以元组变量作为谓词变元的基本对象，典型代表是 E. F. Codd 提出的 ALPHA 语言。

ALPHA 语言主要有 GET、PUT、HOLD、UPDATE、DELETE 和 DROP 这 6 条操作语句，其基本格式如下：

操作语句　工作空间名[(定额)](表达式 1)：[操作条件][DOWN/UP 表达式 2]

其中，操作语句可以为 GET、PUT、HOLD、UPDATE、DELETE、DROP。工作空间是用户与系统通信的内存空间，通常用 W 表示，也可以用其他字母表示。定额规定检索的元组个数。表达式 1 用来指定语句的操作对象，可以表示为：关系名|关系名.属性名|元组变量.属性名|集函数[,…n]。操作条件是一个逻辑表达式，用来表示只有满足此条件的元组才能进行操作，默认情况下为空，表示无条件执行操作符规定的操作。DOWN/UP 表达式 2 用于指定排

序方式。

1．检索操作——GET 语句

1）简单检索（即不带条件的检索）

【例 2-30】查询所有学生数据。

```
GET   W (S)
```

这里的操作条件为空，表示无条件查询；W 为工作空间名；表达式 1 为关系名 S，表示查询所有学生数据。

【例 2-31】查询所有学生姓名。

```
GET   W(S. Sn)
```

【例 2-32】查询所有教师的职称。

```
GET   W(T.Prof)
```

📢 **注意**：查询结果自动消去重复行。

2）限定的检索（即带操作条件的检索）

（1）简单的限定检索。

【例 2-33】查询职称为"教授"的教师姓名。

```
GET   W (T. Tn):T. Prof = '教授'
```

冒号后面的"T. Prof ='教授'"给出了查询的条件。

【例 2-34】查询男生中籍贯为"江苏"的学生的姓名和学号。

```
GET   W(S.Sn,S.Sno):S.Sex= '男'∧S.BP= '江苏'
```

【例 2-35】查询年龄小于 50 岁并且职称为"教授"的教师的姓名和年龄。

```
GET W(T. Tn,T. Age):T.Age<50∧T. Prof = '教授'
```

（2）元组变量的限定检索。

元组变量是一个变量，可代表关系中的元组，其用途如下。

① 简化关系名。如果关系的名字很长，使用起来会感到不方便，此时可以设置一个具有较短名字的元组变量来简化关系名。

② 充当一阶逻辑个体变量。在使用一阶逻辑进行多关系限定检索时，元组变量充当一阶逻辑的个体变量。

📢 **注意**：元组变量是一个动态的概念，一个关系可以设置多个元组变量。元组变量是在某一关系范围内变化的，所以元组变量又称为范围变量。

【例 2-36】查询选修了 150101 号课程的所有学生的学号。

```
RANGE   TC   X
GET   W(X.Sno): X.Cno= '150101'
```

RANGE 用来说明元组变量；X 为关系 TC 中的元组变量，其作用是简化关系名 TC。

（3）用一阶逻辑进行多关系限定检索。

根据一阶逻辑的概念，受量词约束的元组变量称为约束元组变量，不受量词约束的元组变量称为自由元组变量。

【例 2-37】查询选修了"操作系统"课程的学生学号。

```
RANGE   C   X
GET   W (SC.Sno):∃ X(X.Cno=SC.Cno∧X.Cn= '操作系统')
```

【例 2-38】查询未选修 150103 号课程的学生姓名。

```
RANGE SC   X
GET   W(S.Sn): ∀X(X.Sno≠S.Sno∨X.Cno≠ '150103')
```

【例 2-39】查询选修了全部课程的学生的姓名。

```
RANGE   C   CX
SC   EX
GET   W (S.Sn):
∀CX∃EX (EX.Sno=S.Sno∧CX.Cno=EX.Cno)
```

【例 2-40】查询至少选修了 100101 号学生所选课程的学生学号。

```
RANGE   C   CX
SC   X
SC   Y
GET W(S.Sno):∀CX(∃X(X.Sno= '100101'∧X.Cno=CX.Cno)⇒∃Y(Y.Sno=S.Sno∧Y.Cno=CX.Cno))
```

例 2-40 中语句的执行过程为：依次检查课程表 C 中的每一门课程，查看 100101 号学生是否选修了该课程，如果选修了，再查看某一个学生是否也选修了该门课程。如果对于 100101 号学生所选的每门课程，该学生都选修了，则该学生为满足要求的学生，将所有这样的学生全都查找出来即可。类似较为复杂的一阶逻辑表达式可以参考离散数学中的相关知识。

3）带排序的检索（DOWN 表示降序，UP 表示升序）

【例 2-41】查询所有男教师的姓名、年龄和职称，并按照年龄降序排列。

```
GET   W(T.Tn, T.Age, T.Prof):T.Sex= '男'   DOWN   T.Age
```

【例 2-42】查询女学生的姓名、部门号，并按部门号升序排列。

```
GET   W(S.Sn, S.Dno):S.Sex= '女'   UP   S.Dno
```

4）带定额的检索

指定检索出元组的个数，方法是在 W 后的括号中添加定额数量。

【例 2-43】查询一个男教师的姓名和教师工号。

```
GET   W(1)(T.Tn,T.Tno):T.Sex= '男'
```

这里的(1)表示查询结果中男教师的个数，即定额，取出教师表中第一个男教师的教师工号和姓名。另外，通常情况下排序和定额可以一起使用。

【例 2-44】查询副教授中年龄最大的 5 个教师的姓名及年龄。

```
GET   W(5)(T.Tn,T.Age): T.Prof= '副教授'   DOWN   T.Age
```

【例 2-45】查询年龄最小的女教师的教师工号和姓名。

```
GET   W(1)(T. Tno,T.Tn):T.Sex= '女'   UP   T.Age
```

5）集函数

用户在使用查询语言时，经常要进行一些简单的运算，例如，要统计符合某一查询条件的元组数，或求某个关系中所有元组在某属性上的最小值或平均值等。为了方便用户，增强基本的检索能力，在关系数据语言中建立了有关这类运算的标准函数库供用户选用。这类函数通常称为集函数或库函数。ALPHA 语言常用的集函数如表 2-3 所示。

表 2-3　ALPHA 语言集函数

函　数　名	功　　能	函　数　名	功　　能
AVG	按列计算平均值	MAX	求一列中的最大值
COUNT	按列计算元组个数	MIN	求一列中的最小值
TOTAL	按列计算值的总和		

【例 2-46】求学号为 100101 的学生的总成绩。

```
GET W(TOTAL(SC.Score)):S.Sno= '100101'
```

【例 2-47】求学校共有多少个部门。

```
GET W(COUNT(S.Dno))
```

COUNT 函数自动消去重复行，即计算字段 Dno 中不同值的数目。

2．更新操作

1）修改

UPDATE 语句用来实现数据的修改操作，数据修改的步骤如下。

（1）读数据：使用 HOLD 语句将要修改的元组从数据库中读到工作空间中。

（2）修改：利用宿主语言（MOVE 语句）修改工作空间中元组的属性。

（3）送回：使用 UPDATE 语句将修改后的元组送回数据库中。

【例 2-48】将学号为 100102 的学生的姓名由“李思”改为“李斯”。

```
HOLD W(S.Sno,S.Sn):S.Sno= '100102'    /*从 S 关系中读出 100102 号学生的学号和姓名*/
MOVE  '李斯'  TO  W.Sn                /*用宿主语言进行修改*/
UPDATE   W                           /*把修改后的元组送回 S 关系*/
```

注意：单纯地检索数据使用 GET 语句即可，但为修改数据而读取元组时必须使用 HOLD 语句，HOLD 语句是带并发控制的 GET 语句。如果修改操作涉及两个关系，就要执行两次 HOLD-MOVE-UPDATE 操作序列。

2）插入

PUT 语句用来实现数据的插入操作，插入操作的步骤如下。

（1）建立新元组：利用宿主语言在工作空间中建立新元组。

（2）写数据：使用 PUT 语句将新元组写入指定的关系中。

【例 2-49】在 TC 表中插入一条授课记录（'150103', '06'）。

```
MOVE '150103' TO W.Tno
MOVE '06' TO W.Cno
PUT W(TC)
```

注意：PUT 语句只对一个关系操作，也就是说表达式必须为单个关系名。如果插入操作涉及多个关系，必须执行多次 PUT 操作。

3）删除

DELETE 语句用来实现数据的删除操作，删除操作分为以下两步。

（1）读数据：使用 HOLD 语句将要删除的元组从数据库中读到工作空间中。

（2）删除：使用 DELETE 语句删除该元组。

【例 2-50】在学生关系中删除"黄琪"同学的学生信息。

```
HOLD W(S):S.Sn= '黄琪'
DELETE   W
HOLD V(SC):SC.Sno=W.Sno
DELETE   V
```

由于 SC 关系与 S 关系之间具有参照关系，为保证参照完整性，删除 S 关系中的元组时，相应地要删除 SC 关系中的元组（手动删除或由 DBMS 自动执行）。

【例 2-51】删除学生关系中全部学生的信息。

```
HOLD W(S)
DELETE   W
HOLD W(SC)
DELETE   W
```

一般可先删除 SC 关系（参照关系）中的元组，再删除 S 关系（被参照关系）中的元组。

在 ALPHA 语言中，不允许修改关系的主关系键。例如，不能用 UPDATE 语句修改学生关系 S 中的学号。如果确实需要修改关系中某个元组的主关系键值，可采取如下步骤。

（1）用删除操作删除该元组。

（2）把具有新主关系键值的元组插入关系中。

【例 2-52】将教师工号为 05 的记录改为 07。

```
HOLD W(T):T.Tn= '05'
DELETE   W
MOVE   '07'      TO   W.Tn
MOVE   '张斌'     TO   W.Tn
MOVE   '男'       TO   W.Sex
MOVE   '25'       TO   W.Age
MOVE   '讲师'     TO   W.Prof
MOVE   '01'       TO   W.Dno
PUT W(T)
```

由于修改的是 T 关系中某个元组的主关系键值，所以先删除该元组，再把具有新主关系键值的元组插入关系中。

2.4.2 域关系演算

域关系演算是关系演算的另一种形式，以元组变量的分量（域变量）作为谓词变元的基本对象。域关系演算语言的典型代表是 QBE 语言（Query By Example，示例查询），该语言于 1975 年由 IBM 公司提出，1978 年在 IBM 370 上实现，是一种很有特色的基于屏幕表格的查询语言，而查询结果也是以表格形式显示，易学易用。QBE 操作的表格形式如图 2-13 所示。

关系名	属性名 1	属性名 2	…	属性名 n
操作命令	属性值或查询条件	属性值或查询条件	…	属性值或查询条件

图 2-13　QBE 操作的框架

使用 QBE 语言的步骤如下。

（1）用户根据要求向系统申请一张或几张表格，显示在终端屏幕上。

（2）用户在空白表格的左上角的一栏内输入关系名。

（3）系统根据用户输入的关系名在第一行从左至右自动填写该关系的各个属性名。

（4）用户在关系名或属性名下方的一栏内填写相应的操作命令，包括 P.（打印或显示）、U.（修改）、I.（插入）、D.（删除）。如果要打印或显示整个元组，应将 P.填写在关系名的下方；如果只需打印或显示某一部分属性，应将 P.填写在相应属性名的下方。

下面仍基于教学管理数据库中的表 T、S、SC 说明 QBE 的用法。

1. 检索操作

1）简单查询

【例 2-53】显示全体教师的信息。

操作步骤如下。

（1）用户提出要求。

（2）屏幕显示空白表格，如图 2-14 所示。

图 2-14　显示空白表格

（3）用户在左上角输入关系名，如图 2-15 所示。

T						

图 2-15　输入关系名

（4）系统显示该关系的属性名，如图 2-16 所示。

T	Tno	Tn	Sex	Age	Prof	Dno

图 2-16　显示属性名

（5）用户在表格中构造查询要求。

本例为简单查询，没有查询条件，所以可采用如下两种方法。

方法一：将 P.填写在关系名的下方，如图 2-17 所示。

T	Tno	Tn	Sex	Age	Prof	Dno
P.						

图 2-17　在关系名下方填写操作命令

方法二：将 P.填在各个属性名的下方，如图 2-18 所示。

T	Tno	Tn	Sex	Age	Prof	Dno
	P. 01	P. 张林	P. 女	P. 45	P. 教授	P.信电

图 2-18　在属性名下方添加操作命令

注意： 只有要查询的属性包括所有的属性时，才将 P.填写在关系名的下方。

（6）屏幕显示查询结果，如图 2-19 所示。

T	Tno	Tn	Sex	Age	Prof	Dno
	01	张林	女	45	教授	信电
	02	王红	女	26	讲师	信电
	03	李雪	女	21	讲师	管理
	04	周伟	男	32	副教授	机电
	05	张斌	男	25	讲师	信电
	06	王平	男	30	副教授	管理

图 2-19　显示查询结果

2）条件查询

【例 2-54】查询职称为"副教授"的所有教师的姓名。

操作步骤如下。

（1）用户提出要求。

（2）屏幕显示空白表格，如图 2-20 所示。

图 2-20　显示空白表格

（3）用户在左上角输入关系名，如图 2-21 所示。

T						

图 2-21　输入关系名

（4）系统显示该关系的属性名，如图 2-22 所示。

T	Tno	Tn	Sex	Age	Prof	Dno

图 2-22　显示属性名

（5）用户在表格中构造查询要求，如图 2-23 所示。

T	Tno	Tn	Sex	Age	Prof	Dno
		P．张林			Prof=副教授	

图 2-23　构造查询要求

其中，"张林"是示例元素，即域变量（QBE 要求示例元素下面一定要加下画线）；"Prof=副教授"是查询条件（不用加下画线）；P.是操作符，表示打印或显示。

查询条件中可以使用比较运算符，如果是"="运算符可以省略，所以本例中的构造查询表格可以为如图 2-24 所示形式。

T	Tno	Tn	Sex	Age	Prof	Dno
		P．张林			副教授	

图 2-24　本例构造查询表格形式

（6）屏幕显示查询结果，如图 2-25 所示。

T	Tno	Tn	Sex	Age	Prof	Dno
		周伟				
		王平				

图 2-25　显示查询结果

根据用户构造的查询要求，这里只显示职称为"副教授"的教师姓名的属性值。

【例 2-55】查询所有职称为"讲师"的教师姓名和性别，结果如图 2-26 所示。

T	Tno	Tn	Sex	Age	Prof	Dno
		P．张林	P．女		讲师	

图 2-26　例 2-55 的查询结果

【例 2-56】查询"信电"学院年龄大于 30 岁的教师的姓名和职称。

在 QBE 中，表示逻辑表达式"与"有两种方法。

方法一：把条件写在同一行上，如图 2-27 所示。

T	Tno	Tn	Sex	Age	Prof	Dno
		P．张林		>30	P．教授	信电

图 2-27　方法一效果

方法二：把条件写在不同行上，但必须使用相同的示例元素，如图 2-28 所示。

T	Tno	Tn	Sex	Age	Prof	Dno
		P．张林		>30	P．教授	
		P．张林			P．教授	信电

图 2-28　方法二效果

【例 2-57】查询职称为"教授"或者年龄大于等于 50 岁的教师的姓名。

在 QBE 中，表示两个条件的"或"时，要把两个条件写在不同行上，且必须使用不同的示例元素，如图 2-29 所示。

T	Tno	Tn	Sex	Age	Prof	Dno
		P. 张林			教授	
		P. 王红		≥50		

图 2-29 例 2-57 示意

【例 2-58】 查询未选修 150101 号课程的学生姓名。

本例的查询涉及两个关系：S 和 SC。这两个关系是通过使用公共的属性（连接属性）Sno 进行连接的，故 Sno 值在两个表中要一致。QBE 中的逻辑"非"运算符为 ¬，可填写在关系名下方，表示本行逻辑取"非"，如图 2-30 所示。

S	Sno	Sn	Sex	Age	BP	Dno
	100101	P. 姜珊				

SC	Sno	Cno	Score
¬	100101	150101	

图 2-30 例 2-58 示意

【例 2-59】 查询选修了两门以上课程并且每门成绩均及格的学生的学号，如图 2-31 所示。

SC	Sno	Cno	Score
	P.100101	150101	≥60
	P.100101	¬150101	≥60

图 2-31 例 2-59 示意

3）排序查询

当对查询结果按照某个属性值的升序排列时，在相应的属性下方填入 AO.，降序排列时，填入 DO.。

如果按照多个属性值同时排序，则用 AO(i).或 DO(i).表示，其中 i 为排序的优先级，i 值越小，优先级越高。

【例 2-60】 查询全体男教师的姓名，要求查询结果按年龄的升序排列，年龄相同者按教师工号的降序排列，如图 2-32 所示。

T	Tno	Tn	Sex	Age	Prof	Dno
	DO(2).	P. 张林	男	AO(1).		

图 2-32 例 2-60 示意

4）集函数查询

同 ALPHA 语言类似，为了方便用户，QBE 语言也提供了一些有关运算的集函数，如表 2-4 所示。

表 2-4 QBE 语言集函数

函 数 名	功 能	函 数 名	功 能
AVG	按列计算平均值	MAX	求一列中的最大值
CNT	按列值计算元组个数	MIN	求一列中的最小值
SUM	按列计算值的总和		

【例 2-61】查询学号为 100101 的学生的总成绩，如图 2-33 所示。

SC	Sno	Cno	Score
	100101		P.SUM.ALL.

图 2-33   例 2-61 示意

【例 2-62】查询男教师的平均年龄，如图 2-34 所示。

T	Tno	Tn	Sex	Age	Prof	Dno
			男	P.AVG .ALL.		

图 2-34   例 2-62 示意

2．更新操作

1）修改

修改操作使用 U.操作命令。修改非主关系键值有如下两种方法。

方法一：将操作符 U.填在值上。

【例 2-63】把"周伟"教师的职称改为"教授"，并将部门号改为"01"，如图 2-35 所示。

T	Tno	Tn	Sex	Age	Prof	Dno
		周伟			U.教授	U.01

图 2-35   例 2-63 示意

方法二：将操作符 U.填在关系上。

【例 2-64】将教师工号为"04"的教师职称改为"教授"，并将部门号改为"01"，如图 2-36 所示。

T	Tno	Tn	Sex	Age	Prof	Dno
U.	04				教授	01

图 2-36   例 2-64 示意

比较两种方式发现，通常用主关系键作为元组标记时，用方法二比较简单（主关系键不能被修改，所以只能表示元组的标记），但是如果不是用主关系键标记元组，则只能使用方法一，否则无法区别被修改的属性值和元组标记。

📢 注意：修改某个元组的主关系键值时，只能间接进行，即首先删除该元组，再插入具有新的主关键字值的元组。

2）插入

插入操作使用 I.操作符。新插入的元组必须具有主关键字值，其他属性值可以为空。

【例 2-65】在 SC 表中插入一条选课记录（'100104'，'150103'），即周强选修了数据库原理，如图 2-37 所示。

SC	Sno	Cno	Score
I.	100104	150103	

图 2-37   例 2-65 示意

因为本例只表明"周强"选修了"数据库原理"，还没有取得本门课程的成绩，所以 Score 可以为空。

3）删除

删除操作使用 D.操作符。

【例 2-66】删除教师工号为"06"的教师，如图 2-38 所示。

T	Tno	Tn	Sex	Age	Prof	Dno
D.	06					

图 2-38　例 2-66 示意 1

由于 TC 关系与 T 关系之间具有参照关系，为保证参照完整性，删除"06"教师后，通常还应删除"06"教师的全部课程，如图 2-39 所示。

TC	Tno	Cno
D.	06	

图 2-39　例 2-66 示意 2

2.5　本章小结

本章首先介绍了关系模型的相关概念，即关系模型的基本概念，关系模型的形式化定义及关系的性质；其次，讨论了关系的 3 种完整性约束，即实体完整性、参照完整性和用户自定义的完整性；再次，描述了关系代数的基本操作和组合操作，并重点分析了传统集合运算和专门的关系运算操作以及实例，了解关系运算的特点；最后讨论了关系演算，它是基于谓词的关系运算，理论性较强，主要理解表达式的语义，计算其值，并能根据简单的查询语句写出元组表达式。

习　题　2

一、单项选择题

1．关系数据库建立在关系数据库模型基础上，借助（　　）等概念和方法来处理数据库中的数据。

　　A．集合代数　　　B．分析方法　　　C．统计分析　　　D．表格

2．除了关系的标题栏，二维表中水平方向的行称为（　　）。

　　A．元组　　　　　B．分量　　　　　C．属性　　　　　D．关系的实例

3．关系是一个（　　）数目相同的元组的集合。

　　A．表格　　　　　B．分量　　　　　C．属性　　　　　D．关系的实例

4．认为多个域间有一定的关系时，就可以用（　　）的方法将它们以关系的形式建立一张二维表，以表示这些域之间的关系。

　　A．乘积　　　　　B．投影　　　　　C．连接　　　　　D．笛卡儿积

5. 下面关于关系的性质的说法不正确的是（　　　）。

    A．关系中不允许出现相同的元组

    B．关系中元组的顺序固定

    C．关系中属性的顺序无所谓，即列的顺序可以任意交换

    D．关系中各个属性必须有不同的名字，而不同的属性可来自同一个域

6. 下列关于关系的键的描述错误的是（　　　）。

    A．关系的键是指属性或属性组合

    B．主关系键一定是候选键

    C．主关系键中的任一属性都不能为空值

    D．被参照关系的主关系键和参照关系的外部关系键不必定义在同一个域上

7. 关于关系模型的 3 类完整性规则正确的是（　　　）。

    A．如果属性 A 是基本关系 R 的主属性，但不是候选键整体，则属性 A 能取空值

    B．若属性 F 是基本关系 R 的外部关系键，它与基本关系 S 的主关系键字 K 相对应，
则对于 R 中的每个元组在 F 上的值必须取空值

    C．参照完整性规则用来定义外部关系键与主关系键之间的引用规则

    D．实体完整性和参照完整性并不适用于任何关系数据库系统

8. 关系运算的三大要素是（　　　）。

    A．运算对象、运算符、运算结果　　　　B．运算对象、运算符、运算类型

    C．运算类型、运算符、运算结果　　　　D．运算对象、运算类型、运算结果

9. 选择操作是根据某些条件对关系进行（　　　）分割，选取符合条件的元组。

    A．水平　　　　　　　B．垂直　　　　　　　C．交叉　　　　　　　D．混合

10. 下列关于关系代数和关系演算的命题不正确的是（　　　）。

    A．关系代数是过程化的语言，通过规定对关系的运算进行查询

    B．关系演算是非过程化的语言，通过规定查询的结果应满足什么条件来表达查询要求

    C．元组关系演算以元组变量作为谓词变元的基本对象

    D．域关系演算以元组变量作为谓词变元的基本对象

二、填空题

1. 关系模型由_____、_____和_____ 3 部分组成。

2. 在给定关系中，元组的集合称为该关系的_____。

3. 关系模式（关系模型）是对关系的描述。关系实际上就是_____在某一时刻的状态或内容。

4. 若一个关系有多个候选键，通常选用一个候选键作为查询、插入或删除元组的操作变量，被选用的候选键称为_____。

5. _____是用来表示多个关系联系的方法。

6. _____是针对某一具体关系数据库的约束条件，反映某一具体应用所涉及的数据必须满足的语义要求。

7. 关系模型的完整性包括_____完整性、_____完整性和_____完整性。

8. 关系代数的运算按运算符的不同主要分为_____运算和_____运算两类。

9．投影运算是从关系的_____方向上进行的，投影运算是从现有的关系中选取_____，最后在得出的结果中删除_____，从而得到一个新的关系。

10．关系演算语言有 ALPHA 和 QBE，_____以元组变量作为谓词变元的基本对象；_____以元组变量的分量（即域变量）作为谓词变元的基本对象。

三、简答题

1．解释下列术语：关系、属性、元组、分量、关系模式、域。

2．简述关系的特性。

3．什么是关键字？关键字主要有哪几种？它们之间有什么联系和区别？

4．试述关系模型的完整性规则。在参照完整性中，为什么外部码属性的值也可以为空？什么情况下才可以为空？

5．什么是等值连接？什么是自然连接？它们的区别是什么？

6．关系数据语言可以分为哪几类？每一类的代表性语言是什么？

四、综合题

1．如图 2-40 所示是两个关系 R 和 S，请分别画出表示 R∪S、R∩S、R−S 和 R×S 的结果图。这里，R 和 S 的属性名相同，应在属性名前注上相应的关系名，如 R.A、S.A 等。另外，画出表示 $\Pi_{C,A}(R)$、$\Pi_{2,1}(R)$ 和 $\sigma_{B='B1'}(R)$ 的结果图。

R		
A	B	C
A1	B1	C1
A2	B2	C2
A3	B3	C3

S		
A	B	C
A2	B2	C2
A4	B4	C4

图 2-40　关系 R 和 S（1）

2．如图 2-41 所示为两个关系 R 和 S，请分别画出表示以下 4 种情况的结果图。

（1）R 和 S 的大于连接（Y>A）。

（2）R 和 S 的等值连接（Y=A）。

（3）R 和 S 的等值连接（R.X=S.X）。

（4）R 和 S 的自然连接（R ⋈ S）。

R		
X	Y	Z
xm	2	za
xn	3	zb
xj	4	zc

S		
X	A	B
xm	1	bm
xm	5	bn
xn	3	bj

图 2-41　关系 R 和 S（2）

3．如图 2-42 所示为一个图书数据库，包括作者（AUTHOR）、图书（BOOK）、读者（READER）和销售（SELL）4 个关系模式。

AUTHOR

作者号（zno）	作者名（zn）	性别（zsex）	籍贯（zbp）
z1	成功	男	江苏
z2	雪儿	女	山东
z3	李明	男	上海

BOOK

图书号（tno）	图书名（tn）	图书价格（tj）/元	出版社（tpub）
t1	祖国的天空	30	高等教育出版社
t2	我的一家	45	人民邮电出版社
t3	苹果的故事	70	苏州大学出版社
t4	天使是什么	84	苏州大学出版社

READER

读者号（dno）	读者名（dn）	读者性别（dsex）	读者籍贯（dbp）
d1	吴号	男	山东
d2	严艳	女	江苏
d3	谭蜜	女	上海

SELL

作者号（zno）	图书号（tno）	读者号（dno）
z1	t1	d1
z2	t3	d1
z2	t2	d3
z1	t1	d2
z2	t3	d2

图 2-42　图书数据库

试分别用关系代数、ALPHA 语言、QBE 语言完成下列查询。

（1）查询图书号为"t1"的作者号。

（2）查询所有作者的作者号、作者名。

（3）查询籍贯是"山东"的作者的姓名。

（4）查询购买图书号为"t1"的读者的姓名。

（5）查询不是"高等教育出版社"出版的图书的作者的姓名。

（6）查询购买"人民邮电出版社"出版的所有图书的"女"读者的籍贯。

（7）查询购买"t1"图书的读者号。

（8）查询至少购买了"d1"读者购买的全部书籍的其他读者号。

习题

课件

答案

第 3 章　关系数据库标准语言 SQL

结构化查询语言（Structured Query Language，SQL）的语法相对直观和简洁，易于学习和使用，而且提供了一整套的数据操作工具，是一种声明性语言，具备跨平台和跨数据库兼容性。自 1974 年以来，SQL 已经成为数据库交互的标准语言。

本章学习目标：了解 SQL 语言的基本概念及 SQL 语言的主要特点、主要功能；理解 SQL 数据库的三级模式结构；了解 SQL 中的数据类型；掌握数据库的创建和管理；掌握基本表的创建、修改和删除；掌握数据的查询和更新操作；掌握索引及视图的基本操作。

3.1　SQL 概述

3.1.1　SQL 的概念及发展

1970 年 Codd 发表了关系数据库理论，1974 年由 Boyce 和 Chamberlin 提出了 SQL 的概念，1975—1979 年 IBM 公司以 Codd 的理论为基础开发了"Sequel"，并重新命名为"SQL"。1986 年 10 月，美国国家标准局（ANSI）的数据库委员会批准了将 SQL 作为关系数据库语言的美国标准，同时公布了 SQL 标准文本（SQL-86）。1987 年，国际标准化组织（ISO）也通过了该标准，此后 ANSI 不断修改和完善这一标准，并相继于 1989 年公布了 SQL-89 标准，于 1992 年公布了 SQL-92 标准，于 1999 年发布了 SQL-99 标准，同时增加了对象关系特征和许多其他新功能。其次，各大数据库厂商提供了不同版本的 SQL，这些版本的 SQL 不但包括原始的 ANSI 标准，而且在很大程度上支持 SQL-92 标准，SQL 充分体现了关系数据库语言的特点和优点。之后，SQL 又依次推出了 SQL:2003、SQL:2006、SQL:2008、SQL:2011、SQL:2016、SQL:2023 标准。

SQL 作为关系型数据库管理的基石，正经历着一场创新的革命。随着数据量的爆炸性增长和云计算技术的飞速发展，SQL 的新发展正朝着更高效、更智能、更安全的方向发展。最新的 SQL 标准，如 SQL：2023，不仅增强了现有语言的功能，还引入了对 JSON 数据类型的深入支持，以及对属性图数据模型的查询能力，这标志着 SQL 在处理非结构化数据方面迈出了重要一步。SQL 的新发展正在使数据库管理变得更加智能化、高效化和安全化。

3.1.2　SQL 的主要特点

1．一体化

SQL 语言集数据定义语言（DDL）、数据操纵语言（DML）和数据控制语言（DCL）的功能于一体，语言风格统一，可以独立完成数据生命周期中的全部活动，包括定义关系模式、输入数据以建立数据库、查询、更新、维护、数据库重构、数据库安全性控制等一系列操作，为数据库应用系统的开发提供了良好的环境。

2．高度非过程化

非关系数据模型的数据操纵语言是面向过程的语言，用其完成某项请求，必须指定存取路径。而若用 SQL 语言进行数据操作，用户只需提出做什么，而不必指明怎么做，无须了解存取路径，存取路径的选择以及 SQL 语句的操作过程由系统自动完成。这不但大大减轻了用户负担，而且有利于提高数据的独立性。

3．统一的语法结构

SQL 可用于所有用户的模型，包括系统管理员、数据库管理员、应用程序员及终端用户，这些用户可以通过两种方式（自含式语言和嵌入式语言）对数据库进行访问，这两种方式使用统一的语法结构。

自含式语言使用方式就是联机交互的使用方式，即用户可以在终端上直接输入 SQL 命令，实现对数据库的操作。这种方式能够立即从屏幕上看到命令执行的结果，为数据库数据的远程维护提供了方便，适合非计算机专业人员使用。

嵌入式语言使用方式是指将 SQL 语句嵌入某种高级程序设计语言（如 C/C++语言、Java 等）中，以实现对数据库的操作。此时，用户不能直接观察到各条 SQL 语句的输出结果，其结果必须通过变量或过程参数返回，这种方式主要供程序员设计程序时使用，适合计算机专业人员使用。

尽管使用方式不同，但其所用语言的语法结构基本上是一致的。这种以统一的语法结构提供两种不同的使用方式的做法为用户提供了极大的灵活性与方便性。

4．简洁、易学易用

虽然 SQL 功能强大，但由于设计巧妙，完成其核心功能只需用 8 个动词。

- 数据查询：SELECT（查询）。
- 数据定义：CREATE（创建）、DROP（撤销）。
- 数据操纵：INSERT（插入）、UPDATE（修改）、DELETE（删除）。
- 数据控制：GRANT（授权）、REVOKE（收权）。

此外，SQL 语言也比较简单，接近自然语言中的英语，便于用户快速掌握。

3.1.3　SQL 的主要功能

SQL 语言提供了数据查询、数据定义、数据操纵和数据控制的功能。

1．数据查询功能

SQL 提供数据查询语言（Data Query Language，DQL），用于从表中获得数据，确定数据在应用程序中的输出方式。SELECT 是 DQL（也是所有 SQL）用得最多的动词。

2．数据定义功能

SQL 提供数据定义语言（Data Definition Language，DDL），用于定义关系数据库的模式、外模式和内模式，以实现对数据库基本表、视图以及索引文件的定义、修改和删除等操作。最常用的语句有 CREATE、DROP、ALTER 等。

3. 数据操纵功能

SQL 提供数据操纵语言（Data Manipulation Language，DML），用于完成对数据库表数据的查询和更新操作。其中，数据更新指对数据进行插入、删除和修改操作。最常用的语句有 INSERT、UPDATE、DELETE 等。

4. 数据控制功能

SQL 提供数据控制语言（Data Control Language，DCL），用于控制对数据库的访问及服务器的关闭、启动等操作。最常用的语句有 GRANT、REVOKE 等。

3.1.4 SQL 数据库的三级模式结构

SQL 语言支持关系数据库的三级模式结构，如图 3-1 所示。

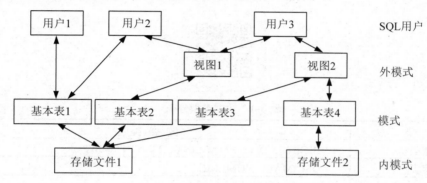

图 3-1 关系数据库的三级模式结构

1. SQL 用户

SQL 用户可以是应用程序，也可以是终端用户。

2. 基本表

基本表（Base Table）是本身独立存在的表，在 SQL 中一个关系对应一个表。一个基本表可以跨越一个或多个存储文件，一个存储文件也可以存放一个或多个基本表，一个表可以包含若干索引，索引存放在存储文件中。

3. 视图

视图是从一个或几个基本表中导出的表，本身不独立存储在数据库中，只存放对视图的定义信息而不存放视图对应的数据，这些数据仍存放在导出视图的基本表中。因此，视图是一个虚表。

4. 存储文件

存储文件的逻辑结构组成了关系数据库的内模式。每个基本表可以带一个或几个索引，存储文件和索引一起构成了关系数据库的内模式。

3.2　SQL 的数据定义

3.2.1　数据类型

当用 SQL 语句定义表时，需要为表中的每一个字段设置一个数据类型，用来指定字段所存放数据的类型。对 SQL Server 提供的系统数据类型进行分类，如表 3-1 所示。

☞ 知识拓展

SQL Server 2019 数据类型

表 3-1　数据类型分类

分　类	数　据　类　型
整数数值类型	BIGINT、INT、SMALLINT、TINYINT、BIT
精确数值类型	DECIMAL、NUMERIC
近似浮点类型	REAL、FLOAT
货币型	MONEY、SMALLMONEY
日期时间类型	DATETIME、SMALLDATETIME、DATE、TIME
字符类型	CHAR、NCHAR、VARCHAR、NVARCHAR、TEXT、NTEXT
二进制数据类型	BINARY、VARBINARY、IMAGE
其他数据类型	SQL_VARIANT、TIMESTAMP、UNIQUEIDENTIFIER

1. 整数数值类型

此类型的数据可以用来存放整数数据类型，如 4、9、355、-98 等，该类型数据包括 BIGINT、INT、SMALLINT、TINYINT、BIT 五种。

1）BIGINT

每个 BIGINT 类型的数据占用 8 个字节的存储空间，表示范围为 $-2^{63} \sim 2^{63}-1$。

2）INT

每个 INT 类型的数据按 4 个字节存储，其中 1 位表示整数值的正负号，其他 31 位表示整数值的长度和大小，表示范围为 $-2^{31} \sim 2^{31}-1$。

3）SMALLINT

每个 SMALLINT 类型的数据占用 2 个字节的存储空间，其中 1 位表示整数值的正负号，其他 15 位表示整数值的长度和大小，表示范围为 $-2^{15} \sim 2^{15}-1$。

4）TINYINT

每个 TINYINT 类型的数据占用 1 个字节的存储空间，表示范围为 0～255。

5）BIT

BIT 为可以取值为 1、0 或 NULL 的整数数据类型。字符串值 TRUE 和 FALSE 可以转换为以下 BIT 值：TRUE 转换为 1，FALSE 转换为 0。

2．精确数值类型

DECIMAL[(p[, s])]和 NUMERIC[(p[, s])]都是带固定精度和小数位数的数据类型，也称为精确数据类型。使用该类型时，必须指明精确度与小数位数，例如，NUMERIC(5, 2)表示精确度为 5，小数位数为 2，也就是说，此类型数据一共有 5 位，其中整数为 3 位，小数为 2 位。使用最大精度时，有效值范围为 $-10^{38}+1$ 到 $10^{38}-1$。NUMERIC 在功能上等价于 DECIMAL。p（精度）是最多可以存储的十进制数字的总位数，包括小数点左边和右边的位数。该精度必须是从 1 到最大精度 38 之间的值，默认为 18；s（小数位数）是小数点右边可以存储的十进制数字的最大位数，必须是 0 到 p 之间的值，仅在指定精度后才可以指定，默认值为 0。

3．近似浮点类型

当数值非常大或非常小时，可以用浮点数值数据的大致数值来表示，浮点数据为近似值。浮点数值的数据在 SQL 中采用上舍入（Round Up）方式进行存储。所谓上舍入，是指当（且仅当）要舍入的数是一个非零数时，对其保留数字部分的最低有效位上的数值加 1，并进行必要的进位。若一个数是上舍入数，其绝对值不会减少。

1）REAL

REAL 类型的数据占用 4 个字节的存储空间,可精确到第 7 位小数,其范围为-3.40E-38～3.40E+38。

2）FLOAT

FLOAT 类型的数据占用 8 个字节的存储空间，可精确到第 15 位小数，其范围为 -1.79E-308～1.79E+308。FLOAT 数据类型可写为 FLOAT[n]的形式，其中 n 指定 FLOAT 数据的精度，为 1～15 之间的整数值。当 n 取 1～7 之间的值时，实际上是定义了一个 REAL 类型的数据，系统用 4 个字节存储；当 n 取 8～15 之间的值时，系统认为其是 FLOAT 类型，用 8 个字节存储。

4．货币型

1）MONEY

MONEY 型数据可以存储-922 337 203 685 477.5808～922 337 203 685 477.5807 之间的数。如果需要存储更大的金额，可以使用 NUMERIC 类型。

2）SMALLMONEY

SMALLMONEY 型数据只能存储-214 748.3648～214 748.3647 之间的数。如果可以，应尽量用 SAMLLMONEY 型数据代替 MONEY 型数据，以节省空间。

5．日期时间类型

1）DATETIME

DATETIME 用两个 4 字节的整数存储，第一个 4 字节存储基础日期，另外一个 4 字节存储时间，能表示从 1753 年 1 月 1 日到 9999 年 12 月 31 日的日期和时间数据，精确度为 3‰ 秒（等于 3 毫秒或 0.003 秒），如"2021-06-30 21:19:34.000"。

2）SMALLDATETIME

SMALLDATETIME 数据类型的精确度低于 DATETIME，第一个 2 字节存储日期，另外一个 2 字节存储时间，可以表示从 1900 年 1 月 1 日到 2079 年 6 月 6 日的日期和时间数据，精确到分钟，如"2023-08-01 11:21:15"。

3）DATE

DATE 是日期型，不包含时间部分，只需要 3 个字节的存储空间，可以表示的日期范围从公元元年 1 月 1 日到 9999 年 12 月 31 日，如"2019-10-01"。

4）TIME

TIME 数据类型基于 24 小时时钟定义一天的时间，定义形式为 TIME(p)。类型的格式是 hh:mm:ss[.nnnnnnn]，p 代表的是 n 的个数，也就是秒的精度，p 范围是 0～7，如果没有指定，则默认是 7。如"09:10:00"和"11:30:30.12345"。

6．字符类型

字符型是使用最多的数据类型之一，它可以用来存储各种字母、数字符号、特殊符号。一般情况下，使用字符型数据时，需在其前后加上单引号或双引号。

1）CHAR

CHAR 数据类型的定义形式为 CHAR[(n)]，以 CHAR 类型存储的每个字符和符号占 1 个字节的存储空间。n 表示所有字符所占的存储空间，取值范围为 1～8000，即最多可容纳 8000 个 ANSI 字符。若不指定 n 值，则系统默认为 1。若输入数据的字符数小于 n，则系统自动在其后添加空格来填满设定好的空间。若输入的数据过长，将会截掉超出的部分。

2）NCHAR

NCHAR 数据类型的定义形式为 NCHAR[(n)]。CHAR 仅存储非 Unicode 字符，CHAR 需要 1 个字节来存储一个字符，而 NCHAR 以 Unicode UCS-2（Universal Character Set 2）字符的形式存储 Unicode 字符，需要 2 个字节来存储一个字符。NCHAR 定义时 n 的取值范围为 1～4000（因为 NCHAR 类型采用 Unicode 标准字符集）。

3）VARCHAR

VARCHAR 数据类型的定义形式为 VARCHAR[(n)]，与 CHAR 类型相似，n 的取值范围也为 1～8000，若输入的数据过长，将会截掉超出的部分。不同的是，VARCHAR 数据类型具有变动长度的特性，因为其存储长度为实际数值长度，若输入数据的字符数小于 n，系统不会在其后添加空格来填满设定好的空间。一般情况下，由于 CHAR 数据类型长度固定，其处理速度比 VARCHAR 类型快。

4）NVARCHAR

NVARCHAR 数据类型的定义形式为 NVARCHAR[(n)]，与 VARCHAR 类型相似，但 NVARCHAR 数据类型采用 Unicode 标准字符集，n 的取值范围为 1～4000。

5）TEXT

TEXT 数据类型用于存储大量文本数据，其容量理论上为 $2^{31}-1$ 个字节，在实际应用时需要视硬盘的存储空间而定。

6）NTEXT

NTEXT 数据类型与 TEXT 类型相似，不同的是 NTEXT 类型采用 Unicode 标准字符集，因此其理论容量为 $2^{30}-1$ 个字符。

7．二进制数据类型

SQL Server 提供了 3 种二进制数据类型，如表 3-2 所示。

表 3-2　二进制数据类型

数 据 类 型	作　　用
BINARY[(n)]	存储固定长度的二进制数据，$1 \le n \le 8000$，存储大小为 n 字节
VARBINARY[(n|MAX)]	存储可变长度的二进制数据，$1 \le n \le 8000$。MAX 指示最大存储大小为 $2^{31}-1$ 字节
IMAGE	存储可变大小的二进制数据，为 $0 \sim 2^{31}-1$ 字节

二进制数据类型基本上用来存储 SQL Server 中的文件。

8．其他数据类型

1）特殊数据类型

特殊数据类型如表 3-3 所示。

表 3-3　特殊数据类型

数 据 类 型	作　　用
SQL_VARIANT	用于存储除 TEXT、NTEXT、IMAGE、TIMESTAMP 和 SQL_VARIANT 之外的所有 SQL Server 支持的数据类型，可以根据其中存储的数据改变数据类型
TIMESTAMP	自动生成二进制数，其作用是在数据库范围内提供唯一值
UNIQUEIDENTIFIER	存储 16 个字节的二进制值，提供的是全球范围内的唯一值，可作为主键使用

2）用户自定义类型

SQL Server 允许用户根据自己的需要自定义数据类型，并可以用此数据类型来声明变量或列。用户自定义类型并不是创建一种新的数据类型，而是在系统基本数据类型的基础上增加一些限制约束，如将是否允许为空、约束、规则及默认值对象等绑定在一起。

3.2.2　定义数据库

在 SQL 语句格式中，语句格式约定符号和语法规定相关说明如下。

（1）语句格式约定符号。

语句格式中，尖括号"<>"中的内容为实际语句；方括号"[ ]"中的内容为任选项；大括号"{ }"或分隔符"|"中的内容为必选其中的一项；[,…n]表示前面的项可重复多次。

（2）一般语法规定。

SQL 中的数据项（表、视图和列项）分隔符为"，"，其字符串常数的定界符用单引号"'"表示。

（3）SQL 特殊语法规定。

SQL 的关键词一般使用大写字母表示；语句的结束符为"；"。语句一般采用格式化书写方式。

SQL 数据库的定义和维护功能可以使用数据库的创建、修改和删除 3 种语句实现。

1. 数据库的创建

```
CREATE DATABASE 数据库名
[ ON
    [ PRIMARY ][<数据文件定义 1> [ ,<数据文件定义 2>[, … n] ]]
    [, <文件组 1> [ ,<文件组 2>[, … n ]]]
    [ LOG ON <日志文件定义 1> [ ,<日志文件定义 2>[, …n]]]
]
<数据文件定义>::=
(    [ NAME = 逻辑文件名,]
    FILENAME = '操作系统下的物理路径和文件名'
    [,SIZE = 文件初始大小 ]
    [,MAXSIZE = 文件最大大小 | UNLIMITED ]
    [,FILEGROWTH = 增量值 ]
) [,…n ]
```

日志文件定义与数据文件定义格式相同。

上述语法中各部分的含义如下。

（1）数据库名在服务器中必须是唯一的，并且符合标识符的规则。

（2）ON 关键字表示数据库是根据后面的参数来创建的，用来定义主数据文件和辅助数据文件。ON 后跟以逗号分隔的数据文件定义列表和文件组。

（3）PRIMARY 用来指定主文件。一个数据库只能有一个主文件，默认情况下，如果不指定 PRIMARY 关键字，则在命令中列出的第一个文件将被默认为主文件。

（4）n 是一个占位符，表示可为新数据库指定多个文件。

（5）LOG ON 子句用来定义存储数据库日志的事务日志文件。

（6）NAME 用于指定数据库文件的逻辑文件名。

（7）FILENAME 用于指定数据库文件在操作系统下的物理路径和文件名。

（8）SIZE 用于指定数据库文件的初始大小。

（9）MAXSIZE 用于指定数据库文件的最大值，单位为 MB、KB、GB、TB 或 %，默认为 MB。省略此项表示数据库文件按 10%增长；0 值表示不自动增长。

（10）FILEGROWTH 用于指定数据库文件的增加量，单位为 MB、KB 或%，默认为 MB。省略此项表示文件大小不自动增长。

在使用 SQL 语句创建数据库时，最简单的情况是省略所有的选项，用户只提供一个数据库名即可，这时系统会按选项的默认值创建数据库。

【例 3-1】用 CREATE DATABASE 语句创建 Student 数据库，所有参数均取默认值。

```
CREATE  DATABASE  Student
```

说明：这是最简单的创建数据库的命令。此语句表示在默认位置创建数据库的主文件 Student.mdf 和事务日志文件 Student_log.ldf。同时，由于是按照 Model 数据库的方式来创建的数据库，因此主文件和日志文件的大小与 Model 数据库的主文件和日志文件的大小相同。

【例 3-2】 创建一个 teachs 数据库。该数据库的主数据文件的逻辑文件名为 teachs_dat，物理文件名为 teachsdat.mdf，存放在 D:\datas 目录下，初始大小为 10MB，最大为 100MB，数据库文件的增量为 5MB。同步建立日志文件，日志文件的逻辑文件名为 teachs_log，物理文件名为 teachslog.ldf，也存放在 D:\datas 目录下，文件的初始大小为 5MB，最大为 20MB，文件的增量为 2MB。

```
CREATE  DATABASE  teachs
    ON
          ( NAME=teachs_dat,
            FILENAME='D:\datas\teachsdat.mdf',
            SIZE=10,
            MAXSIZE=100,
            FILEGROWTH=5 )
    LOG   ON
          ( NAME=teachs_log,
            FILENAME='D:\datas\teachslog.ldf',
            SIZE=5,
            MAXSIZE=20,
            FILEGROWTH=2 )
```

说明：运行该命令时，要求 D 盘下已存在 datas 目录，否则运行命令时会出现如下错误：对文件 "D:\datas\teachsdat.mdf" 的目录查找失败，出现操作系统错误 2（系统找不到指定的文件）。

【例 3-3】创建一个指定多个数据文件和日志文件的数据库。该数据库的名称为 students，有一个 100MB 和一个 50MB 的数据文件和两个 10MB 的日志文件。数据文件的逻辑名称为 students1 和 students2，物理文件名为 students1.mdf 和 students2.mdf。主数据文件为 students1，由 PRIMARY 指定，两个数据文件最大分别为无限大和 200MB，增长量分别为 10% 和 1MB；日志文件的逻辑文件名为 studentlog1 和 studentlog2，物理文件名为 studentlog1.ldf 和 studentlog2.ldf，最大均为 50MB，文件增长量均为 1MB。所有文件均存放在 D:\datas 目录下。

```
CREATE   DATABASE   students
    ON   PRIMARY
            ( NAME=student1,
              FILENAME='D:\datas\students1.mdf',
              SIZE=100,
              MAXSIZE=unlimited,
              FILEGROWTH=10% ),
            ( NAME=student2,
              FILENAME='D:\datas\students2.mdf',
              SIZE=50,
              MAXSIZE=200,
              FILEGROWTH=1 )
    LOG   ON
            ( NAME=studentlog1,
              FILENAME='D:\datas\studentlog1.ldf',
              SIZE=10,
              MAXSIZE=50,
              FILEGROWTH=1 ),
            ( NAME=studentlog2,
              FILENAME='D:\datas\studentlog2.ldf',
```

```
        SIZE=10,
        MAXSIZE=50,
        FILEGROWTH=1 )
```

2．数据库的修改

创建数据库后，可以对其原始定义进行更改。常用的更改操作如下。

（1）扩充分配给数据库的数据文件或事务日志文件的空间。

（2）收缩分配给数据库的数据文件或事务日志文件的空间。

（3）添加或删除辅助数据文件或事务日志文件。

（4）更改数据库名称。

使用 Transact-SQL 语句修改数据库，其一般格式如下。

```
ALTER DATABASE  数据库名
{ ADD FILE <数据文件定义 1>   [ ,<数据文件定义 2>，… n ]
| ADD LOG FILE <日志文件定义 1>   [ ,<日志文件定义 2>，… n ]
| REMOVE FILE <逻辑文件名>
| MODIFY FILE <数据文件定义>
| MODIFY NAME = <新数据库名>
}
```

其中，ALTER DATABASE 指定要修改的数据库名称；ADD FILE 表示向数据库中添加新的数据文件；ADD LOG FILE 表示向数据库中添加日志文件；REMOVE FILE 表示从数据库中删除文件；MODIFY FILE 指定要更改给定的数据文件定义，更改选项包括 FILENAME、SIZE、MAXSIZE 和 FILEGROWTH；MODIFY NAME 用于重命名数据库。

【例 3-4】向例 3-2 创建的 teachs 数据库添加一个 10MB 的辅助数据文件。

```
ALTER DATABASE teachs
    ADD FILE
        ( NAME=teachs2,
          FILENAME='D:\datas\teachs2.mdf',
          SIZE=10,
          MAXSIZE=100,
          FILEGROWTH=5 )
```

3．数据库的删除

对于那些不再需要的数据库，可以将其删除。删除数据库之后，数据库文件和数据都从服务器上的磁盘中删除。使用 Transact-SQL 语句删除数据库，其一般格式如下。

```
DROP DATABASE  数据库名
```

【例 3-5】删除 teachs 数据库。

```
DROP DATABASE teachs
```

◀) 注意：删除数据库时一定要慎重，因为删除数据库后，与此数据库相关的数据库文件和事务日志文件，以及存储在系统数据库中的关于该数据库的所有信息也会被删除。

3.2.3　定义基本表

SQL 基本表的定义和维护功能可以使用基本表的建立、修改和删除 3 种语句实现。

1．建立基本表

SQL 语言用 CREATE TABLE 语句创建表，其一般格式如下。

```
CREATE    TABLE    <表名>
(<列名>   <数据类型>   [列级完整性约束条件]
[,<列名>   <数据类型>   [列级完整性约束条件] …]
[,<表级完整性约束条件>]);
```

上述语句中各部分的含义如下。

（1）表名是所要定义的基本表的名字，要求为合法标识符。

（2）列名是所要定义的基本表的每个属性列的名字，所定义的基本表可以由一个或多个属性（列）组成。

（3）定义表的各个列时，需要指明其数据类型及长度。可以采用 SQL 标准数据类型，也可以选用用户自己定义的数据类型。实际上使用最多的是字符型数据和数值型数据，因此，必须掌握 CHAR、INTEGER、SMALLINT、DECIMAL 等数据类型。

（4）完整性约束条件。定义表的同时通常还可以定义与该表有关的完整性约束条件，包括列级和表级完整性约束条件，这些完整性约束条件被存入系统的数据字典中，当用户操作表中数据时，由 DBMS 自动检查该操作是否违背这些完整性约束条件。如 NOT NULL 表示列（属性）的值不允许为空值；UNIQUE 表示该属性上的值不得重复。

2．完整性约束条件

在 SQL Server 中，对于基本表的约束分为列级约束和表级约束。

列约束是对某一个特定列的约束，包含在列定义中，直接跟在该列的其他定义之后，用空格分隔，不必指定列名；表约束与列定义相互独立，不包括在列定义中，通常用于对多个列一起进行约束，与列定义用"，"分隔，定义表约束时必须指出要约束的那些列的名称。

列级约束有 6 种：主键（PRIMARY KEY）约束、外键（FOREIGN KEY）约束、唯一（UNIQUE）约束、检查（CHECK）约束、默认（DEFAULT）约束、非空/空值（NULL|NOT NULL）约束。列级约束是行定义的一部分，只能应用于一列上。

表级约束有 4 种：主键（PRIMARY KEY）约束、外键（FOREIGN KEY）约束、唯一（UNIQUE）约束、检查（CHECK）约束。表级约束是独立于列的定义，可以应用在一个表中的多列上。

> **说明：** 如果完整性约束涉及该表的多个属性列，则必须定义在表级上；如果只涉及一个属性列，则既可以定义在列级，也可以定义在表级。

完整性约束条件主要有以下几种。

1）NULL|NOT NULL 约束

NULL|NOT NULL 约束语法格式如下。

[CONSTRAINT <约束名>] [NULL|NOT NULL]

上述语句中各部分的含义如下。

（1）CONSTRAINT 表示创建约束的关键字，可以省略。

（2）约束名表示创建约束的名称，可以省略。

（3）NULL|NOT NULL 表示是 NULL 或 NOT NULL 约束。NULL 约束允许字段值为空，此时，该属性值表示不知道、不确定或没有数据；NOT NULL 约束不允许某一字段值为空。例如，主关键字列不允许出现空值，否则就失去了唯一标识记录的作用。

（4）若列定义时未定义 NULL|NOT NULL 约束，则默认该列为 NULL 约束，即允许该列取空值。

🔊 **注意**：空值不同于零和空格，它不占用任何空间。例如，某学生选修了课程但没有参加考试，这时数据表中有选课记录，但没有考试成绩，即考试成绩为空，这与参加考试成绩为零不同。

2）UNIQUE 约束

UNIQUE 约束是唯一值的约束，用于约束基本表在某一列或多列的组合上的取值必须唯一。该约束要求不能包含重复值，但允许有一列或多列值为 NULL。

3）DEFAULT 约束

DEFAULT 约束为默认值约束，其语句格式如下。

[CONSTRAINT 约束名] DEFAULT <默认值>

4）PRIMARY KEY 约束

PRIMARY KEY 约束用于定义主关系键，能够保证主关系键的唯一性和非空性，是实体完整性约束，其语句格式如下。

[CONSTRAINT 约束名] PRIMARY KEY [CLUSTERED](<列组>)

其中，CLUSTERED 为建立<列组>聚簇。

当一个表的主关系键是由两个或两个以上的列组成时，需要使用表级完整性约束条件定义实体完整性约束。

PRIMARY KEY 约束与 UNIQUE 约束有相似之处，但也存在着很大的区别。

（1）在一个基本表中只能定义一个 PRIMARY KEY 约束，因为一个表只能有一个关键字，但可以定义多个 UNIQUE 约束。

（2）对于指定为 PRIMARY KEY 的一个列或多个列的组合，其中任何一个列都不能出现空值，而对于 UNIQUE 所约束的唯一键，则允许为空。

🔊 **注意**：不能为一个列或一组列既定义 PRIMARY KEY 约束，又定义 UNIQUE 约束。

5）CHECK 约束

CHECK 约束为检查约束，通过约束条件表达式设置列值应满足的条件。例如，可以限定年龄字段只能是 0～120 之间的整数，以此来保证域的完整性，其语法格式如下。

[CONSTRAINT <约束名>] CHECK(<约束条件表达式>)

6）FOREIGN KEY 约束

FOREIGN KEY 约束指定某一列或一组列作为外部关系键，其中包含外部关系键的表称为外表或从表，而包含被参照的外部关系键所对应的主关系键或唯一键的表称为主表。根据参照完整性规则，外部关系键的值可以是主表中的某一个主关系键值或唯一键值，也可以取空值，其语句格式如下。

```
[CONSTRAINT <约束名>]FOREIGN KEY(<外部关系键>)REFERENCES <被参照表名>(<与外键对应
的主键名>)
```

【例 3-6】创建部门表 D，由部门号（Dno）和部门（Dept）两个属性组成，其中部门号为主关系键，部门不允许重名。

```
CREATE TABLE D
(Dno CHAR(10) CONSTRAINT D_PRI PRIMARY KEY,    /*列级完整性约束条件，Dno 是主关系键*/
Dept CHAR(15) UNIQUE );                         /*Dept 取唯一值*/
```

执行上面的语句后，就会在数据库中建立一个新的空部门表 D，并将有关该表的定义及有关约束条件存放在数据字典中。其中，D_PRI 为约束名称，一般在定义时，可以省略 CONSTRAINT D_PRI，由系统自动生成一个约束名称。

【例 3-7】建立一个课程表 C，由课程号（Cno）、课程名（Cn）、课时数（Ct）、开课学期（Sem）、课程性质（Cp）、部门号（Dno）组成，其中课程号是主关系键，课程名不允许为空，课时数默认值为 64，开课学期允许为空。

```
CREATE TABLE C
( Cno   CHAR(8)  PRIMARY KEY,        /*列级完整性约束条件，Cno 是主关系键*/
 Cn   CHAR(20)  NOT NULL,            /*Cn 不能取空值*/
 Ct   INT DEFAULT 64,                /*Ct 默认值为 64*/
  Sem   INT NULL,
 Cp   CHAR(8),
Dno   CHAR(10) );
```

录入数据时，若 Cno 为空，系统默认为 NULL，系统会给出错误信息"不能将值 NULL 插入列 'Cno'"。Ct 不录入值时，系统自动取默认值 64。

【例 3-8】创建学生表 S，由学号（Sno）、姓名（Sn）、性别（Sex）、年龄（Age）、籍贯（BP）和部门号（Dno）6 个属性组成。

```
CREATE TABLE S
(Sno   CHAR(10) PRIMARY KEY,         /*列级完整性约束条件，Sno 是主关系键*/
Sn   CHAR(12) NOT NULL,              /*Sn 不能取空值*/
Sex   CHAR(2),
Age   INT,
BP   CHAR(20),
Dno   CHAR(10),
FOREIGN   KEY (Dno)   REFERENCES   D(Dno)
/*表级完整性约束条件，Dno 是外部关系键，被参照表是 D，被参照列是 Dno*/
);
```

🔊 **注意**：本例中定义 Dno 是 S 表的外部键，前提要求 Dno 应是它所在表（即 D 表）的主键。否则，会发生"在被引用表中没有与外键中的引用列列表匹配的主键或候选键"的错误。

【例 3-9】建立选课表 SC，由学号（Sno）、课程号（Cno）和成绩（Score）组成，学号+课程号是主关系键，成绩可以取空值或取 0～100 之间的整数。

```
CREATE TABLE SC
(Sno   CHAR(8),
```

```
 Cno   CHAR(8),
 Score   INT,
 PRIMARY KEY (Sno,Cno),
/*主关系键由两个属性构成，必须作为表级完整性约束条件进行定义*/
CONSTRAINT SC_CHK CHECK ((Score IS NULL) OR (Score BETWEEN 0 AND 100))
/*表级完整性约束条件，Score 为空或取 0～100 之间的整数*/
);
```

【例 3-10】创建教师表 T，由工号（Tno）、姓名（Tn）、性别（Sex）、年龄（Age）、职称（Prof）和部门号（Dno）6 个属性组成，其中，工号是主关系键，姓名不可以为空，性别只能取值为"男"或"女"，部门号是外部关系键。

```
CREATE TABLE T
 (Tno   CHAR(10) PRIMARY KEY,                  /*列级完整性约束条件，Tno 是主关系键*/
Tn   CHAR(12) NOT NULL,
Sex   CHAR(4) CHECK (sex='男'or sex='女'),      /*Sex 取值只能为"男"或"女"*/
Age   INT,
Prof   CHAR(20),
Dno   CHAR(10),
FOREIGN KEY (Dno) REFERENCES D(Dno)
              /*表级完整性约束条件，Dno 是外部关系键，被参照表是 D，被参照列是 Dno */
);
```

【例 3-11】创建教师授课表 TC，由工号（Tno）和课程号（Cno）两个属性组成，其中，工号（被参照关系是 T 表）和课程号（被参照关系是 C 表）均为外部关系键。

```
CREATE TABLE TC
(Tno CHAR(10) FOREIGN KEY (Tno) REFERENCES T(Tno),
    /*列级完整性约束条件，Tno 是外部关系键，被参照关系是 T，被参照列是 Tno */
Cno CHAR(8) FOREIGN KEY (Cno) REFERENCES C(Cno),
    /*列级完整性约束条件，Cno 是外部关系键，被参照关系是 C，被参照列是 Cno */
PRIMARY KEY (Tno,Cno)
    /*主关系键由两个属性构成，必须作为表级完整性约束条件进行定义*/
);
```

3．修改基本表

对表的修改包括增加新列、增加新的完整性约束条件、修改原有的列定义或删除已有的完整性约束条件等。SQL 语言用 ALTER TABLE 语句修改表的结构，其语法格式如下。

```
ALTER TABLE <表名>
{ALTER COLUMN <列名> <数据类型> [NULL|NOT NULL][完整性约束]
|ADD {<新列名> <数据类型>[完整性约束]
    |CONSTRAINT <完整性约束名> [完整性约束类型]
    }
|DROP {COLUMN <列名>
      |[CONSTRAINT] <完整性约束名>
    }
};
```

上述语句中各部分的含义如下。

（1）ALTER COLUMN 子句用于修改列定义。

（2）ADD 子句用于添加新字段或新的完整性约束条件。

（3）DROP 子句用于删除已存在的列或完整性约束条件。

📢 **注意**：不论基本表中是否有数据，新增的列一律为空。

【例 3-12】向学生表 S 中增加"入学时间"（Sdt）列，其数据类型为日期型。

```
ALTER TABLE S ADD Sdt DATE;
```

【例 3-13】删除 SC 表中成绩取值范围的约束。

```
ALTER TABLE SC DROP CONSTRAINT SC_CHK;
```

本例中，CONSTRAINT 可省略。

【例 3-14】将选课表 S 中的 BP 属性列的数据类型改为字符型，取 40 个字符宽度。

```
ALTER TABLE S ALTER COLUMN BP CHAR(40);
```

【例 3-15】为表 SC 增加一个约束，设置成绩取值范围在 0～100 之间。

```
ALTER TABLE SC ADD CONSTRAINT Score_lin CHECK(Score between 0 and 100);
```

4. 删除基本表

SQL 语言用 DROP TABLE 语句删除表，基本表一旦被删除，表中的数据和索引也将自动删除，被删除的表结构和记录不可恢复，其语法格式如下。

```
DROP TABLE <表名>
```

【例 3-16】删除学生表 S。

```
DROP TABLE S;
```

3.3　SQL 的数据查询

3.3.1　SQL 查询语句的格式

数据库的查询功能是通过 SELECT 语句实现的，即通过 SELECT 语句，不仅可以完成简单的单表查询，也可以完成复杂的多表之间的连接查询和嵌套查询，其语法格式如下。

```
SELECT [ALL|DISTINCT]    *|<选择列表>    [INTO  新表名]
FROM <表名>[,<表名>]…
[WHERE <条件表达式 1>]
[GROUP BY <字段名 1> [HAVING<条件表达式 2>]]
[ORDER BY <字段名 2> [ASC|DESC]];
```

上述语句中各部分的含义如下。

（1）ALL 表示输出所有符合条件的记录，默认值为 ALL。

（2）DISTINCT 表示输出时删除重复的记录。

（3）*|<选择列表>表示要选择的列。星号（*）表示选择所有的列；<选择列表>是由逗号（,）分隔的多个项，这些项可以是列名、常量或者系统函数。若<选择列表>中的字段来源于多个表，则应在字段名前写明表名。

（4）INTO 表明查询结果的去向，可以将查询结果存储到一个新表中。本子句可以省略，表示只显示查询结果。

（5）FROM 子句说明数据查询的来源，若查询中用到多张表，应将表名用逗号（,）隔开，并将每两个表的关联条件写在 WHERE 子句中。

（6）WHERE 子句中说明元组的选择条件，只输出满足<条件表达式 1>的所有元组。

（7）可选项 GROUP BY 子句将结果按<字段名 1>进行分组，即该属性值相等的元组为一组，每个组在结果表中产生一条记录。如果 GROUP BY 子句带有 HAVING 短语，则只输出满足<条件表达式 2>的记录。

（8）可选项 ORDER BY 子句将结果按<字段名 2>的值进行升序或降序排列，其中 ASC 表示升序，DESC 表示降序。

3.3.2　单表查询

单表查询指涉及一个表的查询，包括以下内容。

- ❑　选择表中的若干列。
- ❑　选择表中的若干行。
- ❑　对查询结果进行排序。
- ❑　使用库函数及统计汇总查询。
- ❑　对查询结果进行分组计算。

1. 选择表中的若干列

选择列即为关系代数中的投影操作，得到的目标列为表中的部分或全部列。

1）选择列

【例 3-17】查询全体学生的学号与姓名。

SELECT Sno,Sn FROM S;

查询结果如图 3-2 所示。

Sno	Sn
100101	姜珊
100102	李思
100103	孙浩
100104	周强
100105	李斌
100106	黄琪

图 3-2　查询结果

在 SQL 查询中，经常使用星号（＊）来查看一个表中的所有字段（全表查询）。要实现该操作，只需在 SELECT 和 FROM 之间用一个星号表示即可。

【例 3-18】查询全体学生的所有字段信息。

SELECT * FROM S;

等价于

SELECT　Sno,Sn,Sex,Age,BP,Dno FROM S;

📢 **注意**：该全表查询是无条件地把 S 表中的全部信息查询出来，第一种方式显示的顺序与基本表中的顺序相同，而第二种方式显示的顺序与<选择列表>中的顺序相同。

2）用 DISTINCT 删除重复的行

在数据库表中本来不存在取值完全相同的元组，但对列进行了选择以后，就有可能在查询结果中出现取值完全相同的行。取值相同的行在结果中是无意义的，因此在查询中应将其删除，该操作使用关键字 DISTINCT 来实现。

【例 3-19】查询所有选修了课程的学生的学号，并去除重复值。

SELECT DISTINCT Sno FROM SC;

查询结果如图 3-3 所示。

3）修改查询结果中的列标题

SELECT 语句中，<选择列表>不仅可以是字段名，还可以是算术表达式、字符串常量、函数等。在查询过程中，为了使用户直观理解各个字段的意义，可以通过指定别名来修改查询结果的列标题，同时<选择列表>含有算术表达式、函数名时也常用别名标记。指定别名的格式如下。

Sno
100101
100102
100103
100105

图 3-3　查询结果

字段名|表达式|函数名 AS 别名

【例 3-20】查询全体学生的姓名、出生年份、籍贯，要求用中文表示所有属性。

SELECT Sn AS 姓名, YEAR(GETDATE( ))-Age AS 出生日期, BP AS 籍贯 FROM S;

查询结果如图 3-4 所示。

姓名	出生年份	籍贯
姜珊	2006	湖南
李思	2007	江苏
孙浩	2003	江苏
周强	2004	新疆
李斌	2005	河南
黄琪	2003	湖北

图 3-4　查询结果

💡 **说明**：S 表中只有年龄，需要取当前年份减去年龄，计算得出出生年份。使用了函数 GETDATE()和 YEAR()。YEAR(date)返回表示指定日期中的年份的整数，参数 date 是 DATETIME 或 SMALLDATETIME 类型的表达式。类似的函数还有 DAY(date)和 MONTH(date)，DAY(date)返回代表指定日期的天的日期部分的整数；MONTH(date)返回代表指定日期月份的整数。

2．选择表中的若干行

选择行类似于关系代数中的选择操作，在表中查询满足条件的行可通过 WHERE 子句来实现。WHERE 子句中条件表达式常用的运算符及其含义如表 3-4 所示。

表 3-4　WHERE 子句中条件表达式常用的运算符及其含义

运　算　符	含　义
=、>、<、>=、<=、!=、<>	比较运算符，比较两个表达式值的大小
[NOT] BETWEEN…AND…	确定范围
AND、OR、NOT	多重条件。也可以把 AND、OR 和 NOT 结合起来，使用圆括号来组成复杂的表达式
IN|NOT IN	确定集合
LIKE|NOT LIKE	字符匹配。LIKE 用于查找与指定字符串相匹配的字符串，可使用通配符"%"与"_"，一个"_"只代表 1 个字符，一个"%"可代表多个字符。注意：只允许在 LIKE 子句中使用通配符
IS [NOT] NULL	字段是否为空值

1）表达式比较

比较运算符用于比较两个表达式的值，如表 3-4 所示，共有 7 个。比较运算符返回逻辑值 TRUE（真）或 FALSE（假）。

【例 3-21】查询性别为"女"的学生的学号与姓名。

```
SELECT Sno,Sn
FROM S
WHERE Sex= '女';
```

查询结果如图 3-5 所示。

Sno	Sn
100101	姜珊
100102	李思

图 3-5　查询结果

【例 3-22】查询年龄在 20 岁以下的学生的情况。

```
SELECT *
FROM S
WHERE Age<20;
```

查询结果如图 3-6 所示。

Sno	Sn	Sex	Age	BP	Dno
100101	姜珊	女	18	湖南	01
100102	李思	女	17	江苏	02
100105	李斌	男	19	河南	01

图 3-6　查询结果

2）确定范围

BETWEEN…AND…和 NOT BETWEEN…AND…用来确定查询范围，意指"在…和…之间"或"不在…和…之间"的数据。

【例 3-23】查询学号在 100102～100104 之间的学生的情况。

```
SELECT *
FROM S
WHERE Sno BETWEEN '100102' AND '100104';
```

等价于

```
SELECT *
FROM S
WHERE Sno>='100102' AND Sno<='100104';
```

查询结果如图 3-7 所示。

Sno	Sn	Sex	Age	BP	Dno
100102	李思	女	17	江苏	02
100103	孙浩	男	21	江苏	03
100104	周强	男	20	新疆	04

图 3-7　查询结果

注意：BETWEEN 后是范围的下界（即低值），AND 后是范围的上界（即高值）。

3）多重条件查询

当 WHERE 子句需要指定一个以上查询条件时，则需要使用逻辑运算符 AND、OR 和 NOT 将其连接成复合的逻辑表达式，其优先级由高到低为 NOT、AND、OR，但用户可以使用括号改变优先级。

【例 3-24】查询学号在 100102～100104 之间的男生的情况。

```
SELECT *
FROM S
WHERE (Sno BETWEEN '100102' AND '100104')   AND   Sex= '男';
```

等价于

```
SELECT *
FROM S
WHERE Sno>='100102' AND Sno<='100104'   AND   Sex= '男';
```

查询结果如图 3-8 所示。

Sno	Sn	Sex	Age	BP	Dno
100103	孙浩	男	21	江苏	03
100104	周强	男	20	新疆	04

图 3-8　查询结果

4）确定集合

IN|NOT IN 运算符用于查找列值属于指定集合的元组。当列值与 IN 中的某个常量值相等时，结果为 TRUE（真），表明此记录符合查询条件；当列值与 NOT IN 中的某个常量值相等时，结果为 FALSE（假），表明此记录不符合查询条件。

【例 3-25】查询选修了课程号为 150101 或 150102 的学生的学号、课程号和成绩。

```
SELECT Sno, Cno, Score
FROM SC
```

```
WHERE Cno IN('150101', '150102');
```

等价于

```
SELECT Sno, Cno, Score
FROM SC
WHERE Cno= '150101' OR Cno= '150102';
```

由此可见，IN 相当于多个 OR 的缩写形式，但更简单明了。查询结果如图 3-9 所示。

Sno	Cno	Score
100101	150101	60
100101	150102	75
100102	150102	80
100103	150102	70

图 3-9　查询结果

【例 3-26】查询籍贯不是"湖南""湖北""江苏"的学生的学号、姓名、籍贯。

```
SELECT Sno,Sn,BP
FROM S
WHERE BP NOT IN('湖南', '湖北', '江苏');
```

等价于

```
SELECT Sno,Sn,BP
FROM S
WHERE BP<>'湖南' AND BP<>'湖北' AND BP<>'江苏';
```

查询结果如图 3-10 所示。

Sno	Sn	BP
100104	150103	新疆
100105	150102	河南

图 3-10　查询结果

5）字符串匹配

当不知道精确的字符串值时，用户还可以使用 LIKE 或 NOT LIKE 进行部分匹配查询，也称模糊查询。

LIKE 定义的一般格式如下。

```
<属性名> LIKE <字符串常量>;
```

其中，属性名必须为字符型；字符串常量的字符可以包含通配符，利用这些通配符进行模糊查询。通配符及其功能如表 3-5 所示。

表 3-5　通配符及其功能

通　配　符	功　　能	实　　例
%	代表 0 个或多个字符	ab%：ab 后可接任意字符串
_（下画线）	代表 1 个字符	a_b：a 与 b 之间可有 1 个字符

续表

通 配 符	功 能	实 例
[]	表示在某一范围的字符	[0~9]：0~9 之间的字符
[^]	表示不在某一范围的字符	[^0~9]：不在 0~9 之间的字符

【例 3-27】查询所有姓"张"的教师的教师工号和姓名。

```
SELECT Tno, Tn
FROM T
WHERE Tn LIKE '张%';
```

📣 **注意**：通配符"%"和"_"只与 LIKE 或 NOT LIKE 搭配，不能与"="搭配。

6）涉及空值查询

当需要判定一个表达式的值是否为空值时，可使用 IS NULL 关键字。

【例 3-28】查询没有考试成绩的学生的学号和相应的课程号。

```
SELECT Sno, Cno
FROM SC
WHERE Score IS NULL;
```

📣 **注意**：这里的空值条件为 Score IS NULL，不能写成 Score=NULL

3．对查询结果进行排序

在表中查询数据时，用户总是希望查询的结果按照一定的顺序输出。在 SELECT 语句中，使用 ORDER BY 子句即可实现。保留字 ASC（Ascending）表示升序，DESC（Descending）表示降序，默认为升序。如果要按多个字段排序，则将字段列在 ORDER BY 之后，字段之间用逗号隔开。排序时，首先按第一个字段的值排序，若第一个字段的值相同，再按第二个字段的值排序，以此类推。

【例 3-29】查询所有选修课程号为 150102 的课程的学生学号和成绩，并按照成绩降序排列。

```
SELECT Sno, Score
FROM SC
WHERE Cno= '150102'
ORDER BY Score DESC;
```

查询结果如图 3-11 所示。

【例 3-30】查询所有教师的姓名、性别、年龄、职称，并按照年龄降序排列，年龄相同的按照职称降序排列。

```
SELECT Tn, Sex, Age, Prof
FROM T
ORDER BY Age DESC, Prof DESC;
```

查询结果如图 3-12 所示。

Sno	Score
100102	80
100101	75
100103	70

图 3-11 查询结果

Sn	Sex	Age	Prof
张林	女	45	教授
周伟	男	32	副教授
王平	男	30	副教授
王红	女	26	讲师
张斌	男	25	讲师
李雪	女	21	讲师

图 3-12　查询结果

4．使用聚集函数查询

为了方便查询，SQL 提供了很多内置函数，可分为聚集函数、数学函数、日期函数等。下面介绍使用聚集函数进行统计汇总查询的方法。常用的聚集函数及其功能如表 3-6 所示。

表 3-6　SELECT 语句中常用的聚集函数

函 数 名	功 能
COUNT([DISTINCT|ALL] *)	统计元组数量
COUNT([DISTINCT|ALL] <列名>)	统计一列中值的数量
SUM([DISTINCT|ALL] <列名>)	计算一列值的总和（此列必须是数值型）
AVG([DISTINCT|ALL] <列名>)	计算一列值的平均值（此列必须是数值型）
MAX([DISTINCT|ALL] <列名>)	求一列值中的最大值
MIN([DISTINCT|ALL] <列名>)	求一列值中的最小值

【例 3-31】求学号为 100101 的学生的总分和平均分。

```
SELECT SUM(Score) AS TOTAL, AVG(Score) AS AVG
FROM SC
WHERE Sno= '100101';
```

查询结果如图 3-13 所示。

TOTAL	AVG
218	72

图 3-13　聚集函数查询运行结果

【例 3-32】查询来自"江苏"的学生的总数。

```
SELECT COUNT(Sno) AS  江苏学生数
FROM S
WHERE BP= '江苏';
```

等价于

```
SELECT COUNT(*) AS  江苏学生数
FROM S
WHERE BP= '江苏';
```

查询结果如图 3-14 所示。

📣 **注意**：二者的区别是，COUNT(*)统计的是行数，而 COUNT(Sno)统计的是 Sno 具有值（非空）的行数。本例中 Sno 是主关系键，其值不能为空，所以二者等价。其他情况下，二者不一定等价。

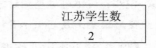

江苏学生数
2

图 3-14　聚集函数查询运行结果

【例 3-33】查询被学生选修的课程共有多少门。

```
SELECT COUNT(DISTINCT Cno) AS CNUM
FROM SC;
```

📣 **注意**：加入关键字 DISTINCT 后表示消去重复行，可计算字段 Cno 不同值的数目。COUNT 函数不对空值进行计算，但对零进行计算。

【例 3-34】查询选修 150102 号课程的最高分、最低分及之间相差的分数。

```
SELECT MAX(Score) AS Mxs, MIN(Score) AS Mns, MAX(Score)-MIN(Score) AS Df
FROM SC
WHERE Cno= '150102';
```

查询结果如图 3-15 所示。

Mxs	Mns	Df
80	70	10

图 3-15　聚集函数查询运行结果

5. 对查询结果进行分组计算

有时，需要先将数据分组，再对每组进行计算，该操作可使用 GROUP BY 子句和 HAVING 子句实现。

GROUP BY 子句用于将表或视图中数据的查询结果按某一列或多列值分组，值相等的为一组。该子句常常与库函数联合使用，用于针对分组进行统计汇总，使得每个分组都有一个函数值。SELECT 子句的列表中只能包含在 GROUP BY 中指出的列或在库函数中指定的列。

HAVING 子句表示只选择满足条件的分组，必须与 GROUP BY 一起使用。WHERE 子句是从基本表中选择满足条件的记录，而不是指定满足条件的分组，这是二者的根本区别。

【例 3-35】统计教师人数在 2 人以上的职称名称。

```
SELECT COUNT(*) AS 人数,Prof
FROM   T
GROUP BY Prof
HAVING COUNT(*)>1;
```

查询结果如图 3-16 所示。

人数	Prof
2	副教授
3	讲师

图 3-16　统计的查询结果

💡 **说明**：该语句对查询结果按 Prof 的值分组，所有具有相同 Prof 的值的元组为一组，然后对每一组使用聚集函数 COUNT 计算该组人数。

【例 3-36】查询选修课程在 3 门及以上，并且各门课程均及格的学生学号和平均成绩，查询结果按照平均成绩降序输出。

```
SELECT Sno, AVG(Score) AS 平均成绩
FROM SC
WHERE Score>=60
GROUP BY Sno
HAVING COUNT(*)>=3
ORDER BY 2 DESC;
```

本例中，先用 GROUP BY 子句按 Sno 进行分组，再用聚集函数 COUNT 对各组进行统计，使用 HAVING 子句筛选出每一组数目为 3 或 3 以上的（即选修课程在 3 门及以上），ORDER BY 2 DESC 指明按照第 2 列（即平均成绩这一列）排序。

🔊 **注意**：在 SQL 中不允许函数嵌套。例如，要求查询平均成绩最高的学生，不能写成 "SELECT MAX(AVG(Score)) FROM SC GROUP BY Sno;"。对于该问题，可以先查出每名学生的平均成绩，存入临时表，再对该临时表的平均成绩列统计最大值，也可借助视图完成。

3.3.3　连接查询

当一个查询同时涉及两个或两个以上的数据库表，则称为连接查询。连接查询是数据库中最主要的查询，表的连接有两种方法：在非 ANSI 标准的实现中，连接操作是按 WHERE 子句指定连接方式；而在 ANSI SQL-92 中，连接操作是按 JOIN 子句指定连接方式。

1. 连接查询语法格式

（1）表之间满足一定条件的行进行连接时，FROM 子句指明进行连接的表名，WHERE 子句指明连接的列名及其连接条件，其语法格式如下。

```
SELECT [ALL|DISTINCT]  *|<选择列表>  [INTO 新表名]
FROM <表名 1>,<表名 2>
WHERE[<表名 1>.]<列名 1> <比较运算符> [<表名 2>.]<列名 2>
```

（2）利用关键字 JOIN 进行连接，其语法格式如下。

```
SELECT  [选取字段|表达式]…
FROM <表名> INNER| LEFT OUTER | RIGHT OUTER | FULL OUTER |CROSS JOIN <表名>  ON
连接条件
```

上述语句中各部分的含义如下。

① INNER JOIN 称为内连接，是最常见的一种连接，也被称为普通连接，只显示符合 ON 条件的记录，此为默认连接。

② LEFT OUTER JOIN 称为（左）外连接，用于显示符合条件的数据行以及左表中不符合条件的数据行（此时右边的数据行会以 NULL 来显示）。

③ RIGHT OUTER JOIN 称为（右）外连接，用于显示符合条件的数据行以及右表中不

符合条件的数据行（此时左边的数据行会以 NULL 来显示）。

④ FULL OUTER JOIN 称为（全）连接，用于显示符合条件的数据行以及左、右表中不符合条件的数据行（此时缺乏的数据行会以 NULL 来显示）。

⑤ CROSS JOIN 称为交叉连接，用于将一个表中的每个记录和另一个表中的所有记录匹配成一个新的数据行（即笛卡儿积），它不使用任何匹配或者选取条件，而是直接将一个数据源中的每个行与另一个数据源中的每个行一一匹配。

JOIN 放入 FROM 子句中时，应与关键词 ON 对应，表明连接条件。

下面介绍几种表的连接操作。

2. 内连接查询

【例 3-37】 查询每个学生及其选修课程的情况。

学生信息存放在学生表 S 中，而学生选课的情况存放在选课表 SC 中，所以本查询涉及 S 表和 SC 表，二者之间的联系是通过其共有的属性 Sno 来实现的。要查询学生及其选修课程的情况，就必须将这两个表中学号相同的元组连接起来。

（1）采用 WHERE 连接查询，其 SQL 语句如下。

```
SELECT *
FROM S, SC
WHERE S.Sno=SC.Sno;
```

（2）采用 JOIN 连接查询，其 SQL 语句如下。

```
SELECT *
FROM S INNER JOIN SC
ON S.Sno=SC.Sno;
```

注意： 连接运算可以使用关系代数中的连接运算表示，本例使用了 S 与 SC 中的共有属性 Sno（学号）进行等值连接。

查询结果如图 3-17 所示。

Sno	Sn	Sex	Age	BP	Dno	Sno	Cno	Score
100101	姜珊	女	18	湖南	01	100101	150101	60
100101	姜珊	女	18	湖南	01	100101	150102	75
100101	姜珊	女	18	湖南	01	100101	150103	83
100102	李思	女	17	江苏	02	100102	150102	80
100103	孙浩	男	21	江苏	03	100103	150102	70
100105	李斌	男	19	河南	01	100105	150103	65

图 3-17　等值连接查询结果

说明： 查询结果中出现了 2 列 Sno，因为在 SQL 中进行等值连接，未去掉重复的列。

3. 外连接查询

在内连接操作中，只有满足连接条件的元组信息才能作为结果输出，但有时也希望输出那些不满足连接条件的元组信息。在例 3-37 中，学号为"100104"和"100106"的学生没有出现在查询结果表中，因为这 2 个学生没有选修任何课程，不满足连接条件。但是现在我们想以表 S 为主体，列出每个学生的基本情况及其选课情况，若某个学生没有选课，只输出其基本情况信息，选课信息为空值，这时就需要使用外连接。

外连接查询分为左外连接查询和右外连接查询两种。

【例 3-38】查询所有学生的选课情况（没有选课的学生只输出学生的基本信息）。

```
SELECT S.Sno, Sn, Sex,Age, SC.Dno,Cno, Score
FROM S LEFT JOIN SC
ON S.Sno=SC.Sno;
```

查询结果如图 3-18 所示。

Sno	Sn	Sex	Age	Dno	Cno	Score
100101	姜珊	女	18	01	150101	60
100101	姜珊	女	18	01	150102	75
100101	姜珊	女	18	01	150103	83
100102	李思	女	17	02	150102	80
100103	孙浩	男	21	03	150102	70
100104	周强	男	20	04	NULL	NULL
100105	李斌	男	19	01	150103	65
100106	黄琪	男	21	02	NULL	NULL

图 3-18　外连接查询结果

本例使用左外连接，其中主表是学生表 S，从表是选课表 SC。在连接结果中，学号 100104 和 100106 的两名学生来自 SC 表的属性值全部是空值。

本例中的查询也可以用右外连接查询，其 SQL 语句如下。

```
SELECT S.Sno, Sn, Sex,Age, SC.Dno,Cno, Score
FROM SC RIGHT JOIN S
ON S.Sno=SC.Sno;
```

4. 交叉连接查询

交叉连接查询对连接查询的表没有特殊的要求，任何表都可以进行交叉连接查询操作。

【例 3-39】对教师表和课程表进行交叉连接查询。

```
SELECT *
FROM T CROSS JOIN C;
```

上述语句是将教师表 T 中的每一个元组和课程表 C 中的每一个元组匹配生成新的数据行，查询结果的行数是两个表行数的乘积，列数是两个表列数的和。

5. 自连接查询

自连接是指相互连接的表物理上为同一张表，通常情况下，为了对连接过程进行区别，要为这张表取两个别名以方便操作。

【例 3-40】假设课程表 C 的结构如表 3-7 所示，查询每一门课程的间接先修课（即先修课的先修课）。

表 3-7　课程表 C 的结构

Cno（课程号）	Cn（课程名）	Ct（课时）	Cpno（先修课程）
150101	数据结构	64	150104
150102	操作系统	48	150103
150103	数据库原理	64	150101
150104	离散数学	64	150105
150105	高等数学	80	

在课程表 C 中，只有每门课程的直接先修课信息，而没有先修课的先修课信息，要得到该信息，必须先找到一门课的先修课，再按此先修课的课程号，查找其先修课程。这就要将表 C 与其自身连接。为清楚起见，可以为表 C 取两个别名，一个是 first，另一个是 second。完成本查询的 SQL 语句如下。

```
SELECT    first.Cno, second.Cpno
FROM      C   AS first, C AS second
WHERE     first.Cpno=second.Cno;
```

采用 JOIN 连接查询，其 SQL 语句如下。

```
SELECT    first.Cno, second.Cpno
FROM      C   AS first   INNER JOIN C AS second
ON    first.Cpno=second.Cno;
```

查询结果如图 3-19 所示。

Cno	Cpno
150101	150105
150102	150101
150103	150104

图 3-19　自连接查询运行结果

3.3.4　嵌套查询

SQL 语言中，一个 SELECT-FROM-WHERE 语句称为一个查询块，将若干个查询块嵌套在一起，可形成复杂的嵌套查询。也就是说，嵌套查询是指将一个查询块嵌套在另一个查询块的 WHERE 子句或 HAVING 短语的条件中的查询。

内嵌的 SELECT 语句称为子查询、内查询或下层查询，与此对照，外层查询称为父查询或上层查询。嵌套查询的求解方法是由里向外处理，即每个子查询在其上一级查询处理之前求解，子查询的结果用于建立其父查询的查询条件。子查询的 SELECT 语句中不能使用 ORDER BY 子句，ORDER BY 子句只能对最终查询结果进行排序。

嵌套查询通常分为不相关子查询和相关子查询两类。

（1）不相关子查询。

子查询的查询条件不依赖于父查询。子查询可以独立运行，并且只执行一次，执行完毕后将值传递给外部查询。

【例 3-41】查询选修"150102"号课程的学生姓名。

SELECT Sn FROM S WHERE Sno IN	外层/父查询

(SELECT Sno
   FROM SC
   WHERE Cno = '150102');
	内层/子查询

其中，内层查询块 SELECT Sno FROM SC WHERE Cno= '150102'嵌套在外层查询块 SELECT Sn FROM S WHERE Sno IN 的 WHERE 子句中。执行过程：先执行子查询，结果如图 3-20（a）所示；再执行父查询，结果如图 3-20（b）所示。

Sno
100101
100102
100103

Sn
姜珊
李思
孙浩

（a）执行子查询　　　（b）执行父查询

图 3-20　嵌套查询运行结果

（2）相关子查询。

子查询的查询条件依赖于父查询。子查询不能独立运行，必须依靠父查询数据，并且外部查询执行一行，子查询就执行一次。

【例 3-42】查询每门课程中，成绩低于该课程平均分的学生学号、课程号、成绩。

```
SELECT Sno, Cno, Score
FROM SC AS SC1
WHERE Score< (SELECT AVG(Score)
         FROM SC AS SC2
         WHERE SC1.Cno = SC2.Cno);
```

查询结果如图 3-21 所示。

Sno	Cno	Score
100103	150102	70
100105	150103	65

图 3-21　自连接查询运行结果

注意：相关子查询的执行情况比较复杂，同样问题可以采用连接查询的方法加以解决。

嵌套查询中最常见的是不相关子查询，在父查询的查询条件中引出子查询的谓词主要包括 IN、比较运算符、ANY 或 ALL、EXISTS 等。

1. 带有 IN 谓词的子查询

在嵌套查询中，子查询的结果往往是一个集合，所以谓词 IN 是嵌套查询中最常使用的谓词。带有 IN 谓词的子查询是指父查询和子查询之间用 IN 进行连接，判断某个属性列值是否在子查询的结果中。

【例 3-43】查询与"王红"职称相同的教师。

本查询可以分成如下两步完成。

（1）确定"王红"的职称。

```
SELECT Prof
FROM T
WHERE Tn = '王红';
```

（2）确定与"王红"职称相同的教师。

```
SELECT Tn
FROM   T
WHERE Prof   IN
   (SELECT Prof
    FROM T
    WHERE Tn = '王红'
    );
```

本查询为一个不相关子查询，内层查询形成的集合只有一个元素"讲师"，因此也可用带有比较运算符的子查询，即可以使用复合连接条件查询来实现，其语句如下。

```
SELECT t1.Tn
FROM    T AS t1,T AS t2
WHERE t1.Prof=t2.Prof   AND    t2.Tn= '王红';
```

【例 3-44】查询选修了课程名为"数据结构"的学生的学号和姓名。

本查询涉及学号、姓名和课程名 3 个属性。有关学号和姓名的信息存放在学生表 S 中，有关课程名的信息存放在课程表 C 中，但表 S 和表 C 没有直接联系，必须通过表 SC 建立二者之间的联系。所以本查询实际上涉及 3 个表：表 S、表 SC 和表 C。

完成本查询的基本思路步骤如下。

（1）在表 C 中找出课程名为"数据结构"的课程号 Cno。

```
SELECT Cno
FROM C
WHERE Cn= '数据结构';
```

（2）在表 SC 中找出 Cno 等于第（1）步给出的 Cno 集合中某个元素的学号 Sno。

```
SELECT Sno
FROM   SC
WHERE Cno IN
   (SELECT Cno
    FROM C
    WHERE Cn= '数据结构');
```

（3）在表 S 中选出 Sno 等于第（2）步中求出的 Sno 集合中某个元素的元组，取出 Sno 和 Sn 送入结果表列。

```
SELECT Sno, Sn
FROM   S
WHERE Sno IN
   (SELECT Sno
    FROM SC
    WHERE Cno IN
       (SELECT Cno
```

```
    FROM C
    WHERE Cn= '数据结构'));
```

本查询也可以使用复合连接条件查询来实现，其 SQL 语句如下。

```
SELECT S.Sno, Sn
FROM   S, SC, C
WHERE S.Sno=SC.Sno AND SC.Cno=C.Cno AND C.Cn= '数据结构';
```

2．带有比较运算符的子查询

当用户能确切地知道内层查询返回的是单值时，可以使用>、<、=、>=、<=、!=或<>等比较运算符。带有比较运算符的子查询是指父查询和子查询之间用比较运算符进行连接。需要注意的是，子查询一定要跟在比较运算符之后。

【例 3-45】查询与"王红"职称相同的教师。

```
SELECT T.Tn
FROM   T
WHERE Prof =
   (SELECT Prof
    FROM T
    WHERE Tn = '王红'
   );
```

3．带有 ANY 或 ALL 谓词的子查询

当子查询的返回值为一个集合时，除了可以使用 IN 连接词，还可以使用 ANY 或 ALL 谓词。注意，使用 ANY 或 ALL 谓词时必须同时使用比较运算符。含有比较运算符的 ANY、ALL 表达式及其含义如表 3-8 所示。

表 3-8　子查询的 ANY 或 ALL 表达式及其含义

表　达　式	含　　义
>ANY	大于子查询中的某个值
<ANY	小于子查询中的某个值
>=ANY	大于等于子查询中的某个值
<=ANY	小于等于子查询中的某个值
=ANY	等于子查询中的某个值
!=ANY 或<>ANY	不等于子查询中的某个值
>ALL	大于子查询中的所有值
<ALL	小于子查询中的所有值
>=ALL	大于等于子查询中的所有值
<=ALL	小于等于子查询中的所有值
=ALL	等于子查询中的所有值
!=ALL 或<>ALL	不等于子查询中的所有值

【例 3-46】查询其他部门中比"01"部门中任意一个（其中某一个）学生年龄小的学生的姓名和年龄。

```
SELECT Sn, Age
```

```
FROM S
WHERE Dno <> '01'   AND   Age < ANY
  (SELECT Age
   FROM   S
   WHERE Dno = '01');
```

本例也可使用上小节中的常用库函数（集函数）查询来实现，SQL 语句如下。

```
SELECT Sn, Age
FROM S
WHERE Dno <> '01'   AND   Age < (SELECT MAX(Age) FROM S
                                    WHERE Dno = '01');
```

【例 3-47】查询其他部门中比"01"部门所有学生出生年龄都小的学生的姓名和年龄。

方法一：使用 ALL 谓词。

```
SELECT Sn, Age
FROM S
WHERE Dno <> '01'   AND   Age < ALL
  (SELECT Age
   FROM   S
   WHERE Dno = '01');
```

方法二：使用集函数。

```
SELECT Sn, Age
FROM S
WHERE Dno <> '01'   AND   Age < (SELECT MIN(Age) FROM S
                                    WHERE Dno = '01');
```

ANY 或 ALL 谓词有时可以使用集函数来实现，比直接使用 ANY 或 ALL 谓词的查询效率高，因为通常使用集函数能够降低比较次数。ANY 和 ALL 谓词与集函数的对照关系如表 3-9 所示。

表 3-9　ANY 和 ALL 谓词与集函数对照表

谓　　词	比较运算符					
	=	<>	<	<=	>	>=
ANY	IN		<MAX	<=MAX	>MAX	>=MAX
ALL		NOT IN	<MIN	<=MIN	>MIN	>=MIN

4．带有 EXISTS 谓词的子查询

EXISTS 代表存在量词，带有 EXISTS 谓词的子查询不返回任何实际数据，它只产生逻辑真值 TRUE 或逻辑假值 FALSE。使用存在量词 EXISTS 后，若内层查询结果为非空，则外层的 WHERE 子句返回真值，否则返回假值。

由 EXISTS 引出的子查询所要选择的字段通常用"*"表示，因为带有 EXISTS 的子查询只返回真值或假值，给出列名也无实际意义。带有 EXISTS 谓词的子查询是相关子查询，根据相关子查询的定义可知，带有 EXISTS 的嵌套查询必须反复求值。

【例 3-48】查询所有选修了"150102"号课程的学生的姓名。

本查询涉及学生表 S 和选课表 SC，可以在 S 表中依次取每个元组的 Sno 值，并在 SC 表

中检测，若 SC 表中存在这样的元组，即 SC.Sno 值等于用来检测的 S.Sno 值，并且
SC.Cno=150102，则取此 S.Sn 送入结果关系表。

```
SELECT Sn
FROM S
WHERE EXISTS
   (SELECT *
    FROM SC                                          相关子查询
    WHERE Sno=S.Sno AND Cno='150102'
   );
```

根据例 3-48 可以总结出相关子查询的一般处理过程如下。

（1）首先取外层查询中表的第一个元组。

（2）根据本元组与内层查询相关的属性值来处理内层查询，若内层查询结果集为空，那
么 WHERE 子句的值为假；否则，WHERE 子句的值为真。

（3）若 WHERE 子句为真，则取外层表的此元组指定属性（或表达式）放入结果表中。

（4）如果外层表没有结束，则取外层表的下一个元组，返回第（2）步；否则，结束相关
子查询。

带有 EXISTS 谓词的嵌套查询也可用复合连接条件实现，SQL 查询语句如下。

```
SELECT Sn
FROM   S, SC
WHERE S.Sno =SC.Sno AND SC.Cno='150102';
```

◀» 注意：（1）与 EXISTS 相对应的是 NOT EXISTS 谓词，使用 NOT EXISTS 谓词后，若内层
查询结果为空，则外层的 WHERE 子句返回真值，否则返回假值。

（2)有些带 EXISTS 或 NOT EXISTS 谓词的子查询不能被其他形式的子查询等价替换,但带有 IN、
比较运算符、ANY 和 ALL 谓词的子查询都能用带有 EXISTS 谓词的子查询等价替换。

【例 3-49】查询没有选修"150102"号课程的学生的姓名和部门。

```
SELECT Sn,Dept
FROM S,D
WHERE S.Dno=D.Dno and NOT EXISTS
   (SELECT *
    FROM SC                                          相关子查询
    WHERE Sno=S.Sno AND Cno='150102'
   );
```

【例 3-50】查询所有选修了全部课程的学生的姓名。

```
SELECT Sn
FROM S
WHERE NOT EXISTS
   (SELECT *
    FROM C
    WHERE NOT EXISTS
       (SELECT *                                     相关子查询
        FROM SC
        WHERE Sno=S.Sno AND Cno=C.Cno));
```

3.4　SQL 的数据操作

所谓数据操作，是指对已经存在的数据库进行记录的插入、删除和修改操作。SQL 提供了 3 条语句来改变数据库中的记录，即 INSERT、UPDATE 和 DELETE 语句。

3.4.1　插入数据

插入数据是把新的记录插入一个已存在的表中，使用 INSERT 语句，可分为以下两种情况。

1．插入单个元组

插入单个元组的格式如下。

```
INSERT
INTO      <目标表>   [(<属性列 1>[,<属性列 2>…])]
VALUES    (<常量 1>[,<常量 2>]…);
```

其中，各部分的含义如下。

（1）<目标表>是指要插入新记录的表，要求<目标表>必须存在。

（2）注意<目标表>的主键约束，如果<目标表>有主键而且不为空，则<属性列 1>、<属性列 2>…中必须包括主键。

（3）<属性列>是可选项，指定待添加数据的列。

（4）VALUES 子句指定待添加数据的具体值。列名的排列顺序不一定要和表定义时的顺序一致，但当指定列名时，VALUES 子句值的排列顺序必须和列名表中的列名顺序一致、个数相等，且数据类型一一对应。

（5）INTO 子句中<目标表>的属性列可部分或全部省略，部分省略时，则新记录在这些列上将取空值；全部省略时，则新插入的记录必须在每个属性列上给出值，且和<目标表>中的列名顺序一致，数据类型一一对应。

（6）在表定义时说明了 NOT NULL 的属性列不能取空值，否则会出错。

【例 3-51】 在学生表 S 中插入如图 3-22 所示学生记录。

学号	姓名	性别	年龄	籍贯	部门号
100107	童彬	男	23	河北	03

图 3-22　学生记录

```
INSERT INTO S
    VALUES('100107', '童彬', '男',23, '河北', '03');
```

或者

```
INSERT INTO S(Sno, Sn, Sex, Age, BP,Dno)
    VALUES('100107', '童彬', '男',23, '河北', '03');
```

【例 3-52】 在学生表 S 中插入一条学生记录（学号：100108，姓名：朱良，性别：男，部门号：03）。

```
INSERT INTO   S   (Sno, Sn,Sex,Dno)
    VALUES('100108', '朱良', '男', '03');
```

或者

```
INSERT INTO   S
    VALUES('100108', '朱良', '男',NULL,NULL, '03');
```

📢 **注意**：本例中 S 表中年龄、籍贯列在 INTO 子句中没有出现，则新记录在这些列上将取空值。

2．插入多个元组

插入多个元组用于表间的复制，即抽取一个表中的数行数据插入另一个表中，它可以通过子查询来实现。子查询不仅可以嵌套在 SELECT 语句中，用以构造父查询的条件，也可以嵌套在 INSERT 语句中，用以生成要插入的数据。

插入子查询结果的格式如下。

```
INSERT
INTO <表名>[(<属性列 1>[,<属性列 2>])]
子查询;
```

【例 3-53】将每个部门学生的平均年龄存入新表 SAVGA 中[本表包括两个属性列：部门号（Dno）和平均年龄（Avgage）]。

首先在数据库中建立一个有两个属性列的新表，其中一列存放部门号，另一列存放相应部门的学生平均年龄。然后对数据库的 S 表按部门号分组求平均年龄，再把部门号和平均年龄存入新表中，其 SQL 语句如下。

```
CREATE TABLE   SAVGA
    (Dno CHAR(10),
     Avgage INT
    );
INSERT   INTO   SAVGA
SELECT   Dno, AVG (Age)
FROM     S
GROUP   BY   Dno;
```

3.4.2 修改数据

修改数据主要是对数据库表中一条或多条记录某个或某些列的值进行更改，其语句格式如下。

```
UPDATE <表名>
SET <列名> = <表达式> [, <列名> = <表达式>]…
[WHERE <条件>];
```

其功能是修改指定表中满足 WHERE 子句条件的元组。

其中，SET 子句用于指定修改方法，即用<表达式>的值取代相应的属性列值。如果省略 WHERE 子句，则表示要修改表中的所有元组。

1．修改单个或部分元组的值

【例 3-54】将学号为"100105"的学生的年龄改为 21 岁。

```
UPDATE  S
SET   Age=21
WHERE   Sno='100105';
```

2．修改全部元组的值

【例 3-55】将所有学生的分数提高 10%。

```
UPDATE  SC
SET   Score=score*1.1;
```

3．利用子查询修改部分元组的值

修改部分元组的值可以使用带子查询的修改语句实现，子查询也可以嵌套在 UPDATE 语句中，用以构造执行修改操作的条件。

【例 3-56】将信电学院全体学生的成绩置 0。

```
UPDATE SC
SET Score=0
WHERE   Sno   IN
  (SELECT Sno
   FROM   S
   WHERE   Dno= (SELECT   Dno
                 FROM   D
                 WHERE Dept= '信电')
  );
```

3.4.3 删除数据

使用 DELETE 语句可以删除表中的一行或多行记录，删除数据的一般格式如下。

```
DELETE
FROM <表名>
[WHERE <表名>];
```

其中，DELETE 语句的功能是从指定表中删除满足 WHERE 子句条件的所有元组。如果省略 WHERE 子句，表示删除表中的全部元组，但表的定义仍在字典中。也就是说，DELETE 语句删除的是表中的数据，而不是表的结构。

◀))) **注意**：DELETE 与 UPDATE 操作一次只能操作一个表，因此会影响参照完整性。

1．删除单个或多个元组

【例 3-57】删除学号为"100107"和"100108"的学生的记录。

```
DELETE FROM S
WHERE Sno='100107'   OR   Sno='100108';
```

为保证参照完整性，必须将两个学生的记录在 SC 表中删除，SQL 语句如下。

```
DELETE   FROM   SC
WHERE Sno='100107'   OR   Sno='100108';
```

2．删除全部元组的值

【例 3-58】删除所有学生的选课记录。

```
DELETE FROM SC;
```

该 DELETE 语句将使 SC 表成为空表，即它删除了 SC 表中的所有元组。

3．带子查询的删除语句

子查询同样也可以嵌套在 DELETE 语句中，用以构造执行删除操作的条件。

【例 3-59】删除数理学院所有学生的选课记录。

```
DELETE
FROM SC
WHERE   Sno   IN
  (SELECT Sno
   FROM   S
   WHERE   Dno= (SELECT   Dno
                 FROM   D
                 WHERE Dept= '数理')
  );
```

3.5　视　　图

3.5.1　视图概述

视图可以看成虚拟表或存储查询，它是从一个或几个基本表（或视图）导出的表，但与基本表不同，它是一个虚表。也就是说，数据库中只存放视图的定义，而不存放视图对应的数据，这些数据仍存放在原来的基本表中。基本表中的数据发生变化时，从视图中查询出的数据也将随之发生变化。视图是用户观察数据库中数据的重要机制，通常用来集中、简化和自定义每个用户对数据库的不同认识。视图也可用作安全机制，方法是允许用户通过视图访问数据，而不授予用户直接访问视图基础表的权限。视图一经定义，就可以和基本表一样进行查询、删除等操作，也可以在一个视图上再定义新的视图，但对视图的更新操作有一定的限制。

1．视图的内容

一般，视图的内容包括以下几项。

（1）基本表的列或行的子集，即视图可以是基本表的一部分。

（2）两个或多个基本表的联合，即视图可以是对多个基本表进行联合运算检索的 SELECT 语句。

（3）两个或多个基本表的连接，即视图可以是多个基本表连接生成的。

（4）基本表的统计汇总，即视图可以是基本表经过各种复杂运算的结果集。

（5）另一个视图的子集，即视图既可以基于表，也可以基于其他视图。

（6）视图和基本表的混合。

2. 视图的类型

SQL Server 中，一般把视图分为 3 类：标准视图、索引视图、分区视图。

（1）标准视图也称普通视图，存储的是 SELECT 查询语句，它是一个虚拟表，不占用物理存储空间，建立的目的是简化数据的操作。一般情况下我们使用的视图都是标准视图。

（2）索引视图数据集被物理存储在数据库中，可以显著提高某些查询的性能。如果要提高聚合多行数据的视图性能，可以创建索引视图。对于内容经常变更的基本表，不适合为其建立索引视图。

（3）分区视图数据来自一台或多台服务器中的分区数据，在分区视图中数据看起来好像来自同一张表。如果分区视图的数据来自同一台服务器，分区视图就退化为一个本地视图。

3. 视图的作用

对于所引用的基础表来说，视图的作用类似于筛选。定义视图的筛选可以来自当前或其他数据库的一个或多个表，或者其他视图。分布式查询也可用于定义使用多个异类源数据的视图。综合起来，视图的作用有以下几点。

（1）视图机制能使不同用户以不同方式看待同一数据。视图定义好后，用户可以像对基本表进行查询一样，对视图进行查询，也就是说，对基本表的各种查询操作一般都可以作用于视图。

（2）视图能够简化用户的操作。视图机制使用户可以将注意力集中在他们所关心的数据上，如果这些数据不是直接来自基本表，则可以通过定义视图，使用户眼中的数据库结构简单、清晰，并且可以简化用户的数据查询操作。将经常使用的查询定义为视图后，在以后的操作中，用户不必每次都指定全部条件。

（3）视图为数据库提供了一定程度的逻辑独立性。如果没有视图，应用程序是建立在表上的，有了视图之后，程序可以建立在视图之上，从而与数据库表分割开来。视图可以在以下几个方面使程序与数据独立：当数据库或基本表发生变化时，通过视图屏蔽数据库或基本表的变化，从而使应用程序不发生变动；当应用发生变化时，通过视图屏蔽应用的变化，从而使数据库或基本表不发生变动。

（4）视图能够为机密数据提供安全保护。有了视图机制，就可以在设计数据库应用系统时，为不同的用户定义不同的视图，使机密数据不出现在不应看到这些数据的用户视图上，这样就由视图的机制自动提供了对机密数据的安全保护功能。

当然，使用视图也要注意其负面影响。

（1）性能：SQL 必须把对视图的查询转化成对基本表的查询，如果该视图由一个复杂的多表查询所定义，那么，即使是视图的一个简单查询，SQL 也会把它变成一个复杂的结合体，需要花费一定时间。

（2）修改限制：当用户试图修改视图的某些行时，SQL 必须把它转化为对基本表的某些行的修改。对于简单视图来说很方便，但是对于比较复杂的视图而言，可能是不可修改的。

由上可见，在定义数据库对象时，应该对视图的使用进行权衡，合理地定义视图。

3.5.2 创建视图

创建视图使用 CREATE VIEW 语句，其语法格式如下。

```
CREATE VIEW <视图名> [(<列名> [,<列名>]…)]
[WITH ENCRYPTION]
AS <子查询>
[ WITH CHECK OPTION];
```

上述语法中各部分的含义如下。

（1）子查询可以是任意复杂的 SELECT 语句，但通常不包含 ORDER BY 子句（除非在子查询的选择列表中有 TOP 子句）、DISTINCT 子句及 INTO 关键字，不能引用临时表或表变量。

（2）WITH ENCRYPTION 对定义视图的文本进行加密。

（3）WITH CHECK OPTION 防止用户通过视图对数据进行增加、删除、修改时，对不属于视图范围内的基本表数据进行操作。这样在视图上增、删、改数据时，DBMS 会检查视图定义中的条件（即子查询中的条件表达式），若不满足，则拒绝执行该操作。如果在子查询中的任何位置使用了 TOP，那么不能指定 WITH CHECK OPTION。

（4）如果 CREATE VIEW 语句仅指定了视图名，省略了组成视图的各个属性列名，则隐含该视图由子查询中 SELECT 子句目标列的诸字段组成。但在以下 3 种情况下，必须明确指定组成视图的所有列名。

① 其中某个目标列不是单纯的属性名，而是库函数或列表达式。

② 多表连接时选出了几个同名列作为视图的字段。

③ 需要在视图中为某个列启用新的更合适的名字。

CREATE VIEW 语句中的子查询可以有多种形式，以建立多种不同类型的视图。

若视图是从一个表经选择、投影而导出的，并在视图中包含了表的主关系键或某个候选关系键，则这类视图称为行列子集视图。

【例 3-60】创建基于单张表的视图。建立信电学院教师的视图，并要求进行修改和插入操作时仍保持该视图只有信电学院教师。

```
CREATE VIEW ITteacher
AS
SELECT    Tno, Tn, Prof, Dno
FROM      T
WHERE    Dno= (SELECT    Dno
                  FROM    D
                  WHERE Dept= '信电')
WITH CHECK OPTION;
```

【例 3-61】创建基于多个基本表的视图。建立选修了"150102"号课程的所有女生的视图。

```
CREATE VIEW FStu (Sno, Sn, Sex)
AS
SELECT S. Sno, Sn, Sex
FROM    S, SC
```

WHERE Sex='女' AND S. Sno=SC. Sno AND SC. Cno='150102';

视图 FStu 的属性列中包含了 S 表与 SC 表的同名列 Sno，所以必须在视图名后明确说明视图的各个属性列名。

【例 3-62】创建基于视图的视图。建立信电学院所有职称为"教授"的教师及其所任课程的视图。

```
CREATE VIEW ITea (Tno, Tn, Cno)
AS
SELECT ITteacher.Tno, Tn, Cno
FROM    ITteacher, TC
WHERE ITteacher.Tno =TC.Tno AND ITteacher.Prof='教授';
```

【例 3-63】创建带虚拟列的视图。定义一个反映学生出生年份的视图。

由于视图中的数据并不实际存储，定义视图时可以根据应用的需要，设置一些派生属性列。因为这些派生属性在基本表中并不实际存在，所以有时也称它们为虚拟列。

由于学生的年龄不存储在学生表中，而是通过一个表达式计算得到，不是单纯的属性名，因此定义该视图为一个带表达式的视图，并且必须明确定义该视图的各个属性列名。

```
CREATE VIEW SBir (Sno, Sn, Bir)
AS
SELECT Sno, Sn, YEAR(GETDATE( ) )-Age
FROM    S
```

【例 3-64】创建分组视图。定义一个反映学生的学号及其平均成绩的视图。

使用带有集函数和 GROUP BY 子句的查询来定义的视图称为分组视图。

```
CREATE VIEW StuAvg (Sno, Savg)
AS
SELECT    Sno, AVG (Score)
FROM    SC
GROUP    BY    Sno;
```

📢 注意：最好不使用"SELECT *"建立视图的子查询，因为该视图一旦建立，此查询数据源表就构成了视图定义的一部分，如果修改了数据源表的结构，数据源表与视图的映像关系将受到破坏，该视图也就不能正确工作了。只能删除原来的视图，重建视图。

3.5.3　修改视图

定义视图后，如果其结构不能满足用户的要求，那么可以对其进行修改。修改视图使用 ALTER VIEW 语句，其语法格式如下。

```
ALTER VIEW <视图名> [(<列名> [,<列名>]…)]
AS <子查询>
[ WITH CHECK OPTION];
```

从语法格式中可以看出，修改视图的语句与定义视图的语句基本是一样的，只是将 CREATE VIEW 改成了 ALTER VIEW。

【例 3-65】修改例 3-64 的视图 StuAvg，修改后的视图为查询学生的学号、平均成绩及其总成绩的视图。

```
ALTER   VIEW StuAvg (Sno, Savg, Ssum)
AS
SELECT   Sno, AVG (Score),SUM (Score)
FROM   SC
GROUP   BY   Sno;
```

3.5.4　删除视图

视图建好后，若删除导出此视图的基本表，该视图也将失效，但一般不会被自动删除。删除视图通常需要显式地使用 DROP VIEW 语句进行。删除视图后，只会删除该视图在数据字典中的定义，而与该视图有关的基本表中的数据不会受任何影响，由此视图导出的其他视图的定义也不会被删除，但已无任何意义，需用户手动将这些导出视图删除。

DROP VIEW 语句的格式如下。

```
DROP VIEW <视图名>;
```

【例 3-66】删除视图 SBir。

```
DROP VIEW SBir;
```

3.5.5　视图查询

用户对视图的查询与对基本表的查询相同，但在系统内部，对视图的查询必须转换为对其所依赖的基本表的查询，但通常这种转换并不复杂。

【例 3-67】查找视图 ITteacher 中职称为"教授"的教师工号和姓名。

```
SELECT Tno,Tn
FROM   ITteacher
WHERE Prof= '教授';
```

此查询是执行过程中，系统首先从数据字典中找到 ITteacher 的定义，然后把此定义与用户的查询结合起来，转换成等价的对基本表 T 的查询，这一转换过程称为视图消解，即相当于执行如下查询。

```
SELECT   Tno,Tn
FROM   T
WHERE    (Prof= '教授' AND   Dno= (SELECT   Dno
                                  FROM   D
                                  WHERE Dept= '信电'));
```

由以上各例可以看出，当对一个基本表进行复杂的查询时，可以先为其建立一个视图，然后只需对此视图进行查询即可，这样就不必再输入复杂的查询语句，而是将一个复杂的查询转换成一个简单的查询，即把视图定义中的子查询条件与视图查询中的条件相"与"，从而简化了查询操作。

【例 3-68】查找视图 StuAvg 中平均成绩最高的学生。

```
SELECT MAX (Savg)
```

```
FROM   StuAvg;
```

3.5.6　视图更新

视图更新指通过对视图进行数据插入、删除和修改操作，达到更新基本表中数据的目的。由于视图不是实际存储数据的基本表，因此对视图的更新最终要转换为对基本表的更新。但要注意，视图的本质是方便查询或保护数据。因此，当对视图进行数据更新操作时，有些情况下是不可能的，如视图依赖于多张表。实际上很少使用视图更新数据，但从知识的完整角度出发，本小节介绍 INSERT、DELETE 和 UPDATE 对视图进行数据更新的方法，以及创建视图的 WITH CHECK OPTION 参数对更新数据的影响。

1．UPDATE 操作

【例 3-69】将信电学院教师的视图 ITteacher 中的工号为"05"的教师的姓名修改为"张宾"。

```
UPDATE ITteacher
SET Tn='张宾'
WHERE Tno='05';
```

与查询视图类似，DBMS 执行此语句时，首先进行有效性检查，检查所涉及的表、视图等是否存在于数据库中，如果存在，则从数据字典中取出所涉及的视图的定义，并把定义中的子查询和用户对视图的更新操作结合起来，转换成对基本表的更新，然后执行经过修正的更新操作。转换后的更新语句如下。

```
UPDATE T
SET Tn='张宾'
WHERE Tno='05' AND Dno= (SELECT   Dno
                         FROM   D
                         WHERE Dept= '信电');
```

2．INSERT 操作

【例 3-70】向信电学院教师的视图 ITteacher 中插入一条新记录（教师工号："07"，姓名："张平"，职称："副教授"，部门号："01"）。

```
INSERT
INTO   ITteacher
VALUES('07', '张平', '副教授', '01');
```

DBMS 在执行此语句时，仍然转换为对基本表的操作，转换后的更新语句如下。

```
INSERT
INTO   T(Tno, Tn, Prof, Dno)
VALUES('07', '张平', '副教授', '01');
```

💡 说明：若向信电学院教师的视图中插入这样一条新记录（教师工号："09"，姓名："张凡"，职称："教授"，部门号："03"），则插入不成功。原因是定义信电学院教师视图 ITteacher 时使用了 WITH CHECK OPTION 选项，则所有不符合视图定义的数据无法通过该视图进行更新。这条插入的记录中部门号为 03，不是信电学院，无法更新视图。

3. DELETE 操作

【例 3-71】将向信电学院教师的视图中插入的记录（教师工号："07"，姓名："张平"，职称："副教授"，部门号："01"）删除。

```
DELETE
FROM    ITteacher
WHERE   Tno='07';
```

DBMS 将其转换为对基本表的更新，转换后的更新语句如下。

```
DELETE
FROM    T
WHERE  Tno= '07';
```

3.6　索　引

索引是基本表的目录，按某一字段或一组字段对数据表进行排序，以加快查找速度。建立索引是加快表的查询速度的有效手段。SQL 语句支持用户根据应用环境的需要，在基本表上建立一个或多个索引，以提供多种存取路径。一般来说，建立与删除索引由数据库管理员（DBA）或表的属主即建表户（DBO）负责完成。系统在存取数据时，会自动选择合适的索引作为存取路径，用户不必也不能选择索引。

3.6.1　索引概述

1. 索引的概念

在关系数据库中，索引是对数据库表中一列或多列的值进行排序的一种存储结构。索引中包含索引关键字和表记录的物理空间位置，通过建立索引数据与物理数据间的映射关系，实现表记录的逻辑排序。

当表中有大量记录时，若要对表进行查询，一种方式是全表搜索，将所有记录一一取出，和查询条件进行一一对比，然后返回满足条件的记录，这样做会消耗大量数据库系统时间，并造成大量磁盘 I/O 操作；另一种就是在表中建立索引，然后在索引中找到符合查询条件的索引值，最后通过保存在索引表中记录的存储位置快速找到表中对应的记录。

例如，假设在表 Student 的 Sname 列上建立了一个索引（索引项为 Sname），则在索引部分就有指向每名学生所对应的存储位置信息，如图 3-23 所示。本例中索引码是按照姓名升序排列的，方便在一个有序表中可以快速查找所需信息，以提高效率。利用索引表，可以快速查找学生姓名，根据指针，可以在数据表中快速找到该学生的相关信息。

2. 索引的分类

索引分为两大类：聚集索引和非聚集索引。此外还有唯一索引、视图索引、全文索引等。其中，聚集索引和非聚集索引是数据库引擎最基本的索引。

1）聚集索引和非聚集索引

按照索引记录的存放位置可以将索引分为聚集索引和非聚集索引。

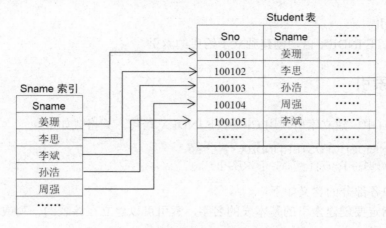

图 3-23　索引及数据间的对应关系示意图

（1）聚集（簇）索引按照索引字段来排列记录，并按照指定的次序将记录存储在表中。

（2）非聚集索引按照索引字段排列记录，但排列的结果并不存储在表中，而是存储在其他的位置。

由于聚集索引规定数据在表中的物理存储顺序，一个表只能包含一个聚集索引，而该索引可以包含多个列（组合索引）。聚集（簇）索引对于那些经常要搜索范围值的列特别有效。使用聚集索引找到包含第一个值的记录后，便可以确保包含后续索引值的记录物理相邻。建立聚集索引后，更新索引列数据时，往往导致表中记录的物理顺序的变更，代价较大，因此对于经常更新的列不宜建立聚集索引。通常在非聚集索引创建之前创建聚集索引，否则会引发索引重建。

2）唯一索引

唯一索引不允许具有索引值相同的行，即每一个索引值只对应唯一的记录，从而禁止重复的索引或键值。主键与唯一索引的联系如下。

（1）主键一定是唯一性索引，但唯一性索引并不一定是主键。

（2）一个表中可以有多个唯一性索引，但只能有一个主键。

（3）主键列不允许空值，而唯一性索引列允许空值。

3）视图索引

视图索引是为视图创建的索引。其存储方法与带聚集索引的表的存储方法相同。

4）全文索引

全文索引主要用来查找文本中的关键字，而不是直接与索引中的值相比较。全文索引跟其他索引大不相同，它更像是一个搜索引擎，而不是简单的 WHERE 语句的参数匹配。

3. 索引与约束的关系

1）PRIMARY KEY 约束和索引

如果创建表时将一个特定列标识为主键，则 SQL Server 2019 数据库引擎会自动为该列创建 PRIMARY KEY 约束和唯一聚集索引。

2）UNIQUE 约束和索引

在默认情况下，创建 UNIQUE 约束时，会自动为该列创建唯一非聚集索引。当在用户表中删除主键约束或唯一约束时，创建在这些约束列上的索引也会被自动删除。

3）独立索引

使用 CREATE INDEX 语句创建独立于约束的索引。

3.6.2　创建索引

在 SQL 语言中，建立索引使用 CREATE INDEX 语句，其格式如下。

```
CREATE [UNIQUE] [CLUSTER] INDEX <索引名>
ON <表名>(<列名> [次序] [,<列名> [<次序>]]…);
```

上述语句中各部分的含义如下。

（1）表名指定要创建索引的基本表的名字，索引可以建立在该表的一列或多列上，各列名之间用逗号分隔。

（2）每个列名后面可以用次序指定索引值的排列次序，包括 ASC（升序）和 DESC（降序）两种，缺省值为 ASC。

（3）UNIQUE 表示此索引为唯一索引。

（4）CLUSTER 表示要建立的索引是聚集索引。

【例 3-72】在课程表 C 的课程名（Cn）列上建立一个聚集索引 Coursename，且表 C 中的记录按照 Cn 值的升序存放。

```
CREATE   CLUSTERED   INDEX Coursename ON C(Cn   ASC);
```

【例 3-73】为表 SC 在 Sno 和 Cno 上建立一个唯一索引 SCI。

```
CREATE   UNIQUE   INDEX   SCI   ON SC(Sno,Cno);
```

建立索引能够加快表的查询速度，但应该注意以下问题。

（1）虽然索引大大提高了查询速度，但是会降低更新表的速度，如对表进行 INSERT、UPDATE 和 DELETE 时，SQL 不仅要保存数据，还要更新索引文件。

（2）建立索引时，索引文件会占用磁盘空间。如果表很大，并且创建了多种组合索引，索引文件就会迅速增大。

3.6.3　删除索引

索引一经建立，就由系统使用和维护，不需要用户干预。建立索引是为了节省查询操作的时间，但如果数据更新频繁，系统会花费许多时间来维护索引。这时，可以删除一些不必要的索引。删除索引时，系统会同时从数据字典中删除有关该索引的描述。在 SQL 语言中，删除索引使用 DROP INDEX 语句，其一般格式如下。

```
DROP INDEX <索引名>;
```

【例 3-74】删除表 C 中的 Coursename 索引。

```
DROP INDEX Coursename;
```

3.7　数　据　控　制

由 DBMS 提供统一的数据控制功能是数据库系统的特点之一。数据控制亦称数据保护，包括数据的安全性控制、完整性控制、并发控制和恢复。本节主要介绍 SQL 的数据控制功能。

SQL 语言提供了数据控制功能，能够在一定程度上保证数据库中数据的安全性、完整性，并提供了一定的并发控制及恢复能力。

保护数据库的安全性是指保护数据库，防止不合法的使用所造成的数据泄露和破坏。在数据库系统中，保证数据库安全性的主要措施是进行存取控制。不同的用户对不同的数据具有何种操作权限，是由数据库管理员（DataBase Administrator，DBA）和用户数据库所有者（DataBase Owner，DBO）根据具体情况决定的，SQL 语言为 DBA 和 DBO 定义和回收这种权限提供了手段。

数据控制语言（DCL）用于管理用户对数据库对象的访问。在使用 DDL 设计数据库并创建了对象以后，还需要采取一些安全策略，即向用户和应用程序提供适当级别的数据访问权限与数据库功能权限，以保护系统免遭入侵。

DCL 由 3 个用来管理特定数据库上的用户与角色的安全权命令组成，具体如下。

（1）GRANT 命令用于授予用户或角色权限集合。

（2）DENY 命令用于显式地限制权限集合。

（3）REVOKE 命令用于撤销对象上的权限集合。

权限的撤销会将一个对象上的显式权限（GRANT 或 DENY）移除。在权限应用到对象之前，要先定义用户与角色。

3.7.1　授权

1．SQL 的用户

SQL 中的用户分为两种：SQL 服务器用户（DBA）和数据库用户。安装完 SQL 服务器后，系统会自动建立一个 SQL 服务器用户 sa，口令为空，即系统管理员（数据库管理员），它对整个系统有操作权限，其他用户均由其建立。

在 SQL Server 中，有 3 种特殊的用户：DBA、DBO 和一般用户。DBA 对整个系统有操作权限；DBO 对其所建立的数据库具有全部操作权限；一般用户对给定的数据库只有被授权的操作权限。

2．权限与角色

在 SQL 系统中，有两个安全机制：一种是视图机制，当用户通过视图访问数据库时，不能访问此视图外的数据，这提供了一定的安全性；另一种是权限机制。

权限机制是主要的安全机制，其基本思想是授予用户不同的权限，使用户能够进行的数据库操作以及所操作的数据限定在指定的范围内，禁止用户超越权限对数据库进行非法操作，必要时可以收回权限，从而保证数据库的安全性。数据库中权限（见表 3-10）可分为系统权限和对象权限。

表 3-10　数据库权限

权 限 名 称	对 象 类 型	对　　象	常　用　权　限
系统权限	DATABASE	数据库	CREATE DATABASE、CREATE PROCEDURE、CREATE TABLE、CREATE VIEW、CREATE RULE、BACKUP DATABASE、BACKUP LOG
对象权限	TABLE	属性列	SELECT、INSERT、UPDATE、DELETE、ALL PRIVILEGES
	TABLE	视图	SELECT、INSERT、UPDATE、DELETE、ALL PRIVILEGES
	TABLE	基本表	SELECT、INSERT、UPDATE、DELETE、ALL PRIVILEGES

1）系统权限

系统权限是指数据库用户能在数据库系统上进行某种特定操作的权限，如创建用户、删除用户、删除表、备份表等权限，可由数据库管理员（DBA）授予其他用户（DBO）。

2）对象权限

对象权限是指数据库用户在指定的数据库对象上进行某种特定操作的权限，如 SELECT、INSERT、UPDATE 和 DELETE 等操作。对象权限由创建基本表、视图等数据库对象的用户（DBO）授予其他用户。

ALL PRIVILEGES 是指几种权限的总和，例如，在属性列和视图的操作权限中，ALL PRIVILEGES 是查询、插入、修改、删除 4 种权限的总和。

角色是多种权限的集合，可以把角色授予用户或其他角色。当要为某一用户同时授予或收回多项权限时，则可以把这些权限定义为一个角色，对此角色进行操作即可。这样就避免了许多重复性的工作，简化了管理数据库用户权限的工作。

3．用户授权

SQL 语言用 GRANT 语句授予操作权限，GRANT 语句的一般格式如下。

```
GRANT<权限>|<角色>[,<权限>|<角色>]…
[ON<对象类型><对象名>]
TO<用户名>|<角色>|PUBLIC[,<用户名>|<角色>]…
[WITH GRANT OPTION];
```

GRANT 语句的语义是为指定操作对象的指定操作权限（角色）授予指定的用户。需要注意的问题如下。

（1）系统权限由 DBA 分配给 DBO；对象权限通常由具有权限的用户分配给其他用户。

（2）接受权限的用户可以是一个或多个具体用户，也可以是 PUBLIC（全体用户）。

（3）如果指定了 WITH GRANT OPTION 子句，则获得某种权限的用户还可以把该权限授予其他用户；如果没有 WITH GRANT OPTION 子句，则获得某种权限的用户只能使用该权限，不能传播。

（4）如果授予系统权限，则省略 ON<对象类型><对象名>。

【例 3-75】把对表 S 的 INSERT 和 UPDATE 权限授予用户 User1 和 User2，并允许它们将此权限授予其他用户。

```
GRANT INSERT, UPDATE
ON  S
```

```
TO   User1, User2
WITH GRANT OPTION;
```

执行此 SQL 语句后，User1 和 User2 不仅拥有了对表 S 的 INSERT 和 UPDATE 权限，还可以传播此权限，即 User1 和 User2 可用 GRANT 命令授权给其他用户。例如，User1 可以将此权限授予 User3 并允许它再将此权限授予其他用户，其语句如下。

```
GRANT INSERT, UPDATE
ON   S
TO   User3
WITH GRANT OPTION;
```

User3 可以将此权限授予 User4，其语句如下。

```
GRANT INSERT, UPDATE
ON   S
TO   User4
```

因为 User3 未授予 User4 传播的权限，所以 User4 不能再传播该权限。

3.7.2　收回权限

授予的权限可以由 DBA 或其他授权者用 REVOKE 语句收回，REVOKE 语句的一般格式如下。

```
REVOKE <权限>|<角色>[,<权限>|<角色>]…
[ON<对象类型><对象名>]
FROM<用户名>|<角色>|PUBLIC[,<用户名>|<角色>]…;
```

【例 3-76】收回所有用户对表 S 的 INSERT 权限。

```
REVOKE   INSERT
ON TABLE S
FROM PUBLIC;
```

说明：假如权限包含 WITH GRANT OPTION，必须用 CASCADE 选项撤销或拒绝权限，这样才能删除 WITH GRANT OPTION，如例 3-77 所示。

【例 3-77】User1 收回用户 User3 修改学生学号的权限。

```
REVOKE UPDATE(Sno)
ON S
FROM User3 CASCADE;
```

在例 3-75 中，User3 将对 S 表的 UPDATE(Sno)权限授予了 User4，执行此 REVOKE 语句后，DBMS 在收回 User3 对 S 表的 UPDATE(Sno)权限的同时，还会自动收回 User4 对 S 表的 UPDATE(Sno)权限，即收回权限的操作会级联下去。当然，我们可以再次使用 GRANT 语句为取消授权的用户再次授权。

现在查看一种复杂情况，如果 User4 还从其他用户处获得对 S 表的 UPDATE(Sno)权限，则 User3 权限被收回后，User4 仍具有此权限，因为系统只收回直接或间接从 User3 处获得的权限。此时 REVOKE 命令就不能收回 User4 访问该数据表的此种权限。

为了限制对象权限，SQL 中可以使用 DENY 命令在数据库访问控制中创建一种"负权限"。DENY 命令的一般格式如下。

```
DENY <权限>[,<权限>]…
[ON <对象名>]
TO <用户名>|<角色>[,<用户名>|<角色>]…;
```

【例 3-78】限制用户 User4 修改学生的权限（设定 User4 修改学生学号的权限为"负权限"）。

```
DENY   UPDATE
ON   S
TO   User4;
```

如果限制了 User4 的特定权限后想再次授予 User4 此权限，不能简单地用 GRANT 命令来实现。因为已存在的 DENY 命令的优先级高于 GRANT 命令。此时，需要先用 REVOKE 命令来撤销已进驻的负权限，然后再次用 GRANT 命令授权。

【例 3-79】恢复例 3-78 中 User4 修改学生的权限。

```
REVOKE UPDATE
ON S
FROM User4;
```

然后使用 GRANT 命令授权。

```
GRANT UPDATE
ON S
TO User4;
```

SQL 灵活的授权机制，使用户对自己建立的基本表和视图拥有全部操作权限，并且可以用 GRANT 语句把其中的某些权限授予其他用户。被授权的用户如果有继续授权的许可，还可以把获得的权限再授予其他用户。DBA 拥有对数据库中所有对象的所有权限，并可以根据应用需要，将不同的权限授予不同用户。而所有授予出去的权限在必要时又都可以用 REVOKE 语句收回。

3.8　本 章 小 结

本章主要介绍了 SQL 语言。SQL 语言是一种介于关系代数与关系演算之间的语言，具有定义、查询、插入、删除和修改等丰富功能，使用方式灵活方便，语言简洁易学。

通过本章学习，可以了解 SQL 的功能和特点，掌握基本表、索引、视图等的定义和维护操作，重点掌握采用 SELECT 语句实现表的查询操作。SELECT 语句是 SQL 的核心语句，其语句成分多样，尤其是选取字段和条件表达式，可以有多种可选形式。

同时，还需掌握 SQL 语句中的数据操作，包括 INSERT、UPDATE 和 DELETE。

此外，还要了解数据控制中的权限控制、SQL 权限、角色和存储过程。

习　题　3

一、单项选择题

1．SQL 是（　　　）的缩写形式。
    A．Selected Query Language　　　　　　B．Procedured Query Language
    C．Standard Query Language　　　　　　D．Structured Query Language

2．SQL 语言的语句中，最核心的语句是（　　　）。
    A．插入语句　　　　　　　　　　　　B．删除语句
    C．创建语句　　　　　　　　　　　　D．查询语句

3．在以下哪种情况下使用主键约束而不使用唯一约束？（　　　）
    A．列的值允许为空值　　　　　　　　B．列有外键引用
    C．列的值不允许为空值　　　　　　　D．以上都不对

4．在部分匹配查询中，关于通配符下画线"_"的说法中正确的是（　　　）。
    A．可以代表多个字符　　　　　　　　B．代表一个字符
    C．不能与通配符"%"一起使用　　　　D．可以代表零个或多个字符

5．在 SQL 查询时，使用（　　　）子句指出的是分组后的条件。
    A．WHERE　　　　　　B．HAVING　　　　　C．WHEN　　　　　D．GROUP

6．下列关于子查询的说法中，不正确的是（　　　）。
    A．子查询可以嵌套多层
    B．子查询的结果是包含零个或多个元组的集合
    C．子查询的执行顺序总是先于外部查询
    D．子查询可以为外部查询提供检索的条件值

7．在基本 SQL 语言中，不能实现的操作是（　　　）。
    A．删除基本表　　　　　　　　　　　B．并发控制
    C．定义基本表结构　　　　　　　　　D．查询视图和基本表

8．在 Transact-SQL 中，删除数据库的命令是（　　　）。
    A．REMOVE　DATABASE　　　　　　B．DELETE　DATABASE
    C．CLEAR　DATABASE　　　　　　　D．DROP　DATABASE

9．在 Transact-SQL 中，删除一个表中的所有数据，但保留表结构的命令是（　　　）。
    A．REFMOVE　　　　　B．DELETE　　　　　C．CLEAR　　　　　D．DROP

10．在数据库表 employee 中查找字段 empid 中以两个数字开头且第三个字符是下画线"_"的所有记录。能正确执行的语句是（　　　）。
    A．SELECT * FROM employee　WHERE empid LIKE '[0-9][0-9]_%'
    B．SELECT * FROM employee　WHERE empid LIKE '[0-9][0-9]_[%]'
    C．SELECT * FROM employee　WHERE empid LIKE '[0-9]9[_]%'
    D．SELECT * FROM employee　WHERE empid LIKE '[0-9][0-9][_]%'

11．设 S_AVG(SNO,AVG_GRADE)是一个基于关系 SC 定义的学生学号及其平均成绩的视图。下面对该视图的操作语句中，能正确执行的是（　　）。

I．UPDATE S_AVG SET AVG_GRADE=90

　　　WHERE SNO='2004010601';

II．SELECT SNO, AVG_GRADE

　　　FROM S_AVG

　　　WHERE SNO='2004010601'

A．仅 I　　　　　　　　B．仅 II　　　　　　　C．没有　　　　　　D．I 和 II 都可

12．已知关系：员工（员工号，姓名，部门号，薪水）；部门（部门号，部门名称，部门经理员工号）。现在要查询部门员工的平均工资大于 3000 的部门名称及平均工资，下面查询正确的是（　　）。

I．SELECT　部门名称, AVG(薪水)　　　　II．SELECT　部门名称, AVG(薪水)

　FROM　部门 P, 员工 E　　　　　　　　　　FROM　部门 P, 员工 E

WHERE　E.部门号=(SELECT 部门号　　　WHERE　P.部门号=(SELECT 部门号

　FROM　部门　　　　　　　　　　　　　　　FROM　部门

WHERE　部门名称 = P.部门名称)　　　　WHERE　部门名称 = P.部门名称)

GROUP BY　部门名称　　　　　　　　　　GROUP BY　部门名称

HAVING　AVG(薪水)> 3000　　　　　　　HAVING　AVG(薪水)> 3000

A．仅 I　　　　　　　　　　　　　　B．仅 II

C．没有　　　　　　　　　　　　　　D．I 和 II 均可

13．设有关系 R=(A,B,C)，与 SQL 语句 SELECT DISTINCT A,C FROM R WHERE B=5 等价的关系代数表达式是（　　）。

I．$\pi_{A,C}(\sigma_{B=5}(R))$　　　　　　　　　II．$\sigma_{B=5}(\pi_{A,C}(R))$

A．I 和 II　　　　　　　　　　　　　B．没有一个等价

C．仅 I　　　　　　　　　　　　　　D．仅 II

14．下面有关 HAVING 子句描述错误的是（　　）。

A．HAVING 子句必须与 GROUPBY 子句同时使用，不能单独使用

B．使用 HAVING 子句的同时不能使用 WHERE 子句

C．使用 HAVING 子句的同时可以使用 WHERE 子句

D．使用 HAVING 子句的作用是限定分组的条件

15．下面对 DROP 权限的叙述中，正确的是（　　）。

A．只允许删除数据　　　　　　　　　B．允许删除关系

C．允许删除数据库模式　　　　　　　D．与 DELETE 权限等价

16．SQL 语言的 REVOKE 语句可实现（　　）数据控制功能。

A．可靠性控制　　B．并发性控制　　C．安全性控制　　　D．完整性控制

17．如果数据表中的某列值是 0～255 之间的整型数，最好使用（　　）数据类型。

A．INT　　　　　　B．TINYINT　　C．BIGINT　　　　　D．DECIMAL

18．SQL 语言具有两种使用方式，分别称为交互式 SQL 和（　　）。

A．提示式 SQL　　B．多用户 SQL　　C．嵌入式 SQL　　　D．解释式 SQL

19．在 SQL 语言查询语句中，SELECT 子句实现关系代数的（　　　）。

A．投影运算　　　　B．连接运算　　　　C．选择运算　　　　D．交运算

20．设有一个关系：DEPT(DNO, DNAME)，如果要找出倒数第 3 个字母为 W，并且至少包含 4 个字母的 DNAME，则查询条件子句应写成 WHERE DNAME LIKE（　　　）。

A．'__W_%'　　　B．'_W_%'　　　C．'_W__%'　　　D．'_%W__'

21．下列关于视图的说法错误的是（　　　）。

A．视图是从一个或多个基本表导出的表，它是虚表

B．某一用户可以定义若干个视图

C．视图一经定义就可以和基本表一样被查询、删除和更新

D．视图可以用来定义新的视图

22．在 SQL 语言中的视图 VIEW 是数据库的（　　　）。

A．外模式　　　　　B．模式　　　　　C．内模式　　　　　D．存储模式

二、填空题

1．SQL 的组成主要包括数据定义语言、_____、_____、_____。

2．SQL 语言的数据定义功能包括_____、_____、_____和_____。

3．在关系数据库中创建索引的目的是_____。

4．在关系数据库中，只能存放视图的_____，不能存放视图_____，视图是一个_____。

5．可以用来查找属性值是否在指定范围内的元组的谓词是_____；可以用来查找属性值属于指定集合的元组的谓词是_____；可以用来进行字符串匹配的谓词是_____；可以用来联结多个查询条件的谓词是_____。

6．SQL 语言有两种使用方法：一是_____；二是_____。

7．SQL 语言的数据更新功能主要包括 3 个语句，分别是_____、_____和_____。

8．SQL Server 的表约束包括_____、_____、_____、_____、_____和_____。

三、简答题

1．SQL 语言的优点是什么？它能为任务提供哪些命令？

2．什么是索引？索引为什么能够加快查询速度？

3．索引是如何分类的？每类索引的意义是什么？

4．为什么要使用连接查询？SQL 中如何实现连接查询？

5．JOIN 连接查询方式中有几种连接形式？分别是什么？

6．嵌套查询通常分为哪两类？分别是什么？

7．嵌套查询中 ANY 或 ALL 谓词与集函数有什么对照关系？

8．为什么定义视图？视图通常分为哪几类？

9．如何保证视图更新约束？视图的作用有哪些？

10．数据库的安全性是什么？如何保证数据库的安全性？

11．数据库安全性中的权限机制的基本思想是什么？角色的概念是什么？

12．运用 Transact-SQL 来进行编程有哪两种方法？

13．运用存储过程有什么优点？

14．SQL Server 支持的常用存储过程的类型是什么？

15．如何创建和执行存储过程？

四、综合题

1．设有一学生-课程数据库，其中关系表如下所示：

学生表关系：Student(Sno, Sname, Ssex, Sage, Sdept)

课程表关系：Course(Cno, Cname, Cpno, Ccredit)

学生选课表：SC(Sno, Cno, Grade)

请用 SQL 语句实现下列各题。

（1）建立一个"学生"表 SC。

（2）为学生-课程数据库中的表 SC 建立索引（按学号升序和课程号降序）。

（3）查询全体学生的详细记录。

（4）查询年龄在 20～23 岁（包括 20 岁和 23 岁）的学生的姓名、性别和年龄。

（5）查询名字中第 2 个字为"明"字的学生的姓名和学号。

（6）查询学生总人数。

（7）查询选修了课程 M01 或者选修了课程 M02 的学生。

（8）将学生"08001"的年龄改为 23 岁。

2．设有下列 3 个关系：

S(S#, Sn, Sa, Sex)

C(C#, Cn, TEACHER)

SC(S#, C#, GRADE)

试用 SQL 的查询语句表达下列查询。

（1）检索"周亮"老师所授课程的课程号和课程名。

（2）检索年龄大于 23 岁的男学生的学号和姓名。

（3）检索学号为 S3 的学生所学课程的课程名和任课老师。

（4）检索至少选修"周亮"老师所授课程中一门课程的女学生的姓名。

（5）检索"李清"同学没有选修的课程的课程号。

（6）检索至少选修两门课程的学生的学号。

（7）检索全部学生都选修的课程的课程号和课程名。

（8）检索选修课程中包含"周亮"老师所授课程的学生的学号。

（9）求年龄大于女同学平均年龄的男学生的姓名和年龄。

（10）求年龄大于所有女同学年龄的男学生的姓名和年龄。

（11）检索学号比"曹童"同学大，而年龄比他小的学生的姓名。

习题

课件

答案

第 4 章　关系规范化理论

不同的人对于相同的东西可以建立不同的模型，如何衡量模型建立的好坏？换言之，按照什么原则建立模型？这个原则就是规范化理论。

本章学习目标：理解函数依赖的定义及相关概念，并能够分析关系模式中各属性之间函数依赖关系；针对某关系模式，能够判断范式级别；能够将某关系模式分解成满足一定范式要求的多个关系模式。

4.1　规范问题的提出

数据库模式设计的好坏是数据库应用系统成败的关键。对于同一应用，不同设计者可能会设计出不同的数据库模式。那么什么样的数据库模式是一个好的模式？如何才能设计出一个好的模式？在建立关系数据库时，应该遵循什么原则来设计数据库模式？

实际上，设计任何一种数据库应用系统，不论是层次的、网状的还是关系的，都会遇到如何构造合适的数据模式，即逻辑结构的问题。由于关系模型可以向其他数据模型转换，因此，人们就以关系模型为背景来讨论这个问题，形成了数据库逻辑设计的一个有力工具——关系模式规范化理论。规范化理论虽然以关系模型为背景，但对一般的数据库逻辑设计问题同样具有理论上的指导意义。

4.1.1　规范化理论的主要内容

关系数据库的规范化理论最早是由关系数据库的奠基人 E. F. Codd 提出的，后经许多专家和学者的深入研究和发展，形成了一整套有关数据库设计的理论。在该理论出现以前，层次和网状数据库的设计只是遵循模式本身固有的原则，而无具体的理论依据，因而带有盲目性，可能会在以后的运行中发生许多预想不到的问题。

规范化理论研究了关系模式中各属性之间的依赖关系及其对关系模式性能的影响，探讨好的关系模式应该具备的性质，以及达到好的关系模式的方法。规范化理论为用户提供了判断关系模式好坏的理论标准，帮助用户预测可能出现的问题。

关系数据库的规范化理论主要包括 3 个方面的内容：函数依赖、范式（Normal Form）和规范化方法。其中函数依赖起着核心作用，是模式分解和模式设计的基础；范式是模式分解的标准。

4.1.2 不合理的关系模式存在的数据冗余和异常现象

为了讨论关系数据库规范化理论，先分析下面一个实例。

【例 4-1】以学生选课为背景，设计一个关系模式 SCS。

设计关系模式 SCS 如下：

SCS(Sno, Sname, Ssex, Sdept, Cno, Cname, Score)

其中，Sno、Sname、Ssex、Sdept、Cno、Cname、Score 是属性名，分别表示学号、学生姓名、学生性别、学院、课程号、课程名、成绩，加下画线的属性为主键。

表 4-1 所示是关系模式 SCS 的一个实例，即一个具体关系。

表 4-1 关系 SCS

Sno	Sname	Ssex	Sdept	Cno	Cname	Score
100101	姜珊	女	信电学院	C150110	离散数学	78
100101	姜珊	女	信电学院	C150101	数据结构	70
100101	姜珊	女	信电学院	C150103	数据库	85
120102	陈默	女	管理学院	C150102	操作系统	68
120102	陈默	女	管理学院	C150103	数据库	82
130103	孙浩	男	外语学院	C150100	计算机基础	72

从表 4-1 中不难看出，关系模式 SCS 存在以下问题。

1）数据冗余

当一个学生选修多门课程时，就会导致姓名、性别、学院名等多次重复存储；每一门课程名均对选修该门课程的学生重复存储，因而造成数据冗余。

2）操作异常

由于存在数据冗余，就可能导致数据库操作过程中出现异常，这主要表现在以下几个方面。

（1）插入异常。如果某个学生还没有选课，学生的有关信息就不能插入。同样，没有被学生选修的课程信息也无法存入数据库。

（2）删除异常。如果关系中某位同学因某种原因退学或转学，那么就需要将其信息从关系中删除。但如果某课程只有该同学一个人选修，则在删除该学生信息的同时，也把相应课程的信息删除了。那么，一旦查询所开课程信息时，就不会出现被删除课程的信息，就会认为没有开设该课程，可实际情况并非如此。因此，这也是该数据库的一种功能缺陷，称为删除异常。

3）修改异常

由于数据的冗余，当修改数据库中的某些数据项时，可能一部分修改了，而另一部分没有修改，造成存储数据的不一致性。例如，某个学生从信电学院转到管理学院，那么与该学生相关的所有记录都需要逐一修改属性 Sdept 的值，如有遗漏，就会造成 SCS 中数据的不一致。

由此可知，上述关系模式 SCS 尽管看起来能满足一定需求，但存在较多问题，因而并不是一个好的、合理的关系模式。之所以会出现以上几个问题，是因为该关系模式没有设计好，使得某些属性之间存在着"不良"的依赖关系，导致数据冗余。

如果将 SCS 分解为 S(Sno, Sname, Ssex, Sdept)、C(Cno, Cname)和 SC(Sno, Cno, Score) 3 个关系模式，就不会出现上述异常了，且数据冗余也得到了较好控制。

规范化理论正是用来改造关系模式的。通过把一个较大的关系模式分解成两个或多个关系模式，可以在分解的过程中消除关系模式中不合适的问题，解决数据冗余、插入异常、删除异常、修改异常等问题，其中，函数依赖是规范化理论的基础。

4.2　函　数　依　赖

函数依赖（Functional Dependency）是数据依赖的一种。数据依赖是指一个关系中属性值之间的相互联系，是现实世界属性间相互联系的体现，是数据之间的内在性质，也是语义的体现。现在已经提出了多种类型的数据依赖，其中最重要的是函数依赖和多值依赖。函数依赖是关系规范化的理论基础。

4.2.1　函数依赖的定义

定义 4.1　设 R(U)是一个关系模式，U 是 R 的属性集合，X 和 Y 是 U 的子集。如果对于 R(U)的任意一个可能的关系 r，t、s 是 r 中的任意两个元组，由 t[X]=s[X]可以得到 t[Y]=s[Y]，则称 X 函数决定 Y 或 Y 函数依赖于 X，记作 X→Y。

定义中 t[X]、t[Y]分别是元组 t 在属性集 X、Y 上的分量；s[X]、s[Y]分别是元组 s 在 X、Y 上的分量。由定义可知，如果元组 t 与元组 s 在 X 上的分量相等，则 t、s 在 Y 上的分量也相等，则称 X、Y 间存在函数依赖关系，X 属性集函数决定 Y 属性集。

对于函数依赖的讨论，有如下一些相关的概念。

（1）如果 X→Y，且 Y⊆X，则称 X→Y 是平凡的函数依赖。

（2）如果 X→Y，但 Y⊄X，则称 X→Y 是非平凡的函数依赖。

注意： 在任一关系模式中，平凡的函数依赖都是必然成立的，其自身语义不言自明且不含其他语义。下面的讨论如果没有特别说明，均是讨论非平凡的函数依赖。

（3）如果 X→Y，则称 X 为决定因素（Determinant），Y 为依赖因素（Dependent）。

（4）如果 X→Y 且 Y→X，则记作 X⟷Y。

（5）如果 Y 不函数依赖于 X，则记作 X↛Y。

需要注意的是，函数依赖不是指关系模式 R 的某个或某些关系满足的约束条件，而是指 R 的一切关系均要满足的约束条件。

4.2.2　完全函数依赖和部分函数依赖

定义 4.2　在关系模式 R(U)中，U 是 R 的属性集合，X 和 Y 是 U 的子集。如果 X→Y，并且对于 X 的任何一个真子集 X′⊂X，都有 X′↛Y，则称 Y 完全函数依赖（Full Functional Dependency）于 X，记作 $X \xrightarrow{f} Y$；若 X→Y，但 Y 不完全函数依赖于 X，则称 Y 部分函数依赖（Partial Functional Dependency）于 X，记作 $X \xrightarrow{p} Y$。

【例 4-2】在关系 SC(Sno, Cno, Cname, Score)中，Sno↛Score 且 Cno↛Score，关系中有(Sno, Cno)$\xrightarrow{f}$Score。而 Cno→Cname，所以(Sno, Cno)$\xrightarrow{p}$Cname。该关系中(Sno, Cno)是候选键。Cno 单独决定 Cname。所以关系中的函数依赖(Sno, Cno)$\xrightarrow{p}$Cno 是部分函数依赖。

由定义及上例可知，当函数依赖中的决定因素是组合属性时，讨论部分函数依赖才有意义；当决定因素是单属性时，该函数依赖是完全函数依赖。

4.2.3　传递函数依赖

定义 4.3　在关系模式 R(U)中，U 是 R 的属性集合，X 和 Y 是 U 的子集。如果 X→Y，Y→Z，且 Y⊄X，Y↛X，则称 Z 传递函数依赖（Transitive Functional Dependency）于 X，记作 X$\xrightarrow{t}$Z；否则称 Z 非传递函数依赖于 X。

传递函数依赖定义中加上条件 Y↛X，是因为如果 Y→X，则 X⟷Y，这实际上是 Z 直接依赖于 X，而不是传递函数依赖。

由函数依赖的定义可知，如果 Z 传递依赖于 X，则 Z 必然函数依赖于 X；如果 Z 传递依赖于 X，说明 Z 是间接依赖于 X，从而表明 X 和 Z 之间的关联较弱，表现出间接的弱函数依赖，因而亦是产生数据冗余的原因之一。

【例 4-3】在关系 S(Sno, Sname, Ssex, Sdept, Dean)中，有函数依赖关系 Sno$\xrightarrow{f}$Sname，Sno$\xrightarrow{f}$Ssex，Sno$\xrightarrow{f}$Sdept，Sdept$\xrightarrow{f}$Dean。由于 Sno$\xrightarrow{f}$Sdept，Sdept$\xrightarrow{f}$Dean，有 Sno$\xrightarrow{t}$Dean。

4.2.4　超键、候选键、主键

第 2 章介绍了键和候选键的概念。在引入了函数依赖的概念后，可以从函数依赖的概念出发定义键。

1. 超键和候选键

定义 4.4　设 K 为 R(U)的属性或属性组合，若 K→U，则 K 为关系 R 的超键（Super Key）。如果 K→U 在 R 上成立，但对 K 的任一真子集 K′⊂K，都有 K′↛U，则称 K 为 R 的候选键（Candidate Key）。

根据定义，超键是可以唯一地标识一个元组的属性或属性集合。超键包含了候选键，但超键含有多余属性，不是候选键。候选键是去掉了多余属性的超键，是最小的超键。超键的超集仍然是超键。超键和候选键都具有唯一性，而候选键具有最小性。

【例 4-4】在关系模式 S(Sno,Sname,Sage,Ssex,BP)中，存在函数依赖关系 Sno→Sname，Sno→Sage，Sno→Ssex，Sno→BP 及 Sno→Sno。关系模式 S 中所有属性都函数依赖于 Sno，即有 Sno→U，Sno 是超键。Sno 是单属性，无多余属性，故 Sno 是候选键。

另外，关系模式 S 中也存在函数依赖关系(Sno, Sname)→U，(Sno, Sname)能够在关系中唯一地标识一个元组，是 S 的一个超键，但它有多余属性，不是候选键。

2. 主键和主属性

候选键多于一个时，从候选键中选择一个作为主键（Primary Key）。主键的选择是任意的。关系模式中包含在任何一个候选码中的属性称为主属性（Prime Attribute），不包含在候选码中的属性称为非主属性（Nonprime Attribute）或非码属性（Non-Key Attribute）。

【例 4-5】在关系模式 SC(Sno, Cno, Score)中，(Sno, Cno)为候选键，其中的属性 Sno、Cno 是主属性，Score 是非主属性（非码属性）。主属性和非主属性的概念在下面规范化问题的讨论中常会用到。

4.3　范式和规范化方法

在关系数据库模式设计中，为了消除由不适当的数据依赖关系引起的数据冗余和操作异常等问题，必须对关系模式进行规范化，规范化的标准就是范式。

范式（Normal Forms，NF）的概念是 E.F.Codd 在 1971 年提出的。1971—1972 年，E.F.Codd 提出了 1NF、2NF 与 3NF。1974 年，Codd 与 Boyce 又共同提出了 BCNF。1976 年，Fagin 提出了 4NF，后来又有人提出了 5NF，这些范式是关系规范化的理论基础。虽然规范化理论中还有新的范式出现，但在这些范式中，最常用是 3NF 和 BCNF，它们是关系规范化的主要目标。

一个质量良好的关系模式必须满足一定的规范化要求，对于不同的规范化程度可用范式来衡量。范式是关系模式需要满足的一系列条件或要求，是衡量关系模式规范化程度的标准，不同程度的条件或要求构成不同的范式。目前主要有 6 种范式：第一范式（1NF）、第二范式（2NF）、第三范式（3NF）、BC 范式（BCNF）、第四范式（4NF）和第五范式（5NF）。范式的级别越高，条件越严格。满足基本规范化要求的关系模式称为第一范式，简称 1NF；在第一范式基础上进一步满足一定要求的范式为第二范式，简称 2NF；其余以此类推。各种范式之间存在如下联系：

$$1NF \supset 2NF \supset 3NF \supset BCNF \supset 4NF \supset 5NF$$

通常把某一关系模式 R 为第 n 范式简记为 $R \in nNF$。

一个满足低级范式的关系模式通过模式分解可以转换为若干个高级范式的关系模式的集合，这个过程称为关系模式的规范化。

4.3.1　第一范式（1NF）

定义 4.5　如果关系模式 R 的每个属性都是不可分解的基本数据项，则称 R 属于第一范式，记为 $R \in 1NF$。

在第 2 章中讨论过关系的性质，其中就要求关系模式的所有属性是不可再分的基本数据项，满足这一要求的关系模式被称为规范化的关系模式。一个关系模式至少应是第一范式，不满足第一范式要求的数据库模式不能称为关系数据库模式。

如表 4-2 所示的关系模式是一个非规范化的关系模式，因为表中的数据项"高级职称人数"不是基本的数据项，它是由两个基本数据项组成的复合数据项。将非第一范式的关系模式转换成满足第一范式的关系模式，只需将所有数据项都分解为不可再分的最小数据项即可。由表 4-2 转换后的满足第一范式的表如表 4-3 所示。

表 4-2　非第一范式的表

学 院 名 称	高级职称人数	
	教　　授	副　教　授
信电学院	3	15
管理学院	5	26
外语学院	3	12

表 4-3　满足第一范式的表

学 院 名 称	教 授 人 数	副教授人数
信电学院	3	15
管理学院	5	26
外语学院	3	12

4.3.2　第二范式（2NF）

定义 4.6　如果关系模式 $R \in 1NF$，且每个非主属性都完全函数依赖于候选键，则称 R 属于第二范式，记为 $R \in 2NF$。

为了简化讨论，下面都假定关系模式只有一个候选键。

【例 4-6】对于关系模式 S(Sno, Sname, Ssex, Sdept, Dean, Cno, Cname, Score)，候选键为 (Sno,Cno)。由于存在非主属性姓名（Sname）、性别（Ssex）、课程名（Cname）部分函数依赖于(Sno,Cno)，因此 S 不属于 2NF。

由定义可以推知，如果某个 1NF 关系的唯一候选键是单属性的或关系的全体属性均为主属性，那么这个关系一定属于 2NF。如果主键是由多个属性共同构成的复合主键，并且存在非主属性对主属性的部分函数依赖，则这个关系就不是 2NF。

不满足 2NF 的关系模式存在冗余及操作异常，需要进一步规范化。可以通过模式分解将非 2NF 的关系模式分解为多个满足 2NF 的关系模式。分解步骤如下。

（1）首先用组成主键的属性集合的每个子集作为主键构成一个关系，对于关系 S 分解为如下 3 个子关系：

S1(Sno, …)，Sno 为主键

S2(Cno, …)，Cno 为主键

S3(Sno, Cno, …)，(Sno, Cno)为主键

（2）对于每个子关系，将依赖于此主键的属性放置到此关系中，则有如下关系：

S1(Sno, Sname, Ssex, Sdept, Dean)，Sno 为主键

S2(Cno, Cname)，Cno 为主键

S3(Sno, Cno, Score)，(Sno, Cno)为主键

模式分解后，消除了原关系 S 中的部分函数依赖，即 S1、S2、S3 这 3 个关系模式都不存在部分函数依赖，S1、S2、S3 都属于 2NF。下面来分析一下 S1 存在的问题。

（1）数据冗余。每个学院都有多名学生，都要存储学院名和院长名，会出现数据冗余。

（2）插入异常。学院刚成立，无在校学生，无法插入该学院信息。

（3）删除异常。假设某学院的全部学生都毕业了，则该学院的信息也会丢失。

（4）修改复杂。若某学院更换了院长，需要修改所有学生的 Dean 属性值。

由此可见，满足第二范式的关系模式仍然可能出现数据冗余和操作异常。这是因为第二范式没有排除传递函数依赖。因此，还需要对满足第二范式的关系模式进行进一步分解。

4.3.3　第三范式（3NF）

定义 4.7　如果关系模式 R∈2NF，且所有非主属性都不传递函数依赖于任何候选键，则 R∈3NF。

在例 4-6 中，分解后的关系模式 S1 存在传递函数依赖 Sno $\xrightarrow{t}$ Dean，所以 S1 不属于 3NF。

【例 4-7】分解例 4-6 中的学生关系 S1，使其满足 3NF 的要求。

将关系 S1(Sno, Sname, Ssex, Sdept, Dean)进一步分解，消除传递依赖。分解步骤如下。

（1）对于不是候选键的每个决定因素，从关系中删除依赖它的所有属性。

在关系 S1 中，学院（Sdept）不是候选键，但却是决定因素，从关系 S1 中删除依赖它的属性院长（Dean），得到新的关系 S11(Sno, Sname, Ssex, Sdept)。

（2）新建一个关系，该关系中包含原关系中不是候选键的决定因素以及所有依赖该决定因素的属性，并将决定因素作为该关系的主键。对于关系 S1，新建的关系为 S12(Sdept, Dean)，主键为 Sdept。

关系 S1 分解后消除了传递函数依赖，因此 S11 和 S12 都满足 3NF。

由于 3NF 关系模式中不存在非主属性对主键的部分依赖和传递依赖，因而在很大程度上消除了数据冗余和操作异常，因此在通常的数据库设计中，一般要求达到 3NF。

4.3.4　BCNF

3NF 只是规定了非主属性对键的依赖关系，而没有限制主属性对键的依赖关系。若存在主属性对键的部分函数依赖和传递函数依赖关系，同样会出现数据冗余、插入异常、删除异常以及修改异常问题。

【例 4-8】假设有关系 CSC(City, Street, Code)，其中各属性分别代表城市、街道和邮政编码，其语义为：城市和街道可以决定邮政编码，邮政编码可以决定城市。因此有如下关系：

$$(City, Street)\rightarrow Code，\quad Code\rightarrow City$$

其候选键为(City, Street)和(Code, Street)，此关系模式中不存在非主属性，故 CSC∈3NF。

现在分析一下此关系模式存在的问题。假设取(City, Street)为主键，则当插入数据时，如果没有街道信息，则一个邮政编码所属城市这样的信息就无法保存到数据库中，因为 Street 不能为空。由此可见，即使是满足 3NF 的表，也有可能存在异常。

在 3NF 关系模式中存在异常的原因主要是 3NF 并没有排除主属性对候选键的部分依赖和传递依赖。如在此例中，Code→City，Code 是决定因素，但不是候选键。CSC 中存在主属性 City 对候选键(Code, Street)的部分依赖。在此情况下产生了 BCNF。

1974 年，Boyce 和 Codd 等人从另一个角度研究了范式，发现函数依赖中的决定因素和键之间的联系与范式有关，从而创立了另一种第三范式，称为 Boyce-Codd 范式，简称 BCNF，但其条件比 3NF 更苛刻。通常认为 BCNF 是修正的第三范式。

定义 4.8　设关系模式 R∈1NF，如果对于 R 的任意一个函数依赖 X→Y，X 必为候选键，则 R∈BCNF。

也可以说，每个决定属性集（因素）都包含（候选）码。

由 BCNF 的定义可知，BCNF 的关系模式具有如下 3 个性质。

（1）所有非主属性都完全函数依赖于每个候选键。

（2）所有主属性都完全函数依赖于每个不包含它的候选键。

（3）没有任何属性完全函数依赖于非候选键的任何一组属性。

如果 R∈BCNF，按定义排除了任何属性对候选键的部分依赖与传递依赖，所以 R∈3NF。但是若 R∈3NF，则 R 未必属于 BCNF，二者关系如下：

$$R∈BCNF \underset{不必要}{\overset{充　要}{\longleftrightarrow}} R∈3NF$$

【例 4-9】 分析关系模式 T(Tno, Tname, Tsex)，其中各属性分别代表教师工号、姓名、性别。

T 只有一个主键 Tno，没有任何属性对 Tno 部分依赖或传递依赖，所以 T∈3NF。同时 Tno 是 T 中唯一的决定因素，所以 T∈BCNF。

【例 4-10】 分析关系模式 STC(S, T, C)，其中 S 表示学生，T 表示教师，C 表示课程。每位教师只教授一门课程。

每门课程有若干教师，某一学生选定某门课程，就对应一个固定的教师。由语义可得到如下函数依赖，如图 4-1 所示。

(S,C)→T，(S,T)→C，T→C

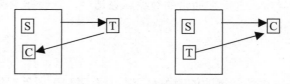

图 4-1　STC 中的函数依赖关系图

该关系模式中，(S,C)和(S,T)都是候选键。

因为没有任何非主属性部分依赖和传递依赖于候选键，所以 STC∈3NF。但 STC 不是 BCNF 关系，因为 T 是决定因素，但它不是候选键。

STC 可以分解为 ST(S,T)与 TC(T,C)，它们都是 BCNF。

3NF 和 BCNF 是对以函数依赖为基础的关系模式规范化程度的衡量标准。

如果一个关系数据库中的所有关系模式都属于 BCNF，那么在函数依赖范畴内，它已实现了模式的彻底分解，达到了最高的规范化程度，消除了插入异常和删除异常问题。

至此，分别讨论了 1NF、2NF、3NF 和 BCNF，其中 1NF 是关系模式所隐含的，2NF 只具有历史意义，最重要、应用最广泛的是 BCNF 和 3NF，因为它们能满足一般应用的数据处理需求。

4.3.5　多值依赖与第四范式

当完全在函数依赖范畴内讨论关系模式的规范式问题时，只考虑了函数依赖这一种数据依赖，关系数据库中的关系模式能达到 BCNF 即已达到最高规范化程度了。但是如果考虑其他数据依赖（如多值依赖），会发现满足 BCNF 的关系模式仍可能存在问题。

1. 多值依赖

定义 4.9　设有关系模式 R(U)，X、Y、Z 是 U 的子集，且 Z=U-X-Y。当且仅当 R 的任一关系 r 在(X, Z)上的每一个值对应一组 Y 的值，这组值仅仅决定于 X 值而与 Z 值无关时，称 Y 多值依赖于 X，记作 X→→Y。

如果 X→→Y，但 Z=U-X-Y=Φ，则称 X→→Y 为平凡的多值依赖，否则为非平凡的多值依赖。

【例 4-11】 设某大学中某一门课程由多名教师讲授，他们使用同一套参考书。每名教师可以讲授多门课程，每本参考书可以供多门课程使用。用关系模式 Teach(C,T,B)表示，其中 C 表示课程，T 表示教师，B 表示参考书。表 4-4 表示了关系模式 Teach 的一个关系实例。

表 4-4　关系模式 Teach 的一个关系实例

课程（C）	教师（T）	参考书（B）
数据库原理及应用	周晓明	数据库系统概论
数据库原理及应用	周晓明	SQL Server 2000
数据库原理及应用	周晓明	离散数学
数据库原理及应用	程羽姗	数据库系统概论
数据库原理及应用	程羽姗	SQL Server 2000
数据库原理及应用	程羽姗	离散数学
数据结构与算法	程羽姗	数据结构与算法
数据结构与算法	程羽姗	数据结构
数据结构与算法	程羽姗	离散数学
数据结构与算法	王宏伟	数据结构与算法
数据结构与算法	王宏伟	数据结构
数据结构与算法	王宏伟	离散数学

关系模式 Teach 具有唯一的候选键(C,T,B)，Teach∈BCNF。但关系模式 Teach 存在一些问题。

（1）数据冗余。

（2）当某一门课程（如数据结构与算法）增加一名教师时，需要插入多个元组，增加了插入操作的复杂性。

（3）当某门课程根据需要去掉一本参考书时，也要去掉多个元组，删除操作复杂。

经过分析可以发现，在关系模式 Teach 中，每个(C,B)上的值对应一组 T 值，而且这种对应与 B 无关。如与(C,B)对应的两个元组(数据库原理与应用,数据库系统概论)和(数据库原理与应用,离散数学)在 B 属性上的值不同，但它们对应同一组 T 值{周晓明,程羽姗}，由此得出 T 多值依赖于 C，即 C→→T。也就是关系模式 Teach 中存在的这种多值依赖的数据依赖关系造成了上述问题的存在。

多值依赖具有以下性质。

（1）替代性。若 X→Y，则 X→→Y，即 X→Y 是 X→→Y 的特例。

（2）对称性。若 X→→Y，则 X→→U-X-Y。

（3）传递性。若 X→→Y，Y→→Z，则 X→→Z-Y。

（4）合并性。若 X→→Y，X→→Z，则 X→→YZ。

（5）若 X→→Y，X→→Z，则 X→→Y∩Z。

（6）若 X→→Y，X→→Z，则 X→→Y-Z，X→→Z-Y。

2. 第四范式（4NF）

定义 4.10　关系模式 R∈1NF，如果对于 R 的每个非平凡多值依赖 X→→Y（Y⊄X），X 都含有候选键，则称 R 属于第四范式，记为 R∈4NF。

由 4NF 的定义可知，4NF 限制了关系模式的属性之间不允许出现非平凡且非函数依赖的多值依赖。因为对于每一个非平凡的多值依赖 X→→Y，X 都含有候选键，所以 X→Y，故 4NF 所允许的非平凡的多值依赖实际上就是函数依赖。

如果一个关系模式满足 BCNF，但不是 4NF，这样的关系模式仍然可能存在问题，还需要继续规范化使其达到 4NF。

如果一个关系模式满足 4NF，则它一定满足 BCNF；反之不然。

在例 4-11 的关系模式 Teach 中，主键是(C,T,B)，即全键。C→→T，C→→B，它们都是非平凡的多值依赖，但 C 不是候选键，所以 Teach 不属于 4NF。将 Teach 分解为 T(C,T)和 B(C,B)，虽然存在 C→→T，C→→B，但它们是平凡的多值依赖，所以 T∈4NF，B∈4NF，这样关系模式 Teach 存在的问题得到了较好的解决，如表 4-5 和表 4-6 所示。

表 4-5　关系 T

课程（C）	教师（T）	课程（C）	教师（T）
数据库原理及应用	周晓明	数据结构与算法	程羽姗
数据库原理及应用	程羽姗	数据结构与算法	王宏伟

表 4-6　关系 B

课程（C）	参考书（B）	课程（C）	参考书（B）
数据库原理及应用	数据库系统概论	数据结构与算法	数据结构与算法
数据库原理及应用	SQL Server 2000	数据结构与算法	数据结构
数据库原理及应用	离散数学	数据结构与算法	离散数学

函数依赖和多值依赖是两种最重要的数据依赖。如果只考虑函数依赖，则属于 BCNF 的关系模式规范化程度是最高的；如果考虑多值依赖，则属于 4NF 的关系模式规范化程度是最高的。实际上，数据依赖中除函数依赖和多值依赖之外，还有其他数据依赖，如连接依赖。函数依赖是多值依赖的一种特殊情况，而多值依赖实际上又是连接依赖的一种特殊情况。但连接依赖不像函数依赖和多值依赖可由语义直接导出，而是在关系的连接运算时反映出来。存在连接依赖的关系模式仍然可能存在数据冗余、操作异常等问题。如果消除了属于 4NF 的关系模式中存在的连接依赖，则可以进一步达到满足 5NF 的关系模式。

☞ **知识拓展**

第　五　范　式

4.3.6　关系模式的规范化

在关系数据库中，对关系模式的基本要求是满足 1NF，这样的关系模式就是规范化的。从前面的讨论可知，满足 1NF 的关系模式可能存在数据冗余和操作异常等问题，需要进一步规范化。规范化的目的就是使关系模式结构合理，消除存储异常，使数据冗余尽量小，便于插入、删除和更新。

规范化的基本思想是逐步消除不合适的数据依赖，使原模式中的各关系模式达到某种程度的分离，实现"一事一地"的模式设计原则，使得一个关系只描述一个概念、一个实体或实体间的一种联系，若多于一个概念就把它分离出去。因此，规范化实质上是概念的单一化。

一个关系模式的规范化过程如图 4-2 所示。

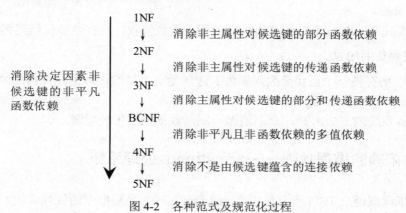

图 4-2　各种范式及规范化过程

关系模式的规范化过程是通过对关系模式的分解实现的，即把低一级的关系模式分解为若干个高一级的关系模式的集合（这种分解不是唯一的）。

一般情况下，规范化程度过低的关系可能会存在数据冗余和操作异常等问题，需要对其进行规范化，转化成较高级别的范式。但这并不意味着规范化程度越高，关系模式就一定越好。因为对分解的关系进行一些复杂的查询操作时，必须对这些关系进行连接，而连接操作所需的系统资源和开销是比较大的，这就增加了查询运算的代价（在原来的单个关系中，只需要进行单个关系上的选择和投影运算即可）。所以，在设计数据库模式时，数据库设计人员必须对现实世界的实际情况和用户需求做进一步分析，确定一个合适的、能够反映现实世界的模式。也就是说，数据库设计人员可以根据问题的实际情况和用户需求，在规范化步骤中的任何一步终止。

4.4　数据依赖的公理系统

关系模式的规范化通常要对关系模式进行分解。模式分解算法的理论基础是函数依赖的公理系统。函数依赖的公理系统是指 Armstrong 在 1974 年提出的一组函数依赖的推理规则，这组推理规则被称为 Armstrong 公理。通过这些推理规则，可以从给定的函数依赖中推出新的函数依赖。

本节先从函数依赖逻辑蕴含及函数依赖集闭包的概念出发，在 Armstrong 推理规则的基础上，介绍根据 Armstrong 公理的推理规则计算属性闭包的算法，并引出候选键的计算方法及最小函数依赖集。

4.4.1　函数依赖的逻辑蕴含与函数依赖集的闭包

1. 函数依赖的逻辑蕴含

定义 4.11　对于满足一组函数依赖 F 的关系模式 R(U,F)，其任何一个关系 r，若函数依赖 X→Y 都成立，则称 F 逻辑蕴含 X→Y。

例如，关系模式 S 中存在函数依赖 Sno→(Sname, Sage)，其中蕴含两个函数依赖：Sno→Sname，Sno→Sage。

对于关系模式 R(U,F)，考虑到 F 所蕴含的所有函数依赖，就有函数依赖集闭包的概念。

2. 函数依赖集的闭包

定义 4.12　所有被一个已知函数依赖集 F 逻辑蕴含的函数依赖的全体构成的集合称为 F 的闭包（Closure），记为 F^+。

为了用一套系统的方法求 F^+，必须遵循一组函数依赖的推理规则。

4.4.2　函数依赖的推理规则——Armstrong 公理系统

函数依赖推理规则是 1974 年首先由 Armstrong 在《关系数据库的依赖结构》一文中提出的，根据这套规则，可以由给定的函数依赖集 F 推出 F 蕴含的所有函数依赖。

在下面的讨论中，为了简便起见，对属性集 X 与属性集 Y，用 XY 表示 X 与 Y 的并。

1. Armstrong 公理系统（Armstrong's Axiom）

对于关系模式 R(U,F)，X、Y、Z 是 U 的子集，F 是 U 上的一组函数依赖。对 R(U, F)有以下推理规则。

（1）A1：自反律。

如果 Y⊆X，则 X→Y。

注意：自反律给出的正是平凡函数依赖的定义，自反律得到的函数依赖是平凡的函数依赖，自反律的使用并不依赖于 F。

（2）A2：增广律。

如果 Z⊆U 且 X→Y，则 XZ→YZ。

（3）A3：传递律。

如果 X→Y 且 Y→Z，则 X→Z。

以上 3 条规则都是独立的。3 条规则都可以从函数依赖的定义得到证明。该公理是完备的，即给定一个函数依赖集 F，该函数依赖集所蕴含的所有函数依赖都可以从 F 中利用这些规则导出。并且，该公理是有效的，即所有不是 F 所蕴含的函数依赖都不能利用这些规则从

F 中导出。所以，利用 Armstrong 公理系统，可以计算 F 的闭包 F⁺。3 条规则的证明及公理的完备性及有效性证明将在 4.4.5 节介绍。

定理 4.1　Armstrong 公理的推理规则是正确的。也就是说，如果 X→Y 是根据推理规则从 F 中导出的，则 X→Y 在 F⁺中。

2．其他推理规则

由 3 条独立推理规则，可得到 3 条推论（可作为定理使用），但它们不是独立的。

推论 1：合并规则。

若 X→Y，X→Z，有 X→YZ。

证明：由 X→Y，可知 X→XY（增广律）；由 X→Z，可知 XY→YZ（增广律），所以 X→YZ（传递律）。

推论 2：分解规则。

若 X→Y，Z⊆Y，有 X→Z。

证明：由 Z⊆Y，可知 Y→Z（自反律），又因为 X→Y，所以 X→Z（传递律）。

推论 3：伪传递规则。

若 X→Y，WY→Z，有 XW→Z。

证明：由 X→Y，得到 WX→WY（增广律），又因为 WY→Z，所以有 XW→Z（传递律）。

【例 4-12】设有关系模式 R(A,B,C,D,E)及其上的函数依赖集 F={AB→CD,A→B,D→E}，求证 F 必蕴含 A→E。

证明：∵A→B　　　　（已知）

∴A→AB　　　　（增广律）

∵AB→CD　　　（已知）

∴A→CD　　　　（传递律）

∴A→C，A→D　（分解规则）

∵D→E　　　　（已知）

∴A→E　　　　（传递律）

证毕。

根据分解规则和合并规则，还可以得到下面的一个重要引理。

引理 4.1　X→A₁A₂…Aₖ 成立的充分必要条件是 X→Aᵢ 成立（i=1,2,…,k）。

4.4.3　属性集的闭包及其算法

从理论上讲，对于给定的函数依赖集 F，只要反复使用 Armstrong 公理系统给出的推理规则，直到不能再产生新的函数依赖，就可以算出 F 的闭包。但在实际应用中，这种方法不但效率低，而且还会产生大量无意义的或者意义不大的函数依赖。由于人们感兴趣的只是 F 的闭包的某个子集，因此实际过程几乎没有必要算出 F 的闭包自身。为了解决这个问题，引入了属性集闭包的概念。

1．属性集闭包

定义 4.13　设有关系模式 R(U)，F 为属性集 U 上的一组函数依赖，X 包含于 U，定义

$X_F^+=\{A|X\rightarrow A$ 能由 F 根据 Armstrong 公理导出$\}$，X_F^+ 称为属性集 X 关于函数依赖集 F 的闭包。

2．F 逻辑蕴含的充要条件

定理 4.2　设 F 为属性集 U 上的一组函数依赖，X、$Y\subseteq U$，$X\rightarrow Y$ 能由 F 根据 Armstrong 公理导出的充分必要条件是 $Y\subseteq X_F^+$。

于是，判定 $X\rightarrow Y$ 是否能由 F 根据 Armstrong 公理导出的问题就转化为求 X_F^+，并判定 Y 是否包含于 X_F^+ 的问题。该问题可由算法 4.1 解决。

3．求属性集闭包算法

算法 4.1　求属性集 X（$X\subseteq U$）关于 U 上的函数依赖集 F 的闭包 X_F^+。

输入：属性全集 U、U 上的函数依赖集 F 以及属性集 $X\subseteq U$。

输出：X 关于 F 的闭包 X_F^+。

方法：根据下列步骤计算一系列属性集合 $X^{(0)},X^{(1)},\cdots$

（1）令 $X^{(0)}=X$，$i=0$。

（2）令 $X^{(i+1)}=X^{(i)}\cup B$。

其中，$B=\{A|(\forall V)(\forall W)(V\rightarrow W\in F\wedge V\subseteq X^{(i)}\wedge A\in W)\}$，即 B 是这样的集合：在 F 中寻找满足条件 $V\subseteq X^{(i)}$ 的所有函数依赖 $V\rightarrow W$，并记属性 W 的并集为 B。

（3）判断 $X^{(i+1)}$ 是否等于 $X^{(i)}$。

（4）若 $X^{(i+1)}\neq X^{(i)}$，则用 $i+1$ 取代 i，返回第（2）步。

（5）若 $X^{(i+1)}=X^{(i)}$，则 $X^{(i)}$ 即为 X_F^+，算法终止。

该算法中的 U、X 和 F 都是有限集，它们的任何子集也是有限集；另外，算法每一步的中间结果均满足 $X^{(i)}\subseteq U$，$B\subseteq U$，从而 $X^{(i)}$ 不可能无限扩大，即计算过程是有限的，经过有限次循环后，一定有 $X^{(i)}=X^{(i+1)}=X^{(i+2)}=\cdots$。

【例 4-13】设 $F=\{$ $AB\rightarrow C,C\rightarrow A,BC\rightarrow D,ACD\rightarrow B,D\rightarrow EG,BE\rightarrow C,CG\rightarrow BD,CE\rightarrow AG\}$，令 $X=BD$，求 X_F^+。

解：（1）$X_F^{(0)}=X=BD$。

（2）在 F 中找所有满足条件 $V\subseteq X_F^{(0)}=BD$ 的函数依赖 $V\rightarrow W$，结果为 $D\rightarrow EG$，则 $B=EG$，于是 $X_F^{(1)}=X_F^{(0)}B=BDEG$。

（3）判断是否满足 $X_F^{(i+1)}=X_F^{(i)}$ 条件，显然 $X_F^{(1)}\neq X_F^{(0)}$。

（4）在 F 中找所有满足条件 $V\subseteq X_F^{(1)}=BDEG$ 的函数依赖 $V\rightarrow W$，结果为 $BE\rightarrow C$，于是 $B=C$，则 $X_F^{(2)}=X_F^{(1)}B=BCDEG$。

（5）判断是否满足 $X_F^{(i+1)}=X_F^{(i)}$ 条件，显然 $X_F^{(2)}\neq X_F^{(1)}$。

（6）在 F 中找所有满足条件 $V\subseteq X_F^{(2)}=BCDEG$ 的函数依赖 $V\rightarrow W$，结果为 $C\rightarrow A$，$BC\rightarrow D$，$CG\rightarrow BD$，$CE\rightarrow AG$，则 $B=ABDG$，于是 $X_F^{(3)}=X_F^{(2)}B=ABCDEG$。

（7）判断是否满足 $X_F^{(i+1)}=X_F^{(i)}$ 条件，这时虽然 $X_F^{(3)}\neq X_F^{(2)}$，但 $X_F^{(3)}$ 已经包含了全部属性，所以不必再继续计算下去。若继续计算，必有 $X_F^{(4)}=X_F^{(3)}$。

最后，$X_F^+=(BD)_F^+=\{ABCDEG\}$。

4.4.4　候选键的计算

前面曾给出候选键的定义。可以用函数集闭包的概念描述候选键：对于关系模式 R(U,F)，X 是 U 的子集，如果 X→U，即 U 是 X^+ 的子集，则称 X 为 R 的一个超键，若 X′是 X 的任一真子集，而 U 不是 X'^+ 的子集，则 X 是 R 的候选键。

在属性闭包算法的基础上，可以从已知关系模式 R(U,F)计算 R 的候选键，方法如下。对于关系模式 R(U,F)，属性集合 U 中的属性可以分为 4 类。

（1）L 类：仅出现在 F 中的函数依赖左边的属性。

（2）R 类：仅出现在 F 中的函数依赖右边的属性。

（3）N 类：F 中的函数依赖左右两边都未出现的属性。

（4）LR 类：F 中的函数依赖两边都出现过的属性。

在此属性分类的基础上，给出关于属性分类的定理。

定理 4.3　对于给定的关系模式 R 及函数依赖集 F，有如下结论。

（1）X⊆U 是 L 类属性，则 X 必定是 R 的某个候选键的成员。

（2）X⊆U 是 L 类属性，并且 X^+ 包含了 U，则 X 必定是 R 的唯一候选键。

（3）X⊆U 是 L 类属性，则 X 不在任何候选键中。

（4）X⊆U 是 L 类属性，则 X 包含在 R 的任一个候选键中。

（5）X⊆U 是 L 类属性性组成的属性集合，且 X^+ 包含了 U，则 X 是 R 的唯一候选键。

【例 4-14】 设有关系模式 R(A,B,C,D)，函数依赖集 F={D→B,B→D,AD→B,AC→D}，求 R 的所有候选键。

在 F 中，A、C 属性是 L 类，B、D 属性是 LR 类。A、C 属性必在 R 的候选键中。而 $(AC)^+$=ABCD，包含了 R 的全部属性，且 U 不在 A^+、C^+ 中。故 AC 是 R 的唯一候选键。

算法 4.2　候选键算法。

输入：关系模式 R、属性集 U 及函数依赖集 F。

输出：关系模式 R 的所有候选键。

（1）由 F，将 R 的所有属性分为 L、R、N 和 LR 类，并用 X 代表 L 类和 N 类，Y 代表 LR 类属性。

（2）求 X^+，若 X^+ 包含了 R 的全部属性，则 X 为 R 的唯一候选键，转（5）；否则转（3）。

（3）在 Y 中取一个属性 A，求$(XA)^+$，若包含了 R 的全部属性，则转（4）；否则，换一个属性重复这一过程，直到试完所有 Y 中的属性。

（4）如果已经找到所有的候选键，则转（5）；否则在 Y 中依次取 2 个属性、3 个属性……，求它们的闭包，直到其闭包包含 R 的所有属性。

（5）停止，输出结果。

【例 4-15】 设有关系模式 R(A,B,C,D,E)，函数依赖集 F={A→BC,CD→E,B→D,E→A}，求 R 的所有候选键。

解：R 中所有属性都是 LR 类属性，没有 L、R、N 类属性。

根据算法 4.2，需要从 LR 类中依次取出一个属性并分别求它们的闭包：A^+=ABCDE，B^+=BD，C^+=C，D^+=D，E^+=ABCDE。A^+ 及 E^+ 都包含了 R 的全部属性，A、E 分别是 R 的候

选键。

下面再从 B、C、D 中取两个属性的集合计算闭包：$(BC)^+=ABCDE$，$(CD)^+=ABCDE$，$(BD)^+=BD$。$(BC)^+$ 和 $(CD)^+$ 都包含了 R 的全部属性，属性集 BC 和 CD 也分别是 R 的候选键。至此，R 中不可能存在其他的候选键了，所以 R 的候选键为 A、E、BC、CD。

4.4.5　函数依赖推理规则的完备性

定理 4.4　Armstrong 公理系统是正确的、完备的。

1．正确性证明

1）正确性的概念

Armstrong 公理系统是正确的。

2）证明

要证明 Armstrong 公理系统是正确的，只要证明规则 A1、A2、A3 是正确的即可。

（1）自反律（A1）是正确的。

证明：设 $Y \subseteq X \subseteq U$，对 R(U,F) 的任一关系 r 中的任意两个元组 t、s 有：若 $t[X]=s[X]$，由于 $Y \subseteq X$，有 $t[Y]=s[Y]$，所以 $X \rightarrow Y$ 成立，自反律得证。

（2）增广律（A2）是正确的。

证明：设 $X \rightarrow Y$ 为 F 所蕴含，且 $Z \subseteq U$，设 R(U,F) 的任一关系 r 中任意的两个元组 t、s 有：若 $t[XZ]=s[XZ]$，则有 $t[X]=s[X]$ 和 $t[Z]=s[Z]$；由于 $X \rightarrow Y$，有 $t[Y]=s[Y]$，于是 $t[YZ]=s[YZ]$，所以 $XZ \rightarrow YZ$ 为 F 所蕴含，增广律得证。

（3）传递律（A3）是正确的。

证明：设 $X \rightarrow Y$ 及 $Y \rightarrow Z$ 为 F 所蕴含，对 R(U,F) 的任一关系 r 中的任意两个元组 t、s 有：若 $t[X]=s[X]$，由于 $X \rightarrow Y$，有 $t[Y]=s[Y]$；再由于 $Y \rightarrow Z$，有 $t[Z]=s[Z]$，所以 $X \rightarrow Z$ 为 F 所蕴含，传递律得证。

2．完备性证明

1）完备性的概念

F^+ 中的每一个函数依赖，必定可以由 F 出发，根据 Armstrong 公理推导出来。即若 $X \rightarrow Y$ 属于 F^+，则 $X \rightarrow Y$ 必定可以由 F 出发，根据 Armstrong 公理推导出来。

2）证明

证明完备性的逆否命题，即若函数依赖 $X \rightarrow Y$ 不能由 F 从 Armstrong 公理导出，那么它必然不为 F 所蕴含，其证明分 3 步。

（1）若 $V \rightarrow W$ 成立，且 $V \subseteq X_F^+$，则 $W \subseteq X_F^+$。

证明：因 $V \subseteq X_F^+$，所以 $X \rightarrow V$ 成立；于是 $X \rightarrow W$ 成立（因为 $X \rightarrow V$，$V \rightarrow W$），所以 $W \subseteq X_F^+$。

（2）构成一张二维表 r，它由图 4-3 所示的两个元组构成，可以证明 r 必是 R(U,F) 的一个关系，即 F 中的全部函数依赖在 r 上成立。

r	X_F^+	$U-X_F^+$
t 1	1 1 1…1	1 1 1…1
t 2	1 1 1…1	0 0 0…0

图 4-3　二维表 r 及其元组

若 r 不是 R(U,F)的关系，则必是由 F 中有函数依赖 V→W 在 r 上不成立所致。由 r 的构成可知，V 必定是 X_F^+ 的子集，而 W 不是 X_F^+ 的子集，与第（1）步矛盾，所以 r 必是 R(U,F)的一个关系。

（3）若 X→Y 不能由 F 从 Armstrong 公理导出，则 Y 不是 X_F^+ 的子集，因此必有 Y 的子集 Y′满足 Y′包含于 $U-X_F^+$，则 X→Y 在 r 中不成立，即 X→Y 必不为 R(U,F)所蕴含。

4.4.6　函数依赖集的等价、覆盖和最小函数依赖集

Armstrong 公理的完备性及有效性说明了导出与蕴含是两个完全等价的概念。于是 F^+ 也可以说成是由 F 出发，借助 Armstrong 公理导出的函数依赖的集合。

从蕴含（或导出）的概念出发，又引出了函数依赖集的等价、覆盖和最小函数依赖集的概念。

1. 函数依赖集的覆盖与等价

定义 4.14　设 F 和 G 是依赖集，如果 $G^+=F^+$，就说函数依赖集 F 覆盖 G（F 是 G 的覆盖，或 G 是 F 的覆盖），或 F 与 G 等价，记为 F=G。

引理 4.2　$F^+=G^+$ 的充分必要条件是 $F⊆G^+$ 和 $G⊆F^+$。

该引理给出了检查两个函数依赖集 F 和 G 是否等价的方法，步骤如下。

（1）检查 F 中的每个函数依赖是否属于 G^+，若全部满足，则 $F⊆G^+$。

例如，若有 X→Y∈F，则计算 X_G^+，如果 $Y⊆X_G^+$，则 $X→Y∈G^+$。

（2）检查是否满足 $G⊆F^+$。

（3）如果 $F⊆G^+$，且 $G⊆F^+$，则 F 与 G 等价。

2. 最小函数依赖集的定义

定义 4.15　如果函数依赖集 F 满足下列条件，则称 F 为一个极小函数依赖集，亦称为最小依赖集或最小覆盖。

（1）F 中任一函数依赖的右部仅含有一个属性。

（2）F 中不存在函数依赖 X→A，使得 F 与 F-{X→A}等价。

（3）F 中不存在函数依赖 X→A，X 有真子集 Z，使得 F-{X→A}∪{Z→A}与 F 等价。

上述 3 个条件的作用分别如下。

（1）条件（1）保证每个函数依赖的右部都不会有重复的属性。

（2）条件（2）保证 F 中没有冗余的函数依赖。

（3）条件（3）保证每个函数依赖的左部没有冗余的属性。

定义 4.16　每一个函数依赖集 F 均等价于一个极小函数依赖集 F_m，此 F_m 称为 F 的最小依赖集。

3．最小函数依赖集的求解算法

算法 4.3 最小函数依赖集求解算法。

下面分 3 步对 F 进行极小化处理，找出其中最小的依赖集。

（1）逐一检查 F 中各函数依赖 FD_i：X→Y，若 $Y=A_1A_2\cdots A_k(k>2)$，则用 $\{X→A_j\,|j=1,2,\cdots,k\}$ 来取代 X→Y。

（2）逐一检查 F 中各函数依赖 FD_i：X→A，令 G=F−{X→A}，若 $A\in X^+_G$，则从 F 中去掉此函数依赖（因为 F 与 G 等价的充要条件是 $A\in X^+_G$）。

（3）逐一取出 F 中各函数依赖 FD_i：X→A，设 $X=B_1B_2\ldots B_m$，逐一考查 B_i（$i=1, 2, \ldots, m$），若 $A\in(X-B_i)_F^+$，则以 $X-B_i$ 取代 X（因为 F 与 F−{X→A}∪{Z→A} 等价的充要条件是 $A\in Z_F^+$，其中 $Z=X-B_i$）。

最后剩下的 F 就一定是极小依赖集，并且与原来的 F 等价。因为对 F 的每一次改造都保证了前后两个函数依赖集等价。这些证明很容易，请读者自行补充。

应当指出，F 的最小依赖集 F_m 不一定是唯一的，它与对各函数依赖 FD_i 及 X→A 中 X 各属性的处置顺序有关。

【例 4-16】 F = {A→B,B→A,B→C,A→C,C→A}，F_{m1}= {A→B,B→C,C→A}，F_{m2}={A→B,B→A,A→C,C→A}，这里给出了 F 的两个最小依赖集 F_{m1} 和 F_{m2}。

若改造后的 F 与原来的 F 相同，那么就说明 F 本身就是一个最小依赖集，因此定义 4.15 的证明给出的极小化过程也可以看成检验 F 是否是极小依赖集的一个算法。

两个关系模式 $R_1(U,F)$ 和 $R_2(U,G)$，如果 F 与 G 等价，那么 R_1 的关系一定是 R_2 的关系。反过来，R_2 的关系也一定是 R_1 的关系。所以在 R(U,F) 中用与 F 等价的依赖集 G 来取代 F 是允许的。

4.5 关系模式的分解

关系模式的规范化是通过对关系模式的分解实现的，但是把低一级的关系模式分解为若干个高一级的关系模式的方法不是唯一的。在这些分解方法中，只有能够保证分解后的关系模式与原关系模式等价的方法才有意义，即分解后没有信息的丢失。

4.5.1 模式分解的定义

定义 4.17 关系模式 R(U,F) 的一个分解是指 ρ = { $R_1(U_1,F_1),R_2(U_2,F_2),\cdots,R_n(U_n,F_n)$ }，其中 $U=U_1\cup U_2\cup\cdots\cup U_n$，并且没有 $U_i\subseteq U_j$（$1\leqslant i,\ j\leqslant n$），$F_i$ 是 F 在 U_i 上的投影，F_i= {X→Y | X→Y∈F^+∧XY $\subseteq U_i$ }。

由定义可以看出，关系模式 R(U,F) 分解后的各个关系模式所含的属性的"并"等于 U，但是对模式分解仅作这一个要求是不够的。一个关系分解为多个关系后，相应地，原来存储在一张二维表中的数据就会分别存储在多张二维表中，要使该分解有意义，则分解后不能丢失原来的信息。

一个模式的分解可以有多种方法，但要使分解后的模式与原来的模式等价，必须满足下述标准之一。

（1）分解要具有无损连接性（这种分解仍然存在插入和删除异常等问题）。

（2）分解要保持函数依赖（这种分解也存在插入和删除异常等问题）。

（3）分解既要保持函数依赖，又要具有无损连接性（最好的分解）。

这是模式分解的 3 种不同的准则。按照不同的分解准则，模式所能达到的分离程度各不相同，各种范式就是对分离程度的测度。

如果一个分解具有无损连接性，则它能够保证不丢失信息；如果一个分解保持了函数依赖，则它可以减轻或解决异常问题。

4.5.2　分解的无损连接性

定义 4.18　设 F 是关系模式 R(U,F) 的函数依赖集。$\rho=\{R_1(U_1,F_1),R_2(U_2,F_2),\cdots,R_k(U_k,F_k)\}$ 是 R(U,F) 的一个分解，$m_\rho(r)=\pi_{R1}(r)\bowtie\pi_{R2}(r)\bowtie\cdots\bowtie\pi_{Rk}(r)$（其中 $\pi_{Ri}(r)=t. U_i | t\in r$），即 $m_\rho(r)$ 是 r 在 ρ 中各关系模式上投影的连接。若对 R(U,F) 的满足 F 的任何一个关系 r 均有 $r=m_\rho(r)$ 成立，则称分解 ρ 具有无损连接性，简称 ρ 为无损连接。

采用上述定义来鉴别一个分解是否具有无损连接性往往比较困难，下面的算法给出一个判别方法。

算法 4.4　判别一个分解的无损连接性。

$\rho = \{R_1(U_1,F_1),R_2(U_2,F_2),\cdots,R_k(U_k,F_k)\}$ 是 R(U,F) 的一个分解，$U = \{A_1,\cdots,A_n\}$，$F = \{FD_1, FD_2,\cdots,FD\rho\}$，设 F 是一个极小函数依赖集，记函数依赖 FD_i 为 $X_i\rightarrow A_{li}$。判别方法如下。

（1）构造一张 n 列 k 行的表格。每列对应一个属性，每行对应分解中的一个关系模式。若属性 A_j 属于 U_i，则在 j 列 i 行交叉处填上 a_j，否则填上 b_{ij}。

（2）对每一个 FD_i 做如下操作：找到 X_i 所对应的列中具有相同符号的行，考查这些行中 li 列的元素，若其中有 a_{li}，则全部改为 a_{li}，否则全部改为 b_{mli}（m 是这些行的行号最小值）。

应当注意的是，若某个 b_{tli} 被更改，那么该表的 li 列中凡是 b_{tli} 的符号（不管它是否为开始找到的那些行）均应做相应的更改。

如在某次更改后，有一行成为 $a_1,a_2,\cdots,a_n$，则算法终止，ρ 具有无损连接性；否则 ρ 不具有无损连接性。

定理 4.5　ρ 为无损连接分解的充分必要条件是算法 4.4 终止时，表中有一行为 $a_1,a_2,\cdots,a_n$。

证明从略。

【例 4-17】 设有 R(U,F)，其中，$U = \{A, B, C, D, E\}$，$F = \{AB\rightarrow C, C\rightarrow D, D\rightarrow E\}$，R 的一个分解为 $R_1(A, B, C)$，$R_2(C, D)$，$R_3(D, E)$，该分解是否具有无损连接性？

解：（1）首先构造一个初始二维表，如表 4-7 所示。

表 4-7　初始二维表

A	B	C	D	E
a_1	a_2	a_3	b_{14}	b_{15}
b_{21}	b_{22}	a_3	a_4	b_{25}
b_{31}	b_{32}	b_{33}	a_4	a_5

（2）对 $AB\rightarrow C$，因各元组的第 1、2 列没有相同的分量，所以表不改变。由 $C\rightarrow D$ 可以把

b_{14} 改为 a_4，再由 D→E 可把 b_{15}、b_{25} 全改为 a_5。最后结果如表 4-8 所示。表中第 1 行成为 a_1, a_2, a_3, a_4, a_5，所以此分解具有无损连接性。

表 4-8　最后结果表

A	B	C	D	E
a_1	a_2	a_3	a_4	a_5
b_{21}	b_{22}	a_3	a_4	a_5
b_{31}	b_{32}	b_{33}	a_4	a_5

4.5.3　分解的保持函数依赖性

定义 4.19　若 $F^+ = \left(\bigcup_{i=1}^{k} F_i\right)^+$，则 R(U,F) 的分解 $\rho = \{R_1(U_1,F_1),R_2(U_2,F_2),\cdots,R_k(U_k,F_k)\}$ 保持函数依赖，简称 ρ 保持函数依赖。

4.5.4　关系模式分解的算法

分解的无损连接性和保持函数依赖是两个相互独立的标准。具有无损连接性的分解不一定保持函数依赖，保持函数依赖的分解不一定具有无损连接性。一个关系模式的分解可能有 3 种情况，规范化理论提供了一套完整的模式分解算法，按照这套算法可以做到以下几个方面。

（1）若要求模式分解保持函数依赖，则模式分离总能达到 3NF，但不一定能达到 BCNF。

（2）若要求分解既保持函数依赖，又具有无损连接性，则模式分离可以达到 3NF，但不一定能达到 BCNF。

（3）若要求分解具有无损连接性，则模式分离一定可以达到 4NF。

算法 4.5　转换为 3NF 的保持函数依赖的分解（合成法）。

输入：关系模式 R 及其最小函数依赖集 F。

输出：R 的保持函数依赖的分解，其中每个关系模式都是关于 F 在其上投影的 3NF。

步骤如下。

（1）对 R(U,F) 中的函数依赖集 F 进行极小化处理（处理后得到的依赖集仍记为 F）。

（2）找出不在 F 中出现的属性，将其构成一个关系模式。把这些属性从 U 中去掉，剩余的属性仍记为 U。

（3）若有 X→A∈F，且 XA=U，则 $\rho = \{R\}$，算法终止。

（4）否则，对 F 按具有相同左部的原则分组（假定分为 k 组），每一组函数依赖 F_i' 所涉及的全部属性形成一个属性集 U_i。若 $U_i \subseteq U_j$（$i \neq j$），则去掉 U_i。

由于经过了第（2）步，故 $U = \bigcup_{i=1}^{k} U_i$，于是 $\rho = \{R_1(U_1,F_1),R_2(U_2,F_2),\cdots,R_k(U_k,F_k)\}$ 构成 R(U,F) 的一个保持函数依赖的分解，并且每个 $R_i(U_i,F_i)$ 均属于 3NF。这里 F_i 是 F 在 U_i 上的投影，并且 F_i 不一定与 F_i' 相等，但 F_i' 一定被 F_i 所包含，因此分解 ρ 保持函数依赖是显然的。

算法 4.6　转换为 3NF 的具有无损连接性且保持函数依赖的分解。

输入：关系模式 R 及其最小函数依赖集 F。

输出：R 的具有无损连接性且保持函数依赖的分解，其中每个关系模式均为 3NF。

步骤如下。

（1）设 X 是 R(U,F)的键。R(U,F)已由算法 4.5 分解为 $\rho=\{R_1(U_1,F_1),R_2(U_2,F_2),\cdots,R_k(U_k,F_k)\}$，令 $\tau=\rho\cup\{R^*(X,F_x)\}$。

（2）若有某个 U_i，$X\subseteq U_i$，则将 $R^*(X,F_x)$ 从 τ 中去掉。

（3）τ 就是所求的分解。算法结束。

算法 4.7　转换为 BCNF 的无损连接分解（分解法）。

输入：关系模式 R 及其函数依赖集 F。

输出：R 的一个无损连接分解，其中每个关系模式都满足 F 在其上投影的 BCNF。

步骤如下。

（1）令 $\rho=\{R(U,F)\}$。

（2）检查 ρ 中的所有模式是否均属于 BCNF。若是，则算法终止。

（3）设 ρ 中 $R_i(U_i,F_i)$ 不属于 BCNF，则必有 $X\to A\in F_i^+$（$A\notin X$），且 X 非 R_i 的键。因此，XA 是 U_i 的真子集。对 R_i 进行分解：$\sigma=\{S_1,S_2\}$，$U_{S_1}=XA$，$U_{S_2}=U_i-\{A\}$，以 σ 代替 $R_i(U_i,F_i)$，返回第（2）步。

由于 U 中属性有限，因而有限次循环后算法 4.7 一定会终止。

该算法是一个自顶向下的算法，自然地形成一棵对 R(U,F)的二叉分解树。需要说明的是，R(U,F)的分解树不一定是唯一的，这与第（3）步中具体选定的 $X\to A$ 有关。

定理 4.6　关系模式 R(U,D)中，D 为 R 中函数依赖 FD 和多值依赖 MVD 的集合，则 $X\to\to Y$ 成立的充分必要条件是 R 的分解 $\rho=\{R_1(XY,F_1),R_2(XZ,F_2)\}$ 具有无损连接性，其中 $Z=U-X-Y$。

算法 4.8　达到 4NF 的具有无损连接性的分解。

首先使用算法 4.7，得到 R 的一个达到 BCNF 的无损连接分解 ρ。然后对某一关系模式 $R_i(U_i,D_i)$，若不属于 4NF，则可按定理 4.5 做法进行分解，直到每一个关系模式都属于 4NF。

4.6　本 章 小 结

本章主要介绍了关系规范化理论的内容，包括函数依赖及相关概念的定义、范式和规范化方法、数据依赖的公理系统、关系模式的分解等。

关系规范化理论是设计没有操作异常的关系数据库模式的基本原则，主要研究关系模式中各属性之间的依赖关系。范式是衡量模式优劣的标准，表达了模式中数据依赖之间应当满足的联系。对于函数依赖，考虑 2NF、3NF 或 BCNF；对于多值依赖，考虑 4NF。

一个数据库模式均包含若干个关系模式，而每个关系模式中都存在若干个函数依赖，每个关系模式的好坏标准是看其是否属于 3NF 和 BCNF。如果一个数据库模式中的任一个关系模式都设计得理想，就是一个好的数据库模式。对于一个不理想的数据库模式，应将其关系模式分解，将低级范式的关系模式转换为若干个高级范式的关系模式的集合，使分解后的子关系模式都属于 3NF 或 BCNF，且分解时应注意保持分解后的关系模式能够具有无损连接性并能保持原有的函数依赖关系。

规范化理论为数据库设计提供了理论指南和工具，目的是指导用户设计没有数据冗余和操作异常的关系模式。对于一般的数据库应用，设计到 3NF 就足够了。并不是规范化程度越高，模式就越好，应结合实际应用环境和现实世界的具体情况，合理地选择数据库模式。

习 题 4

一、单项选择题

1. 规范化的关系模式中，所有属性都必须是（　　）。
   A．相互关联的　　　　　　　　　　B．互不相关的
   C．不可分解的　　　　　　　　　　D．长度可变的
2. 下列关于数据依赖的说法中错误的是（　　）。
   A．函数依赖可以看作一种特殊的多值依赖
   B．多值依赖可以看作一种特殊的连接依赖
   C．函数依赖可以看作一种特殊的连接依赖
   D．连接依赖可以看作一种特殊的多值依赖
3. 关系模式中的主键（　　）。
   A．有且仅有一个　　　　　　　　　B．必然有多个
   C．可以有一个或多个　　　　　　　D．以上都不对
4. 关系模式中的候选键（　　）。
   A．有且仅有一个　　　　　　　　　B．必然有多个
   C．可以有一个或多个　　　　　　　D．以上都不对
5. 关系模式中数据依赖问题的存在可能会导致库中数据插入异常，这是因为（　　）。
   A．插入了不该插入的数据
   B．数据插入后导致数据库处于不一致状态
   C．该插入的数据未被插入
   D．以上都不对
6. 设有关系模式 R，U 为其属性集，X 和 Y 都是 U 的子集，r 为基于 R 的一个关系，则下列说法中正确的是（　　）。
   A．X→Y 是否成立与 r 无关
   B．X→Y 是否成立与 R 无关
   C．设计者可从方便设计的角度出发，对 X→Y 是否成立进行约定
   D．X→Y 是否成立只能由 X 和 Y 的现实意义决定，设计者不能另行约定
7. 对关系模式进行分解时，要求保持函数依赖，最高可以达到（　　）。
   A．1NF　　　　　　B．3NF　　　　　　C．BCNF　　　　D．4NF
8. 下述不是由于关系模式设计不当而引起的是（　　）。
   A．数据冗余　　　　B．丢失修改　　　　C．插入异常　　　D．更新异常

9. 候选关键字中的属性称为（　　　）。

    A. 非主属性　　　　　　B. 主属性　　　　　　C. 复合属性　　　　D. 关键属性

10. 下列（　　　）不是关系数据库设计理论的组成部分。

    A. 数据依赖　　　　　　B. 范式　　　　　　　C. 关系代数　　　　D. 规范化方法

11. 对关系模式进行规范化，主要的理论依据是（　　　）。

    A. 关系数据理论　　　　　　　　　　　　　B. 关系演算理论

    C. 关系代数理论　　　　　　　　　　　　　D. 数理逻辑

12. 若属性 X 函数依赖于属性 Y，则属性 X 与属性 Y 之间具有（　　　）的联系。

    A. 一对一　　　　　　　B. 一对多　　　　　　C. 多对一　　　　D. 多对多

13. 下列说法错误的是（　　　）。

    A. 每个函数依赖集都与一个最小函数依赖集等价

    B. 函数依赖集的等价最小函数依赖集是不唯一的

    C. 两个函数等价的充分必要条件是它们的闭包相等

    D. 若 X→Y 属于某最小函数依赖集，则 X 中必然只含有一个属性

14. 属于第二范式的关系模式，（　　　）。

    A. 可能也属于第一范式　　　　　　　　　B. 必然也属于第一范式

    C. 必然也属于第三范式　　　　　　　　　D. 一定不属于 BC 范式

15. 设关系模式 R 属于第一范式，若在 R 中消除了部分函数依赖，则 R 最高属于（　　　）。

    A. 第一范式　　　　　　　　　　　　　　B. 第二范式

    C. 第三范式　　　　　　　　　　　　　　D. 第四范式

16. 设关系模式 R 属于 BC 范式，若消除 R 中的（　　　），可将 R 规范化到第四范式。

    A. 非主属性对候选关键字的传递函数依赖

    B. 主属性对候选关键字的传递函数依赖

    C. 主属性对候选关键字的部分函数依赖

    D. 不能归入函数依赖的非平凡多值依赖

17. 若要彻底消除插入异常和删除异常，关系模式最低要属于（　　　）。

    A. 第三范式　　　　B. BC 范式　　　　C. 第四范式　　　D. 第五范式

18. 关系模式分解的无损连接和保持函数依赖两个特性之间的联系是（　　　）。

    A. 前者成立蕴含后者成立　　　　　　B. 后者成立蕴含前者成立

    C. 同时成立，或者同时不成立　　　　D. 没有必然的联系

二、填空题

1. 在一个关系模式 R 中，若每个数据项都是不可再分割的，那么 R 一定属于_____。

2. 若关系为 1NF，且它的每一非主属性都_____主键，则该关系为 2NF。

3. 如果关系模式 R 是第二范式，且每个非主属性都不传递依赖于 R 的候选码，则称 R 为_____关系模式。

4. 关系模式规范化需要考虑数据间的依赖关系，人们已经提出了多种类型的数据依赖，其中最重要的是_____和_____。

5. 在关系模式 R(A,C,D)中，存在函数依赖关系{A→C,A→D}，则候选码是_____，关系模式 R(A,C,D)最高可以达到_____。

6．在关系数据库的规范化理论中，在执行分解时，必须遵守的规范化原则是_____和_____。

7．关系模式的操作异常问题往往是由_____引起的。

8．函数依赖完备的推理规则集包括_____、_____和_____。

三、简答题

1．规范化理论主要包括哪些内容？其核心内容是什么？

2．数据依赖主要包括哪些内容？

3．举例说明由于关系模式中数据依赖的存在而导致数据库中数据删除异常的情况。

4．如何确定关系模式上的函数依赖？

四、综合题

1．设有关系模式 R(BJ,XH,XM,KCM,GH,JSXM,CJ)，其中 BJ 表示学生所在的班级，XH 表示学生的学号，XM 表示学生的姓名，KCM 表示课程的名称，GH 表示教师的工号，JSXM 表示任课教师的姓名，CJ 表示课程成绩，且有如下事实成立。

（1）每个班级有多位学生。

（2）每位学生有一个唯一的学号。

（3）可能有同名的学生。

（4）一位学生要修多门课程。

（5）同班的学生所修的课程相同。

（6）同班的学生任课教师也相同。

（7）一位教师可以教授多门课程。

（8）可以有多位教师教授同一门课程。

要求如下。

（1）分析 R 上可能存在的函数依赖。

（2）写出 R 的所有候选关键字。

（3）分析 R 上部分函数依赖和传递函数依赖的存在情况。

（4）将 R 分解到第三范式，要求分解具有无损连接性及保持函数依赖性。

2．设有关系模式 R(A,B,C,D)，函数依赖集 F={A→C,C→A,B→AC,D→AC}，要求如下。

（1）求解(AD)$^+$，B$^+$。

（2）求出 R 的所有候选键。

（3）求出 F 的最小函数依赖集 F$_m$。

习题

课件

答案

第 5 章　数据库设计

数据库是长期存储在计算机内、有组织的、可共享的数据集合，是现代信息系统的核心和基础。数据库应用系统需要把一个企业或部门中在日常生产运行过程中产生的大量数据按DBMS 所支持的数据模型组织起来，为用户提供数据存储、维护和检索的功能，并支持用户方便、及时、准确地从数据库中获得所需的数据和信息，因此数据库设计的好坏将直接影响整个数据库应用系统的效率和质量。

本章学习目标：了解数据库设计的基本方法和基本步骤；理解需求分析的任务，掌握需求分析的方法和常用工具；理解概念结构设计的定义，掌握概念结构设计的方法和步骤，掌握 E-R 图的画法；了解逻辑结构设计的任务，掌握 E-R 图像关系模型转换的方法；了解数据库物理结构的设计方法；了解数据库实施与维护的常见问题。

5.1　数据库设计概述

数据库设计就是根据选择的数据库管理系统和用户需求对一个单位或部门的数据进行重新组织和构造的过程。

5.1.1　数据库设计的概念、内容和特点

1. 数据库设计的定义

对于数据库应用开发人员来说，数据库设计就是针对一个给定的实际应用环境，利用数据库管理系统、系统软件和相关的硬件系统，将用户的需求转化成有效的数据库模式，并使该数据库模式适应用户新的数据需求的过程。

从数据库理论的抽象角度看，数据库设计就是根据用户需求和特定数据库管理系统的具体特点，将现实世界的数据抽象为概念数据模型，最后构造出最优的数据库模式，使之既能正确地反映现实世界的信息及其联系，又能满足用户各种应用需求（信息要求和处理要求）的过程。由于数据库系统的复杂性及其与环境联系的密切性，数据库设计成为一个困难、复杂和费时的过程。因此，进行数据库设计应该具备以下几方面的技术和知识。

（1）数据库的基本知识和数据库设计技术。

（2）计算机科学的基础知识和程序设计的方法和技巧。

（3）软件工程的原理和方法。

（4）应用领域的知识。

其中，应用领域的知识随着应用系统所属的领域不同而变化。所以，数据库设计人员必须深入实际并与用户密切结合，对应用环境、实际专业业务有具体、深入的了解，才能设计出符合实际领域要求的数据库应用系统。

2．数据库设计的内容

数据库设计包含结构特性设计和行为特性设计两方面内容。结构特性设计是静态的，是数据库总体概念的设计，应该是具有最小数据冗余、能反映不同用户数据要求、能实现数据共享的系统；行为特性设计是指数据库用户的业务活动，体现在应用程序中。数据库设计要考虑结构特性和行为特性两方面，因此这两者之间要相互参照。建立数据模型的方法没有给行为特性设计提供任何依据，导致结构设计和程序设计只能分离进行。结构特性是在模式和子模式中定义的，而行为特性应通过应用程序去实现。

3．数据库设计的特点

数据库的设计和实施涉及多学科的综合与交叉，是一项开发周期长、耗资巨大、风险较高的工程。数据库设计主要有两个特点。

（1）数据库设计是硬件、软件和干件的结合。数据库设计中需要一定的技术和管理，干件就是技术和管理的界面。具体地说，数据库设计就是基础的硬件建设、硬件基础上的软件设计和软件开发的干件三者的紧密结合。数据库最根本的内容是基础数据，所以数据库设计的基本规律是"三分技术，七分管理，十二分的基础数据"。

（2）结构和行为相结合。数据库设计应该和应用系统设计相结合，具体地说，在整个数据库设计过程中，要把结构（数据）设计和行为（处理）设计紧密结合起来，结构和行为应该是相辅相成的，良好的结构设计有利于行为处理，合适的行为处理有利于结构的稳定。

5.1.2　数据库设计方法概述

数据库设计方法主要有直观设计法和规范设计法两种。

直观设计法也叫手工试凑法，是最早使用的数据库设计方法，在相当长的一段时期内，数据库设计主要采用该方法。直观设计法依赖于设计者的经验和技巧，缺乏科学理论和工程原则的支持，设计质量很难保证。因此，这种方法越来越不适应信息管理发展的需要。

规范设计法从本质上看仍然是手工设计方法，其基本思想是过程迭代和逐步求精。1978年 10 月，来自 30 多个国家的数据库专家在美国新奥尔良市专门讨论了数据库设计问题，他们运用软件工程的思想和方法，提出了数据库设计的规范，这就是著名的新奥尔良法，是目前公认的比较完整和权威的一种规范设计法。它将数据库设计分成需求分析（分析用户需求）、概念设计（信息分析和定义）、逻辑设计（设计实现）和物理设计（物理数据库设计）。目前，常用的规范设计方法大多起源于新奥尔良法，并在设计的每一阶段采用一些辅助方法来具体实现。常用的规范设计方法如下。

1. 基于 E-R 模型的方法

基于 E-R 模型的数据库设计方法的基本思想是在需求分析的基础上，用 E-R（实体-联系）图构造一个反映现实世界实体之间联系的企业模式，然后再将此企业模式转换成特定的DBMS 的概念模式。

2. 基于 3NF 的方法

基于 3NF 的数据库设计方法的基本思想是在需求分析的基础上，确定数据库模式中的全部属性和属性间的依赖关系，将它们组织在一个单一的关系模式中，然后再分析模式中不符合 3NF 的约束条件，将其进行投影分解，规范成若干个 3NF 关系模式的集合。其具体设计步骤分成 5 个阶段。

（1）设计企业模式，利用规范化得到的 3NF 关系模式画出企业模式。

（2）设计数据库的概念模式，把企业模式转换为 DBMS 的概念模式，并根据概念模式导出应用的外模式。

（3）设计数据库的物理模式。

（4）评价物理模式。

（5）实现数据库。

3．基于视图的设计方法

基于视图的数据库设计方法先从分析各个应用的数据着手，其基本思路是为每个应用建立自己的视图，然后把这些视图汇总、合并成整个数据库的概念模式。合并过程中要解决以下问题。

（1）消除命名冲突。

（2）消除冗余的实体和联系。

（3）进行模式重构，即在消除了命名冲突和冗余后，需要对整个汇总模式进行调整，使其满足全部完整性约束条件。

4．计算机辅助设计法

计算机辅助设计法是指在数据库规范设计的某些过程中，采用计算机来辅助设计，通过人机交互实现部分设计，在这一过程中需要有相关知识和经验的人员支持。

5．自动化设计法

自动化设计法是指利用设计工具软件来帮助自动完成设计数据库系统任务的方法。设计工具软件可用来帮助设计数据库或数据库应用软件，加速完成设计数据库系统的任务，常用的有 Oracle Designer、Power Designer 等。

当然，除上述常用的数据库设计方法以外，规范设计法还有实体分析法、属性分析法、基于抽象语义设计法和面向对象的设计方法等，这里就不再详细介绍。

5.1.3　数据库设计的基本步骤

类似于软件工程中软件生命周期的概念，一般把数据库应用系统从开始规划、分析，到设计、实施、投入运行后的维护，直到最后被新的系统取代而停止使用的整个时期称为数据库系统的生存期。

对数据库系统生存期的划分，目前尚无统一的标准，通常将其分为 4 个时期（或 7 个阶段），即规划时期、设计时期（需求分析阶段、概念设计阶段、逻辑设计阶段、物理设计阶段）、实施时期和运行维护时期，如图 5-1 所示。

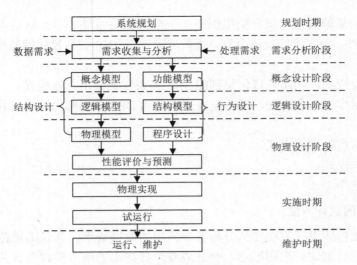

图 5-1　数据库生存周期示意图

除规划时期以外，数据库系统的生存期内各阶段的主要任务如下。

1．需求分析阶段

进行数据库设计首先必须准确了解和分析用户需求，包括数据与处理需求。需求分析是整个设计过程的基础，是最困难、最耗时的一步。需求分析是否做得充分与准确，决定了在其上构建的数据库系统的速度与质量。

2．概念设计阶段

在概念设计阶段，设计人员从用户角度看待数据及其处理要求和约束，产生一个反映用户观点的概念模式，也称为组织模式。概念模式能充分反映现实世界中实体间的联系，又是各种基本数据模型的共同基础，易于向关系模型转换，其优点如下。

（1）使数据库设计各阶段的任务相对单一化，设计复杂程度降低，便于组织管理。

（2）概念模式不受特定 DBMS 的限制，也独立于存储安排和效率方面的考虑，因而比逻辑设计得到的模式更为稳定。

（3）概念模式不含具体的 DBMS 所附加的技术细节，更容易被用户理解，因而能准确地反映用户的信息需求。

概念模型设计是整个数据库设计的关键，通过对用户需求进行综合、归纳与抽象，形成一个独立于具体 DBMS 的概念模型。如采用基于 E-R 模型的数据库设计方法，该阶段将所设计的对象抽象出 E-R 模型；如采用用户视图法，则设计出不同的用户视图。

3．逻辑设计阶段

逻辑设计阶段的任务是将概念模式转换为与特定的 DBMS 产品所支持的数据模型相符合的逻辑结构。如采用基于 E-R 模型的数据库设计方法，该阶段就是将所设计的 E-R 模型转换为某个 DBMS 所支持的数据模型；如采用用户视图法，该阶段应进行表的规范化，列出所有关键字以及用数据结构图描述表的约束与联系，汇总各用户视图的设计结果，将所有的用户视图合并成一个复杂的数据库系统。

4．物理设计阶段

数据库物理设计是为逻辑数据模型选取一个最适合应用环境的物理结构，包括存储结构（存储记录格式、存储记录安排）和存取方法。显然，数据库的物理设计完全依赖于给定的硬件环境和数据库产品。在关系模型系统中，物理设计比较简单，因为文件形式是单记录类型文件，仅包含索引机制、空间大小、块的大小等内容。

物理设计可分 5 步完成，前 3 步涉及物理结构设计，后 2 步涉及约束和具体的程序设计。

（1）存储记录结构设计。

具体包括记录的组成，数据项的类型、长度以及逻辑记录到存储记录的映射。

（2）确定数据存放位置。

可以把经常同时被访问的数据组合在一起，通常采用记录聚集（聚簇）技术来实现。

（3）存取方法的设计。

存取路径分为主存取路径和辅存取路径，前者用于主键检索，后者用于辅助键检索。

（4）完整性和安全性考虑。

设计者应在完整性、安全性、有效性和效率方面进行分析与权衡。

（5）程序设计。

在逻辑数据库结构确定后，应进行行为特性设计。

5．数据库实施阶段

根据逻辑设计和物理设计的结果，在计算机系统上建立实际数据库结构、装入数据、测试和试运行的过程称为数据库的实施阶段，该阶段主要有 3 项工作。

（1）建立实际数据库结构。

描述逻辑设计和物理设计结果的程序（即源模式），经 DBMS 编译成目标模式并执行后，便建立了实际的数据库结构。

（2）装入试验数据，对应用程序进行调试。

试验数据可以是实际数据，也可由手工生成或用随机数发生器生成，应使测试数据尽可能覆盖现实世界的各种情况。

（3）装入实际数据，进入试运行状态。

此步骤用于测量系统的性能指标是否符合设计目标。数据库实施过程中，如果达不到预期效果，则返回并修改数据库的物理模型设计甚至逻辑模型设计。

6．数据库运行和维护阶段

数据库系统正式运行，标志着数据库设计与应用开发工作的结束和维护阶段的开始。运行维护阶段的主要任务有 4 项。

（1）维护数据库的安全性与完整性。

检查系统安全性是否受到侵犯，及时调整授权和密码，实施系统转储与备份，发生故障后及时恢复。

（2）监测并改善数据库运行性能。

对数据库的存储空间状况及响应时间进行分析评价，结合用户反映情况确定改进措施。

（3）根据用户要求对数据库现有功能进行扩充。

（4）及时改正运行中发现的系统错误。

5.2　需 求 分 析

数据库的规划工作，对于建立数据库系统，特别是大型数据库系统是非常重要的。数据库规划的好坏不仅直接关系到整个数据库系统的成败，而且对一个企业或部门的信息化建设进程都将产生深远的影响。

5.2.1　需求分析的主要任务

需求分析就是分析用户的需要与要求，是设计数据库的起点。需求分析的结果是否准确地反映了用户的实际要求，将直接影响后面各个阶段的设计，并影响设计结果的合理性和实用性。

需求分析的重点是调查、收集与分析用户在数据管理中的信息要求、处理要求、安全性与完整性要求。需求分析的任务就是通过详细调查用户现行系统（手工系统或计算机系统）的工作情况，深入了解其数据的性质和使用情况、处理流程、流向、流量等，并仔细地分析用户在数据格式、数据处理、数据库安全性和可靠性以及数据的完整性方面的需求，按一定规范要求写出设计者和用户都能理解的文档——需求规格说明书。

需求分析的具体任务及过程如下。

1．调查分析用户活动

（1）调查分析调查对象（组织、部门、企业等）的机构情况，包括组织部门的组成情况和各部门的职责等。

（2）调查各部门的业务活动，包括各个部门输入和使用的数据、加工处理这些数据的方法、输出的信息、输出到什么部门、输出结果的格式等。

2．调查用户的实际需求并进行初步分析

1）熟悉调查对象的业务流程

熟悉各个业务的处理过程，并重点调查“数据”和“处理”。通过调查获得每个用户对数据库的如下要求。

（1）信息要求。指用户需要从数据库中获得信息的内容与性质。由信息要求可以导出数据要求，即在数据库中需存储哪些数据。

（2）处理要求。指用户要完成什么处理功能、用户处理过程及对处理的响应时间有何要求、处理的方式是批处理还是联机处理等。

（3）安全性和完整性的要求。

2）初步分析调查结果

确定哪些功能由计算机完成或将来准备由计算机完成，哪些活动由人工完成。由计算机完成的功能就是新系统应该实现的功能。

3．进一步分析与表达用户需求，形成系统分析报告

系统分析阶段的最后是编写系统分析报告，通常称为需求规格说明书。编写系统分析报告是一个不断反复、逐步深入和逐步完善的过程。需求规格说明书是对需求分析阶段的一个总结，应包括以下内容。

（1）系统概述，包括系统的目标、范围、背景、历史和现状。

（2）系统的原理和技术，以及对原系统的改善。

（3）系统总体结构和子系统结构说明。

（4）系统功能说明。

（5）数据处理概要，以及工程体制和设计阶段划分。

（6）系统方案及技术，以及经济、功能和操作上的可行性。

完成系统的分析报告后，要在项目单位的领导下，组织有关技术专家评审分析报告，还应随系统分析报告提供下列附件。

（1）系统的硬件、软件支持环境的选择及规格要求（所选择的数据库管理系统、操作系统、计算机型号及其网络环境等）。

（2）组织机构图、组织之间联系图和各机构功能业务一览图。

（3）数据流图、功能模块图和数据字典等图表。

最后，如果用户同意系统分析报告和方案设计，在与用户进行详尽商讨的基础上，签订技术协议书。

系统分析报告是设计者和用户一致确认的权威文件，是今后各阶段设计和工作的依据。

5.2.2　需求分析的方法

需求收集和分析是数据库设计的第一阶段，该阶段收集到的基础数据和一组数据流图（Data Flow Diagram，DFD）是设计概念结构的基础。在需求分析阶段，与用户的交流和沟通至关重要，在数据库设计的分析过程中，为了更好地理解用户的需求，常采用结构化分析方法（自顶向下和自底向上两类方法，见图 5-2）和面向对象的方法来分析表达用户的需求。

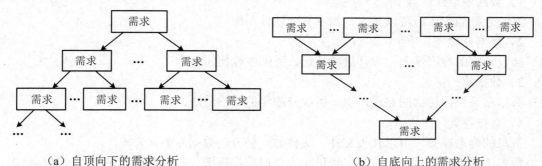

（a）自顶向下的需求分析　　　　　　　　（b）自底向上的需求分析

图 5-2　结构化需求分析的方法

结构化分析（Structured Analysis，SA）方法一般采用自顶向下逐层分解的方式分析系统。用数据流图表达了数据和处理过程的关系，用数据字典对系统中的数据进行详尽描述。对数据库设计来讲，数据字典是进行详细的数据收集和分析所获得的主要结果。自顶向下的结构化分析方法从最上层的系统组织机构入手，采用逐层分解的方式分析系统，并且用数据流图和数据字典描述每一层。

一般需求分析需要经历需求获取→分析建模→需求描述→需求验证与评审的步骤。

5.2.3　需求分析的常用工具

1. 数据流图

数据流图（DFD）是从数据传递和加工角度，以图形方式来表达系统的逻辑功能、数据在系统内部的逻辑流向和逻辑变换过程，是结构化分析方法的主要表达工具。图 5-3 所示是一个选课管理系统的局部 DFD。

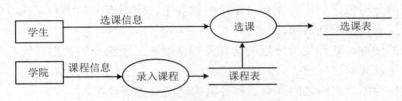

图 5-3　选课管理系统的局部 DFD

数据流图是一种功能模型，以图形的方式描绘系统必须完成的逻辑功能，其主要元素及意义如图 5-4 所示。

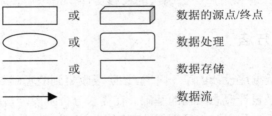

图 5-4　数据流图的符号

1）数据源点或终点

系统之外的实体，可以是人、物或其他软件系统。

2）数据处理

接收一定的数据输入，对其进行处理，并产生输出。

3）数据流

数据在系统内传播的路径，由一组成分固定的数据组成。

4）数据存储

信息的静态存储，可以代表文件、文件的一部分、数据库的元素等。

数据流图具有层级性，按其层级可分为顶层数据流图、中层数据流图和底层数据流图。

（1）顶层数据流图只含有一个加工，表示整个系统。输入、输出数据流为系统的输入和输出数据，表明系统的范围和数据交换。

（2）中层数据流图是对父层数据流图中某个加工过程的细化，当然，根据实际需要，中层数据流图的某个加工也可以再次细化，形成子图。中间层次的多少，一般视系统的复杂程度而定。

（3）底层数据流图是指其加工不能再分解的数据流图。

在数据库分析与设计过程中，DFD 的设计主要包括如下 3 个步骤（具体实例参见 5.2.4 节）。

（1）确定系统的输入、输出。

此时，应该向用户了解系统需要从外界接收什么数据、系统向外界输出什么数据等信息，然后根据用户要求画出数据流图的外围。

（2）由外向里设计系统的顶层数据流图。

数据流的值发生变化的地方就意味着需要添加一个数据处理，从而将系统的输入数据和输出数据用一连串的数据处理连接起来。同时，需要给各个数据处理和数据处理间的数据命名。

（3）自顶向下逐层分解，绘出分层数据流图。

对于复杂系统，为了便于理解，需要采用自顶向下逐层分解的方法进行，即用分层的方法将一个数据流图分解成几个数据流图来分别表示。

2．数据字典

DFD 表达了数据与处理的关系，但没有数据内容的详细描述，而数据字典则恰好弥补了 DFD 的不足。数据字典是用户需求分析所获得的主要结果，是概念结构设计的必要输入。

数据字典（Data Dictionary，DD）是一种用户可以访问的、记录数据库和应用程序元数据的目录，可分为主动和被动两种类型。主动数据字典是指在对数据库或应用程序结构进行修改时，其内容可以由 DBMS 自动更新的数据字典；被动数据字典是指修改时必须手动更新其内容的数据字典。

1）数据字典的内容

数据字典通常包括数据项、数据结构、数据流、数据存储和处理过程 5 部分，是关于数据库中数据的描述，而不是数据本身。数据本身将存放在物理数据库中，由数据库管理系统管理。

（1）数据项。数据项是不可再分的数据单位。对数据项的描述通常包括以下内容。

数据项描述={数据项名，数据项含义说明，别名，数据类型，长度，取值范围，取值含义，与其他数据项的逻辑关系}

其中，取值范围、与其他数据项的逻辑关系定义了数据的完整性约束条件，是设计数据检验功能的依据。

（2）数据结构。数据结构反映了数据项之间的组合关系。由若干个数据项或数据结构组成一个数据结构，当然，数据结构也可由若干个数据项和数据结构混合组成。对数据结构的描述通常包括以下内容。

数据结构描述={数据结构名，含义说明，组成：{数据项或数据结构}}

（3）数据流。数据流是数据结构在系统内传输的路径。对数据流的描述通常包括以下内容。

数据流描述={数据流名，说明，数据流来源，数据流去向，组成：{数据结构}，平均流量，高峰期流量}

（4）数据存储。数据存储是数据结构保存的位置，是数据流的来源和去向之一。对数据存储的描述通常包括以下内容。

数据存储描述={数据存储名，说明，编号，流入的数据流，流出的数据流，组成：{数据结构}，数据量，存取方式}

（5）处理过程。处理过程是数据字典对处理过程进行描述的说明性信息，通常包括以下内容。

处理过程描述={处理过程名，说明，输入：{数据流}，输出：{数据流}，处理：{简要说明}}

2）数据字典的实现

目前，实现数据字典通常有 3 种途径：全人工过程、全自动化过程（利用数据字典处理程序）和混合过程（用正文编辑程序、报告生成程序等帮助人工过程）。不论使用哪种途径实现，数据字典都应该具有以下特点。

（1）通过名字能方便地查询数据的定义。

（2）没有数据冗余。

（3）容易更新和修改。

（4）书写方式简单、方便、严格。

5.2.4　需求分析实例

本小节以一个简单的教学管理系统为例来进行需求分析。

1．用户功能资料收集

教学管理系统由 3 部分组成：学生信息查询、学生选课和教师成绩录入。通过该系统，把本校教学管理的各个环节进行有效的计划、组织和控制。

本系统主要信息流程：学生、教师首先输入各自的基本信息，管理员输入本部门的课程信息，学生根据本部门的课程进行选课，管理员根据学生的选课信息和教师信息进行排课并形成授课表，教师根据授课表进行授课并给出课程成绩。系统功能描述如下。

1）学生信息管理功能

添加学生：学生输入自己的信息到学生表。

删除学生：当学生毕业后，从学生表中删除学生信息。

2）学生成绩管理功能

成绩录入：教师输入学生本课程的成绩。

成绩查询：学生能够查询所选课程的成绩。

3）课程信息管理功能

课程信息录入：管理员每学期输入本部门开设的课程。

选课功能：学生能够选择本学期的课程。

排课功能：根据学生的选课信息和教师信息进行排课，形成授课表。

4）教师管理功能

添加教师：教师输入自己的信息到教师表。

删除教师：当教师离职或退休后，从教师表中删除教师信息。

2．需求分析

采用自顶向下的分析方法如下。

1）确定系统的输入、输出

系统的输入信息如下。

（1）学生基本信息，包括学号、姓名、性别、年龄、籍贯和部门代号。

（2）教师基本信息，包括教师工号、姓名、性别、年龄、职称和部门代号。

（3）成绩信息，即学生选修课程的成绩。

（4）部门信息，包括部门号和部门名称。

（5）课程信息，包括课程号、课程名称、课时、课程性质。

系统的输出信息如下。

（1）学生基本信息，包括学号、姓名、性别、年龄、籍贯和部门代号。

（2）教师基本信息，包括教师工号、姓名、性别、年龄、职称和部门代号。

（3）成绩信息，包括学号、课程号、成绩。

（4）授课信息，包括课程号、教师工号。

2）由外向里绘制系统的顶层数据流图

根据系统的输入、输出可确定系统的顶层数据流图，如图 5-5 所示。

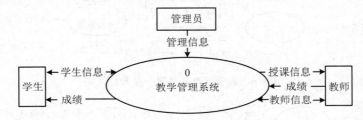

图 5-5　教学管理系统的顶层数据流图

系统中包含的数据项、数据结构、数据流、数据存储、处理过程等较多，为了节省篇幅，下面只选取部分重要的内容进行描述。

（1）“学号”数据项的描述如下。

数据项名：学号。

含义说明：唯一标识每个学生。

别名：学生编号。

类型：字符型。

长度：8。

取值范围：00000000～99999999。

取值含义：前 2 位标明该学生所在年级，后 6 位按顺序编号。

（2）“学生”是该系统中的一个核心数据结构，其描述如下。

数据结构：学生。

含义说明：系统的主体数据结构，定义了一个学生的有关信息。

组成：学号、姓名、性别、年龄、籍贯和部门代号。

（3）“成绩信息”数据流的描述如下。

数据流：成绩信息。

说明：学生查询的成绩。

数据流来源：选课表。

数据流去向：学生。

组成：学号、课程号、成绩。

3）自顶向下逐层分解，绘出分层数据流图

采用自顶向下逐层分解的方法，即用分层的方法将一个数据流图分解成几个数据流图来分别表示。本系统的第一层数据流图如图 5-6 所示，对"录入成绩"细化的下层 DFD 如图 5-7 所示。

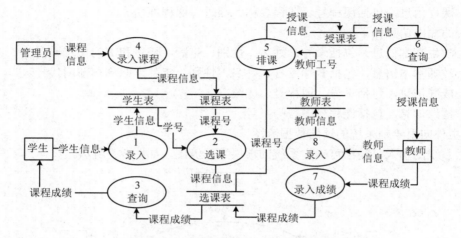

图 5-6　教学管理系统第一层数据流图

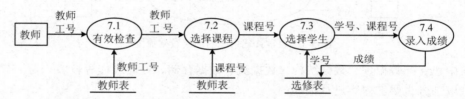

图 5-7　教学管理系统"录入成绩"的细化数据流图

本层数据字典举例如下。

（1）"学生信息表"存储结构的描述如下。

数据存储：学生信息表。

说明：记录学生的基本情况。

组成：参见学生数据结构。

组织方式：索引文件，以学号为关键。

数据量：每年 3000 条。

存取方式：随机存取。

（2）"排课"处理过程的描述如下。

编号：5。

处理过程：排课。

说明：为所有选修课程的学生分配教师。

输入：选课表、教师表。

输出：授课表。

处理：学生选修课程后，为每门课程安排授课教师。要求每个部门的课程由本学院教师任课，每位教师拟任课学生不允许超过 100 人。

5.3　概念结构设计

5.3.1　概念结构设计的定义

概念结构设计是把需求分析阶段得到的用户需求（已用数据字典和数据流图表示）抽象为概念模型表示的过程。概念数据模型既独立于数据库逻辑结构，又独立于具体的数据库管理系统（DBMS），是现实世界与机器世界的中介。

1．概念结构设计的任务

概念结构设计的任务是在需求规格说明书的基础上，按照特定的方法把它们抽象为一个不依赖于任何具体机器的数据模型，即概念模型。概念模型设计集中在重要信息的组织结构和处理模式上。数据库概念结构设计的目的是分析数据字典中数据间内在的语义关联，并将其抽象表示为数据的概念模式。目前，数据库概念结构设计常用 E-R 模型来描述，因此，又称为 E-R 模式设计。

2．概念结构设计的必要性

需求分析阶段描述的用户需求只是现实世界的具体要求，只有把这些需求抽象为信息世界的结构，才能更好地实现用户的需求。概念结构设计就是将用户需求抽象为信息结构，即概念模型。

设计概念模型的过程称为概念设计。概念模型在数据库的各级模型中的地位如图 5-8 所示。

基于 E-R 模型的数据库设计方法在需求分析和逻辑设计之间增加了一个概念设计阶段。在该阶段，设计人员仅从用户角度看待数据及处理要求和约束，产生一个反映用户观点的概念模型，然后再把概念模型转换成逻辑模型。这样做有以下 3 个好处。

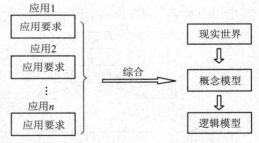

图 5-8　数据库各级模型

（1）从逻辑设计中分离出概念设计以后，各阶段的任务相对单一化，设计复杂程度大大降低，便于组织管理。

（2）概念模型不受特定的 DBMS 的限制，也独立于存储安排和效率方面的考虑，因而比逻辑模型更为稳定。

（3）概念模型不含具体的 DBMS 所附加的技术细节，更容易为用户所理解，因而能准确反映用户的信息需求。

3．概念结构设计的特点

概念结构是各种数据模型的共同基础，比数据模型更独立于机器、更抽象，从而更加稳定，其主要特点有以下几点。

（1）概念模型是现实世界的一个真实模型，能真实、充分地反映现实世界，包括事物和事物之间的联系，能满足用户对数据的处理要求。

（2）易于理解，可以使用概念模型和不熟悉计算机的用户交换意见。

（3）易于更改，当应用环境和要求发生变化时，容易对概念模型进行修改和扩充。

（4）易于向关系、网状、层次等各种数据模型转换。

5.3.2 概念结构设计的方法和步骤

1．概念结构设计的方法

概念结构设计的方法主要有 4 种。

1）自顶向下

首先定义全局概念结构的 E-R 模型框架，然后逐步细化，如图 5-9（a）所示。

2）自底向上

首先定义各局部应用的概念结构，然后将它们集成起来，得到全局 E-R 概念结构，如图 5-9（b）所示。

3）逐步扩张

首先定义最重要的核心 E-R 概念结构，然后向外扩充，逐步生成其他概念结构，直至完成全局概念结构，如图 5-9（c）所示。

4）混合策略

即将自顶向下和自底向上的设计方法相结合，用自顶向下策略设计一个全局概念结构的框架，再用自底向上策略并基于框架集成各局部概念结构，直至得到全局概念结构。该方法是最常采用的策略，即自顶向下进行需求分析，再自底向上设计概念结构，如图 5-9（d）所示。

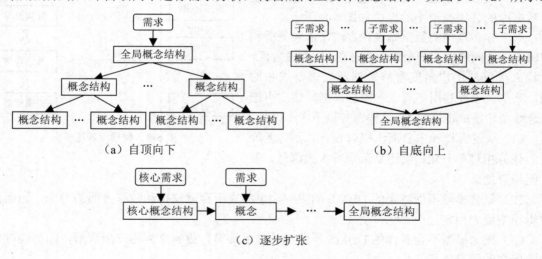

图 5-9　概念结构设计方法

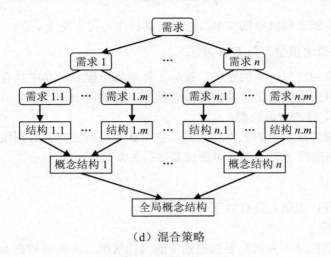

（d）混合策略

图 5-9　概念结构设计方法（续）

2．概念结构设计的步骤

自底向上的设计方法是最常见的概念结构设计方法，本方法可分为两步，如图 5-10 所示。

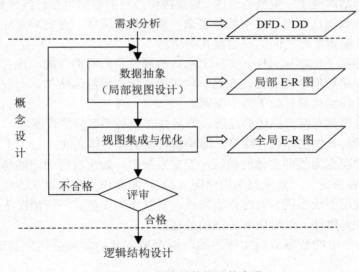

图 5-10　概念结构设计的步骤

1）数据抽象

对用户数据进行抽象，形成局部 E-R 模型（即用户视图）。

2）视图集成

将各个局部视图进行集成优化，形成全局 E-R 模型。

5.3.3　局部视图设计

在计算机内部，数据有其特定的表示方法。人们研究和处理数据的过程中，常常把数据的转换分为 3 个领域：现实世界、信息世界和机器世界。这 3 个世界间的转换过程，就是将客观现实的信息反映到计算机数据库中的过程，具体内容可参见 1.4 节。

1. 信息模型（概念模型）与 E-R 方法

将现实世界抽象为信息世界的过程，实际上是抽象出现实世界中具有应用价值的元素及其关联的过程，这时所形成的信息结构是概念模型。在抽象出概念模型后，再将其转换为计算机上特定 DBMS 支持的数据模型。

E-R 图是抽象描述现实世界的有力工具，它与计算机所支持的数据模型相独立，更接近于现实世界，可以很清晰地表示出其中错综复杂的关系。

2. 局部视图设计

局部 E-R 图的设计步骤主要有以下两步。

1）选择局部应用

设计局部 E-R 图的第一步就是要根据系统的具体情况，在多层数据流图中选择一个适当层次的数据流图（这组图中每一部分对应一个局部应用），并以该层数据流图为出发点，设计局部 E-R 图。

2）逐一设计局部 E-R 图

每个局部应用都对应了一组数据流图，局部应用涉及的数据也都已经收集在数据字典中。现在就是要将这些数据从数据字典中抽取出来，参照数据流图，标定局部应用中的实体、实体属性、标识码，确定实体之间的联系及其类型。

数据抽象后得到了实体和属性。实际上实体与属性是相对而言的，没有明显的界线。同一事物，在一种应用环境中为属性，在另一种应用环境中可能为实体。一般来说，在给定的应用环境中，属性和实体具有如下两个原则。

（1）属性不能再具有需要描述的性质，即属性必须是不可分的数据项。

（2）属性不能与其他实体具有联系，即联系只发生在实体之间。

例如，教师的职称为教师实体的属性，但在系统中，如果教师的津贴与教师的职称相关（教师的津贴由职称决定），则应该采用原则（2），职称作为实体存在。由此看来，同一数据项由于环境和应用要求不同，有时作为属性，有时作为实体。一般情况下，能作为属性对待的数据项尽量作为属性，以简化 E-R 图的处理。

下面从 5.2.4 节中的数据流图实例中抽取两个最主要的局部应用来说明局部 E-R 模型的设计。

（1）学生选修课程。学生选修课程的描述如下。

① 一个学生可以选修多门课程，一门课程也可由多个学生选修，因此学生和课程之间是多对多联系。

② 一个部门有很多学生，而每一个学生只能隶属一个部门，因此部门与学生之间是一对多联系。

③ 任何一个部门都可以开设多门课程，一门课程也可以在多个部门开设，所以部门与课程之间是多对多联系。

综上所述，可以得到如图 5-11 所示的学生选修课程的局部 E-R 图。

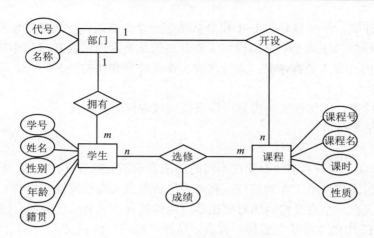

图 5-11　学生选修课程的局部 E-R 图

（2）教师任课。教师任课的描述如下。

① 教师可以讲授多门课程，一门课程也可由多个教师讲授，因此教师和课程之间是多对多联系。

② 一个学院有很多教师，而每位教师只能隶属于一个学院，即学院与教师之间是一对多联系。

③ 任何一个学院都可以排课（为学生选修的课程安排教师）。

综上所述，可以得到如图 5-12 所示的教师任课的局部 E-R 图。

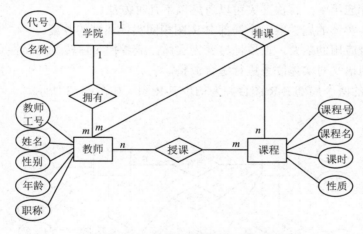

图 5-12　教师任课的局部 E-R 图

5.3.4　集成全局视图

各个局部 E-R 模型设计完成后，要将其集成起来，形成全局视图。集成局部 E-R 图需要两步。

1．合并局部 E-R 图，生成初步 E-R 图

在复杂系统中，各个局部 E-R 模型通常由不同人员设计，因此会不可避免地出现不一致

的地方，称之为冲突。全局概念的 E-R 模型必须是一个完整的、一致的数据库概念结构，所以合并局部 E-R 模型以生成全局概念模型主要解决的是消除局部 E-R 模型中的各种冲突。各局部 E-R 图之间的冲突主要有 3 类：属性冲突、命名冲突和结构冲突。

1）属性冲突

（1）属性域冲突，即属性值的类型、取值范围或取值集合不同。

（2）属性取值单位冲突。

2）命名冲突

（1）同名异义。同一名字的对象在不同的局部表示不同的意义，例如，日常生活中的名词"单位"，有时看作人员工作的部门，有时看作重量或长度的属性（单位）。

（2）异名同义。一个意义相同的对象在不同局部具有不同名称，例如，图 5-11 中的"部门"实体和图 5-12 中的"学院"实体，都表示所在"部门"的意义。

3）结构冲突

（1）同一对象在不同应用中具有不同的抽象。例如，"课程"在某一局部应用中被当作实体，而在另一局部应用中则被当作属性。

（2）同一实体在不同局部视图中所包含的属性不完全相同，或者属性的排列次序不完全相同。

（3）实体之间的联系在不同局部视图中呈现不同的类型。例如，实体 E1 与 E2 在局部应用 A 中是多对多联系，而在局部应用 B 中是一对多联系；又如，在局部应用 X 中，E1 与 E2 发生联系，而在局部应用 Y 中，E1、E2、E3 三者之间有联系。

在具体的实际应用中，解决冲突可以考虑以下几种方法。

（1）对同一个实体的属性取各个局部 E-R 图相同实体属性的并集。

（2）根据综合应用的需要，把属性转变为实体，或者把实体转变为属性。

（3）根据应用语义对实体联系进行综合调整。

现将 5.3.3 节的两个局部 E-R 图合并为初步 E-R 图，如图 5-13 所示。

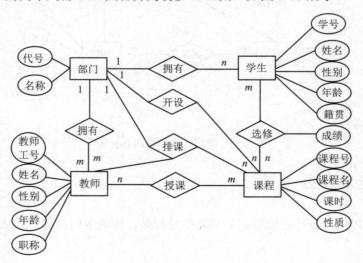

图 5-13　合并后的 E-R 图

2. 修改与重构，生成基本 E-R 图

将局部 E-R 图合并生成的是初步 E-R 图，之所以称其为初步 E-R 图，是因为其中可能存在冗余的数据和实体间联系，即存在可由基本数据导出的数据和可由其他联系导出的联系。冗余数据和冗余联系容易破坏数据库的完整性，给数据库维护增加困难，因此得到初步 E-R 图后，还应进一步检查图中是否存在冗余，如果存在，则应设法予以消除。现在假设学生实体为{学号，姓名，年龄，所在系，出生日期，年级，成绩，平均成绩}，通过对该实体数据字典的分析可知，"年龄"可以由"出生日期"计算出来，"平均成绩"也可以由学生的"成绩"计算得到，所以"年龄"和"平均成绩"为冗余信息。

修改、重构初步 E-R 图主要采用分析方法。数据字典是分析冗余信息的依据，通过研究数据流图分析冗余的联系。当然，除分析方法之外，还可以用规范化理论来消除冗余。

研究图 5-13 所示初步 E-R 图发现，"部门"和"课程"的"开设"关系，以及"教师"和"课程"的"授课"关系，都可以由"部门"、"课程"和"教师"间的"排课"关系推导出来，所以这两种关系也是冗余关系。消除冗余关系得到的 E-R 图叫作基本 E-R 图，如图 5-14 所示。

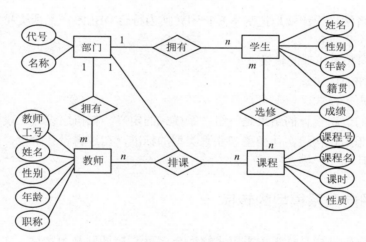

图 5-14　消除冗余关系得到的基本 E-R 图

视图集成后形成一个整体的数据库概念结构，对该概念结构还必须进一步验证，确保它满足下列条件。

（1）整体概念结构内部必须具有一致性，即不能存在互相矛盾的表达。

（2）整体概念结构能准确地反映原来的每个视图结构，包括属性、实体及实体间的联系。

（3）整体概念结构能满足需求分析阶段所确定的所有要求。

整体概念结构最终还应该提交给用户，征求用户和有关人员的意见，进行评审、修改和优化，然后确定下来，形成进一步设计数据库的依据。

5.4　逻辑结构设计

概念结构设计的结果是得到一个与 DBMS 无关的概念模式，有了概念模型就可以进行数

据库的逻辑设计，又被称为实现设计，即数据库的逻辑实现。

5.4.1　逻辑结构设计的任务和步骤

逻辑设计的目的是从概念结构导出能被 DBMS 处理的数据库的逻辑结构（包括数据库模式和外模式），如图 5-15 所示。这些模式在功能、性能、完整性和一致性约束以及数据库扩充性等方面均应满足用户的各种要求。

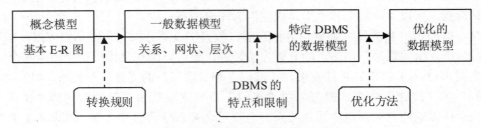

图 5-15　逻辑结构设计的任务示意图

数据库的逻辑结构设计就是把基本 E-R 图转换为符合 DBMS 产品所支持的数据模型的逻辑结构，一般分 3 步进行。

（1）E-R 图向关系模型的转换。

（2）逻辑结构的优化。

（3）设计用户子模式。

关系数据库的逻辑设计的结果是一组关系模式的定义。在概念设计阶段已经把关系规范化理论的某些思想用作构造实体类型和联系类型的标准，在逻辑设计阶段，仍然要使用关系规范化理论来设计和评价模式。

5.4.2　E-R 图向关系模型的转换

关系模型的逻辑结构是一组关系模式的集合，而 E-R 图则是由实体、实体的属性和实体之间的联系 3 个要素组成的。所以将 E-R 图转换为关系模型，实际上就是要将实体、实体的属性和实体之间的联系转化为关系模式，这种转换一般遵循如下原则。

（1）一个实体转换为一个关系模式。实体的属性就是关系的属性，实体码就是关系的键。

（2）一个 $m:n$ 联系转换为一个关系模式。与该联系相连的各实体码以及联系本身的属性均转换为关系的属性，而关系码为各实体码的组合。

（3）一个 $1:n$ 联系可以转换为一个独立的关系模式，也可以与 n 端对应的关系模式合并。如果转换为一个独立的关系模式，则与该联系相连的各实体码以及联系本身的属性均转换为关系的属性，而关系码为 n 端实体码。

（4）一个 $1:1$ 联系可以转换为一个独立的关系模式，也可以与任意一端对应的关系模式合并。如果转换为一个独立的关系模式，则与该联系相连的各实体码以及联系本身的属性均转换为关系的属性，每个实体码均是该关系的候选码；如果与某一端对应的关系模式合并，则需要在该关系模式的属性中加入另一个关系模式的码和联系本身的属性。

（5）3 个或 3 个以上实体间的一个多元联系转换为一个关系模式。与该多元联系相连的各实体码以及联系本身的属性均转换为关系的属性，而关系的码为各实体码的全部或部分组合。

（6）对于同一实体集的实体间的联系（即自联系），也可按上述 1∶1、1∶n 和 m∶n 这 3 种情况分别处理。

（7）具有相同码的关系模式可合并。为了减少系统中的关系个数，如果两个关系模式具有相同的主码，可以考虑将它们合并为一个关系模式。合并方法是将其中一个关系模式的全部属性加入另一个关系模式中，然后去掉其中的同义属性（可能同名也可能不同名），并适当调整属性的次序。

例如，有一个"拥有"关系模式：拥有（学号，性别）；一个学生关系模式：学生（学号，姓名，出生日期，部门，年级，班级号，平均成绩）。两个关系模式都以学号为码，那么可以将它们合并为一个关系模式，合并后的关系模式：学生（学号，姓名，性别，出生日期，部门，年级，班级号，平均成绩）。

按照上述 7 条原则，在实际的转换过程中的具体做法如下。

（1）将每个实体转换为一个关系模式。首先分析实体的属性，确定其主键（用下画线注明），然后用关系模式表示。

【例 5-1】以 5.3.3 节图 5-11 教学管理系统为例，3 个实体对应的 3 个关系模式如下：

学生（<u>学号</u>，姓名，性别，年龄，籍贯）

课程（<u>课程号</u>，课程名，课时，性质）

部门（<u>代号</u>，名称）

（2）把每个联系转换为关系模式。在转换的关系模式属性集中，包含联系实体关系中的主键和联系本身的属性，其主键的确定与联系的类型有关。

【例 5-2】再以图 5-11 为例，3 个联系对应的 3 个关系模式如下：

拥有（<u>学号</u>，代号）

开设（代号，<u>课程号</u>）

选修（<u>学号</u>，<u>课程号</u>，成绩）

【例 5-3】以 5.3.3 节图 5-12 为例，3 个联系对应的 3 个关系模式如下：

拥有（<u>教师工号</u>，代号）

授课（<u>教师工号</u>，<u>课程号</u>）

排课（代号，教师工号，课程号）

5.4.3　逻辑结构的优化

由 E-R 模型转换成的关系模式还只是一个初步的关系数据库模式，要成为最终在 DBMS 中实施的模式，还需要进行规范化处理和模式的评价与修正。

1．规范化处理

规范化处理的目的是减少乃至消除关系模式中存在的各种异常，保证其完整性和一致性，提高存储效率。规范化处理过程一般可分为两步进行。

1）确定规范化级别

关系模式的规范化级别取决于两个因素，即数据依赖的种类和实际应用的需要。这里主要从数据依赖的种类出发来讨论规范化级别问题。首先考察关系模式的数据依赖集合，如果仅为函数依赖，则 3NF 或 BCNF 是适当的标准；如果数据依赖集合还包括多值依赖，则可将 4NF 作为规范化级别。

2）实施规范化分解

在确定关系模式需要的规范化级别之后，利用之前介绍的规范化方法，将关系模式分解为相应级别的范式。当然，在关系模式的分解过程中，要特别注意保持依赖和无损连接性要求。

2. 模式的评价与修正

规范化理论侧重关系模式在理论上的合理性，而较少注意实际应用需求和数据库本身的性能问题。虽然数据库的性能与数据库的物理设计密切相关，但数据库模式结构对其也有较大的影响，因此还必须对关系模式进行评价和修正。

1）模式评价

模式评价主要是检查规范化后的关系模式是否满足用户的各种功能要求和性能要求，并确定需要修正的模式部分。主要包括功能评价和性能评价两方面。

（1）功能评价。功能评价是对照需求分析的结果，检查规范化后的关系模式集合是否满足用户的所有需求，主要包括以下 3 个方面。

- 关系模式中必须包含用户可能访问的所有属性。
- 涉及多个关系模式的连接应用时，应确保连接具有无损性。
- 对于检查出有冗余的关系模式和属性，应分析产生冗余的原因，分清楚是为了提高查询效率和应用扩展而有意安排的冗余，还是由于某种疏忽或错误造成的冗余。

（2）性能评价。

对于目前得到的数据库模式，由于缺乏物理结构设计所提供的数量测量标准和相应的评价手段，评价比较困难。一般采用的是逻辑记录访问（Logical Record Access，LRA）评价技术进行估算，以提出改进意见。LRA 是一种算法，主要用于估算数据库操作的逻辑记录传送量及数据的存储空间。

2）模式修正

根据模式评价的结果，对现有的模式进行修正，其主要目的是改善数据库的性能、节省存储空间。如果因为需求分析、概念结构设计的疏漏导致某些应用没有得到支持，则应增加新的关系模式或属性。如果只是考虑性能的改进，模式修正一般可以采用合并或分解的办法。

（1）合并。如果若干个关系模式具有相同的主键，并且对这些关系模式的主要处理是多关系的连接查询操作，为了减少连接操作，提高查询效率，可以将这些关系模式按照组合使用频率进行合并。

（2）分解。为了提高数据操作的效率和存储空间的利用率，最常用的也是最重要的模式优化方法就是分解，依据不同要求，模式的分解有如下两种方式。

① 水平分解。水平分解就是把关系的元组分成若干个子集合，定义每个子集合为一个子关系。水平分解适用于大量数据的分类条件查询，能大大减少应用系统每次查询的记录数，提高查询效率。

【例 5-4】有教师关系（教师工号，姓名，性别，年龄，职称，…），其中"职称"属性包括教授、副教授、讲师、助教。现在某个系统的大多数查询都是按照教师的职称进行分类查询，此时可以将教师关系水平分解为如下 4 个子关系：

教授（教师工号，姓名，性别，年龄，…）

副教授（教师工号，姓名，性别，年龄，…）

讲师（教师工号，姓名，性别，年龄，…）

助教（教师工号，姓名，性别，年龄，…）

这样对于大多数的分类查询只是查询原来教师关系中的一个子集，减少了查询记录数，提高了查询效率。

② 垂直分解。垂直分解是把关系模式的属性分成若干个子集，形成若干个子关系模式。其原则是把经常一起使用的属性分解出来，形成一个子关系模式。这种方法是合并的相反过程。

📢 **注意**：垂直分解的特点是将经常一起使用的属性分解出来（其他属性很少使用），否则系统要经常使用连接查询，反而降低查询速度。垂直分解虽然可以提高某些（经常使用）事务的效率，但另一些事务可能不得不进行连接查询，从而降低效率。故是否进行垂直分解，要看分解后是否会提高所有事务的总效率。

【**例 5-5**】有教师关系（教师工号，姓名，性别，年龄，职称，工资，津贴，家庭住址，联系电话），在某应用系统中，"教师工号""姓名""年龄""职称""工资""津贴"这 6 个属性经常一起查询，而其他属性很少使用，则可对教师关系进行垂直分解，如下所示：

教师关系 1（教师工号，姓名，年龄，职称，工资，津贴）

教师关系 2（教师工号，性别，家庭住址，联系电话）

除了性能评价提出的模式修改意见，还要考虑以下几个方面。

（1）尽量减少连接运算。在数据库操作中，连接运算的开销很大。参与连接的关系越多，开销也越大。所以，对于一些常用的、性能要求比较高的数据查询，最好采用单表操作。有时为了保证性能，不得不把规范化了的关系再连接起来，即反规范化。当然，这可能会带来数据冗余和更新异常等问题，需要在数据库的物理设计和应用程序中加以控制。

（2）减小关系的大小和数据量。关系的大小对查询的速度影响也很大。有时为了提高查询速度，需要把一个复杂关系从水平或垂直方向进行分解。

关系的元组个数太多时，需要从横向进行划分。如学生关系，可把全校学生放在一个关系中，也可按部门建立学生关系，前者可方便对全校学生的查询，后者可提高按部门查询的速度。总之要按照应用的具体情况确定不同的划分策略。

关系的属性太多时，需要从纵向划分关系，可将常用的和不常用的属性分别放在不同的关系中，以提高查询关系的速度。

（3）为每个属性选择合适的数据类型。关系中每个属性都要求有一定的数据类型，为属性选择合适的数据类型不但可以提高数据的完整性，还可以提高数据库的性能，节省系统的存储空间。

① 使用变长的数据类型：当用户和 DBA 不能确定一个属性数据的实际长度时，可使用变长的数据类型。例如，Varbinary()和 Varchar()是很多 DBMS 都支持的变长数据类型。

② 预期属性值的最大长度：在关系设计中，必须能预期属性的最大长度，只有这样才能为属性定制最有效的数据类型。例如，表示人的年龄可选择 Tinyint（2B）；表示书的页数可选择 Smallint（4B）。

③ 使用用户自定义的数据类型：利用 DBMS 支持的用户自定义数据类型可以更好地提高系统性能，更有效地提高存储效率，并能保证数据安全性。

在经过反复多次的模式评价及修正后，最终得到确定的数据库模式，全局逻辑结构设计工作结束。

5.4.4　设计用户子模式

在将概念模型转换为逻辑模型后，即生成了整个应用系统的模式后，还应该根据局部应用需求，结合具体 DBMS 的特点，设计用户的外模式。

目前，关系数据库管理系统一般都提供了视图概念，支持用户的虚拟视图。可以利用这一功能设计更符合局部用户需要的用户外模式。

定义数据库模式主要是从系统的时间效率、空间效率、易维护等角度出发。由于用户外模式与模式是独立的，因此在定义用户外模式时应该更注重考虑用户的习惯与方便性，包括：

（1）使用更符合用户习惯的别名。

（2）针对不同级别的用户定义不同的外模式，以满足系统对安全性的要求。

（3）简化用户对系统的使用。

☞ 知识拓展

面向对象方法—通过 UML 建立对象模型

☞ 拓展案例

智慧农业综合管理平台之智能养殖管理系统的设计

在农业智能化已成为我国现代农业发展新方向的背景下，智慧农业正在成为乡村振兴发展的重要路径。在当前需求及已有系统数据的基础上，拟开发智慧农业综合管理平台，整合动物日常养殖管理及溯源、智慧农业知识库，从而在农业养殖过程中实现环境监控、智慧管理、精准防治、远程操控，达到高技术、低人工、高产能、低消耗的目标。其主要功能及其特点如图 5-16、图 5-17 所示。本系统是学院合作企业杰普科技的真实项目案例，关于该案例的其他内容，读者可参考第 9 章数据库应用系统开发案例。

这里重点讨论智能养殖管理系统。养殖场可以利用智能养殖管理系统完成对动物的全过程监控管理，动物出生后系统会为其生成一个 RFID 电子标签或二维码，该标签是动物在养殖、屠宰、仓储、销售过程中的唯一标识。系统中用户角色包含养殖人员、医护人员、屠宰人员、仓储人员、销售人员等。养殖人员可利用该系统对动物进行日常的管理，比如饲料喂养、疫苗接种、异常情况上报、指标记录及移圈出栏等；医护人员可以对动物进行疫苗接种、病症记录及治疗等；屠宰人员可以对动物进行屠宰分割；仓储人员可以对分割后的动物进行仓库分配管理；销售人员可以销售肉制品，并开具提货单，使客户从仓库中提取肉制品。

图 5-16　智慧农业综合管理平台功能概况

栏舍环境数据
通过传感器收集栏舍温湿度、气体等数据。

动物指标数据
通过摄像头、传感器实时监测动物生长、活动数据。

病症影像数据
收集动物病症影像数据，AI智能分析，精准防治等。

智慧农业信息支撑系统

环境自动调控
根据收集到的数据，分析环境情况，进行设备的自动控制。

精准喂养
分析动物生长指标、行为数据，实现精准投喂。

有效防疫
分析动物活动及影像数据，实时监测动物病症情况，从而进行有效防疫。

 全过程管理监控

系统实现了养殖农事生产的全过程管理，包含养殖、检疫、屠宰、仓储、物流、销售等阶段，养殖过程中对动物进行全程监控

 智慧养殖

实现了真正意义上的智慧养殖，简化养殖管理流程，提高生产效率，借助泛在接入平台实现环境数据可视化与设备的自动控制，AI影像分析平台能够智能分析、计算、识别动物

区块链溯源

构建区块链网络环境，加密、共识机制及可靠数据保障等区块链技术的加入，保证了溯源数据的真实安全、且不可窜改

组件式开发

模块化、组件化程度高，可快速复用定制
对养殖、种植过程归纳总结，梳理为产前、产中、产后多个阶段，再对每个阶段进一步进行功能提取，实现精细的功能划分，进而实现组件开发，保证软件高复用性

图 5-17　智慧农业综合管理平台系统特点

　　养殖管理子系统在整个系统中作用十分关键，其直接生成了动物成长数据，为后续的溯源工作提供了支持。智能养殖管理与溯源系统总体结构图如图 5-18 所示。

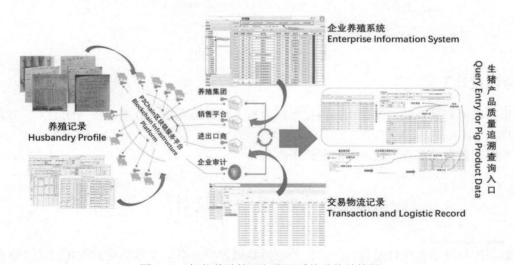

图 5-18　智能养殖管理与溯源系统总体结构图

　　智能养殖管理系统主要分为基础管理、日常喂养管理、病症预防与治理、屠宰管理、物流及仓储管理、销售管理等模块。

（1）基础管理模块主要包含对人员、设备、栏舍、动物的管理。支持人员、权限管理，用户可以根据人员所处的部门、级别、分工不同为人员设定相应的权限，处于某一权限下的员工只能访问权限允许的内容，执行相应权限规定的操作，防止操作失误或恶意破坏。

（2）日常喂养管理包含饲料管理、投喂记录、动物指标记录、特殊情况上报等。养殖人员可以对动物进行饲料的日常投喂，每隔一段时间对动物进行指标记录，根据实际养殖情况对动物进行移圈操作。

（3）病症预防与治理包含疫苗、病症、药品管理、病症记录、动物防疫隔离等。养殖人员发现动物存在异常情况后，可以在系统中进行特殊情况上报，相应的医生看到后，可以对动物进行观察、确诊及治疗。

（4）屠宰管理包括防疫证明检测、屠宰组人员分配、具体屠宰等。

（5）物流及仓储管理包括车辆安排与运输、仓库基本管理与出入库操作等。

（6）销售管理主要数据信息包含运输、仓储和分销流程数据，包括销售人员、销售时间、经销商信息、销售环节责任人、肉制品流向、买主身份信息等。

养殖生产管理流程如图 5-19 所示。

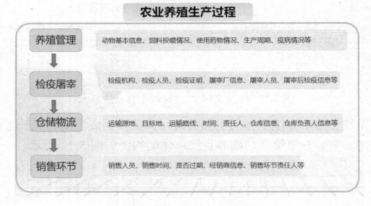

图 5-19　农业养殖生产过程

【思考与设计】

根据以上背景资料，试使用面向过程的分析方法画出系统的数据流图（DFD），并建立数据模型（E-R 图）。

从概念数据模型导出数据库的逻辑结构。

5.5　物理结构设计

数据库物理结构设计是为一个给定的逻辑数据模型选取一个最适合的物理结构（存储结构与存取方法）的过程。物理结构依赖于给定的 DBMS 和硬件系统，因此设计人员必须充分了解所用 DBMS 的内部特征，特别是存储结构和存取方法；充分了解应用环境，特别是应用的处理频率和响应时间要求；充分了解外存设备的特性。数据库的物理设计通常分为两步：确定数据库的物理结构和对物理结构进行评价。

5.5.1　确定数据库的物理结构

1．确定数据的存储结构

确定数据的存储结构时要综合考虑存取时间、存储空间利用率和维护代价 3 方面因素。这 3 个方面常常是相互矛盾的，例如，消除一切冗余数据虽然能够节省存储空间，但往往会增加检索代价，因此必须进行权衡，选择一个折中方案。

许多关系型 DBMS 都提供了聚簇（聚集索引）功能，即为了提高某个属性（或属性组）的查询速度，把在这个或这些属性上有相同值的元组集中存放在一个物理块中，如果存放不下，可以存放到预留的空白区或链接多个物理块。

聚簇功能可以大大提高按聚簇码进行查询的效率。假设学生关系按"部门代号"建有索引，现在要查询信电系的所有学生名单。设信电系有 120 名学生，在极端情况下，这 120 名学生所对应的元组分布在 120 个不同的物理块上，由于每访问一个物理块需要执行一次 I/O 操作，因此该查询即使不考虑访问索引的 I/O 次数，也要执行 120 次 I/O 操作。如果将同一系的学生元组集中存放，则每读一个物理块可得到多个满足查询条件的元组，从而显著地减少了访问磁盘的次数。

同时，使用聚簇功能，可以将聚簇码相同的元组集中在一起，因而聚簇码值不必在每个元组中重复存储，可以节省一些存储空间。

📢 **注意**：聚簇只能提高某些特定应用的性能，而且建立与维护聚簇的开销是相当大的。对已有关系建立聚簇，将导致关系中元组移动其物理存储位置，并使此关系上原有的索引无效，必须重建。当一个元组的聚簇码改变时，该元组的存储位置也要做相应移动。

2．设计数据的存取路径

在关系数据库中，选择存取路径主要是指如何建立索引。例如，应把哪些域作为次码建立次索引、建立单码索引还是组合索引、建立多少个索引合适、是否建立聚集索引等。

3．确定数据的存放位置

为了提高系统性能，应该根据应用情况，将数据易变部分与稳定部分、经常存取部分和存取频率较低部分分开存放。

例如，数据库数据备份、日志文件备份等文件由于只在故障恢复时才使用，而且数据量很大，可以考虑存放在磁带上。目前许多计算机都有多个磁盘，因此进行物理设计时，可以考虑将表和索引分别放在不同的磁盘上。在查询时，由于两个磁盘驱动器分别工作，可以保证物理读写速度比较快。也可以将比较大的表分别放在两个磁盘上，以加快存取速度。

4．确定系统配置

DBMS 产品一般都提供了一些存储分配参数，供设计人员和 DBA 对数据库进行物理优化。初始情况下，系统为这些变量赋予了合理的默认值。但是这些值不一定适合每一种应用环境，在进行物理设计时，需要重新对这些变量赋值以改善系统的性能。

在物理设计时，对系统配置变量的调整只是初步的，在系统运行时还要根据系统的实际运行情况做进一步的调整，以期切实改进系统性能。

5.5.2　评价物理结构

在数据库物理设计过程中需要对时间效率、空间效率、维护代价和各种用户要求进行权衡，其结果可以产生多种方案，数据库设计人员必须对这些方案进行细致的评价，从中选择一个较优的方案作为数据库的物理结构。

评价物理结构的方法完全依赖于所选用的 DBMS，主要是定量估算各种方案的存储空间、存取时间和维护代价，对估算结果进行权衡、比较，选择一个较优的物理结构。如果该结构不符合用户需求，则需要修改设计。

5.6　数据库的实施和维护

数据库的实施主要包括用数据定义语言（DDL）定义数据库结构、数据装载、编制与调试应用程序、数据库试运行等，如图 5-20 所示。确定了数据库的逻辑结构与物理结构后，就可以用所选用的 DBMS 提供的 DDL 来严格描述数据库结构。

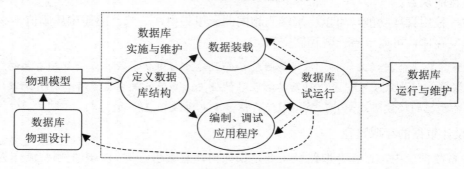

图 5-20　数据库实施任务示意图

5.6.1　数据的载入和应用程序的调试

数据库结构建立好后，就可以向数据库中装载数据了。组织数据入库是数据库实施阶段最主要的工作之一。为了保证数据能够及时入库，应在数据库物理设计的同时编制数据输入子系统。

对于数据量不是很大的小型系统，可以用人工方式完成数据的入库，其步骤如下。

（1）筛选数据。需要装入数据库中的数据通常分散在各个部门的数据文件或原始凭证中，所以首先必须把需要入库的数据筛选出来。

（2）转换数据格式。对筛选出来的不符合数据库要求的数据进行格式转换。

（3）输入数据。将转换好的数据输入计算机中。

（4）校验数据。检查输入的数据是否有误。

对于中、大型系统，由于数据量庞大，用人工方式组织数据入库将会耗费大量人力、物力，而且很难保证数据的正确性，因此应该设计一个数据输入子系统来辅助数据的入库工作，其步骤如下。

（1）筛选数据。

（2）输入数据。由录入员通过输入子系统将原始数据输入计算机中。

（3）校验数据。数据输入子系统后，应利用多种检验技术检查输入数据的正确性。

（4）转换数据。根据数据库系统的要求，从输入的数据中抽取有用成分，对其进行分类，然后转换数据格式。

（5）综合数据。针对转换好的数据，根据系统要求进一步综合，成为最终数据。

在数据库实施阶段，数据库结构建立好后，就可以开始编制、调试数据库的应用程序，也就是说，编制与调试应用程序是与组织数据入库同步进行的。调试应用程序时，由于数据入库尚未完成，可先使用模拟数据。

5.6.2　数据库的试运行

应用程序调试完成，并且已有一小部分数据入库后，就可以开始数据库的试运行。数据库试运行也称为联合调试，其主要工作包括以下方面。

❑　功能测试：实际运行应用程序，执行对数据库的各种操作，测试应用程序的各种功能。

❑　性能测试：测量系统的性能指标，分析是否符合设计目标。

1. 数据库性能指标的测量

数据库物理设计阶段在评价数据库结构的估算时间、空间指标时，做了许多简化和假设，忽略了许多次要因素，因此结果必然不精确。数据库试运行阶段则是要实际测量系统的各种性能指标（不仅是时间、空间指标），如果结果不符合设计目标，则需要返回物理设计阶段，调整物理结构，修改参数，有时甚至需要返回逻辑设计阶段，调整逻辑结构。

2. 数据的分期入库

重新设计物理结构甚至逻辑结构，会导致数据重新入库。数据入库工作量较大，可以采用分期输入数据的方法。

（1）输入小批量数据供先期联合调试使用。

（2）待试运行基本合格后再输入大批量数据。

（3）逐步增加数据量，完成运行评价。

3. 数据库的转储和恢复

因为在数据库试运行阶段系统还不稳定，软、硬件故障随时都可能发生，系统的操作人员对新系统还不熟悉，误操作也不可避免，所以必须做好数据库的转储和恢复工作，尽量减少对数据库的破坏。

5.6.3　数据库的运行和维护

数据库试运行结果符合设计目标后，数据库就可以真正投入运行了。数据库投入运行标志着开发任务的基本完成和维护工作的开始，但并不意味着设计过程的终结。由于应用环境在不断变化，数据库运行过程中物理存储也会不断变化，对数据库设计进行评价、调整、修改等维护工作是一个长期的任务，也是设计工作的继续和提高。

在数据库运行阶段，对数据库经常性的维护工作主要由 DBA 完成，包括以下几部分。

（1）数据库的转储和恢复。

（2）数据库的安全性、完整性控制。

（3）数据库性能的监督、分析和改进。

（4）数据库的重组织和重构造。

数据库应用环境发生变化时，会导致实体及实体间的联系也发生相应的变化，使原有的数据库设计不能很好地满足新的需求，从而不得不适当调整数据库的模式和内模式，这就是数据库的重构造。DBMS 提供了修改数据库结构的功能。

重构造数据库的程度是有限的。若应用变化太大，已无法通过重构数据库来满足新的需求，或重构数据库的代价太大，则表明现有数据库应用系统的生命周期已经结束，应该重新设计新的数据库系统。

5.7　本章小结

数据库设计是数据库应用的核心。本章讨论数据库设计的任务、特点、基本步骤和方法，重点介绍数据库的需求分析、概念设计及逻辑设计 3 个阶段，并用实例说明如何进行相关的设计。

设计一个数据库应用系统需要经历需求分析、概念结构设计、逻辑结构设计、物理结构设计、实施和运行维护 6 个阶段，设计过程中往往还会有许多反复。

在数据库设计的各个阶段形成了数据库的各级模式。需求分析阶段综合各个用户的应用需求（现实世界的需求）；概念设计阶段形成独立于机器、各个 DBMS 产品的概念模式（信息世界模型），用 E-R 图来描述；逻辑设计阶段将 E-R 图转换成具体的数据库产品支持的关系模型，形成数据库逻辑模式。然后根据用户处理的要求，出于安全性考虑，建立数据的外模式；物理设计阶段根据 DBMS 的特点和处理需要，进行物理存储安排，形成数据库内模式。

习　题　5

一、单项选择题

1. 如何构造出一个合适的数据逻辑结构是（　　）主要解决的问题。

　　A. 物理结构设计　　　　　　　　　　B. 数据字典

　　C. 逻辑结构设计　　　　　　　　　　D. 关系数据库查询

2. 概念结构设计是整个数据库设计的关键，通过对用户需求进行综合、归纳与抽象，形成一个独立于具体 DBMS 的（　　）。

　　A. 数据模型　　　B. 概念模型　　　C. 层次模型　　　D. 关系模型

3. 数据库设计中，确定数据库存储结构，即确定关系、索引、聚簇、日志、备份等数据的存储安排和存储结构，是数据库设计的（　　　）。

　　A. 需求分析阶段　　　　　　　　　　　　B. 逻辑设计阶段

　　C. 概念设计阶段　　　　　　　　　　　　D. 物理设计阶段

4. 数据库物理设计完成后，进入数据库实施阶段，下述工作中，（　　　）一般不属于实施阶段的工作。

　　A. 建立库结构　　　　B. 系统调试　　　　C. 加载数据　　　　D. 扩充功能

5. 数据库设计每个阶段都有自己的设计内容，"为哪些关系，在哪些属性上建立什么样的索引"这一设计内容应该属于（　　　）阶段。

　　A. 概念设计　　　　　B. 逻辑设计　　　　C. 物理设计　　　　D. 全局设计

6. 在关系数据库设计中，设计关系模式是数据库设计中（　　　）阶段的任务。

　　A. 逻辑设计　　　　　B. 概念设计　　　　C. 物理设计　　　　D. 需求分析

7. 在关系数据库设计中，对关系进行规范化处理，使关系达到一定的范式，如达到 3NF，是（　　　）阶段的任务。

　　A. 需求分析　　　　　B. 概念设计　　　　C. 物理设计　　　　D. 逻辑设计

8. 概念模型是现实世界的第一层抽象，这一类最著名的模型是（　　　）。

　　A. 层次模型　　　　　　　　　　　　　　B. 关系模型

　　C. 网状模型　　　　　　　　　　　　　　D. 实体-关系模型

9. 在概念模型中客观存在并可相互区别的事物称（　　　）。

　　A. 实体　　　　　　　B. 元组　　　　　　C. 属性　　　　　　D. 节点

10. 区分不同实体的依据是（　　　）。

　　A. 名称　　　　　　　B. 属性　　　　　　C. 对象　　　　　　D. 概念

11. 公司有多个部门和多名职员，每个职员只能属于一个部门，一个部门可以有多名职员，从部门到职员的联系类型是（　　　）。

　　A. 多对多　　　　　　B. 一对一　　　　　C. 一对多　　　　　D. 以上都对

12. 关系数据库中，实现实体之间的联系是通过关系与关系之间的（　　　）。

　　A. 公共索引　　　　　B. 公共存储　　　　C. 公共元组　　　　D. 公共属性

13. 流程图是用于数据库设计中（　　　）阶段的工具。

　　A. 概要设计　　　　　B. 可行性分析　　　　C. 程序编码　　　　D. 需求分析

14. 在数据库设计中，将 E-R 图转换成关系数据模型的过程属于（　　　）。

　　A. 需求分析阶段　　　　　　　　　　　　B. 逻辑设计阶段

　　C. 概念设计阶段　　　　　　　　　　　　D. 物理设计阶段

15. 下列对数据库应用系统设计的说法中正确的是（　　　）。

　　A. 必须先完成数据库的设计，才能开始对数据处理的设计

　　B. 应用系统用户不必参与设计过程

　　C. 应用程序员可以不必参与数据库的概念结构设计

　　D. 以上都不对

16. 在需求分析阶段，常用（　　　）描述用户单位的业务流程。

　　A. 数据流图　　　　　B. E-R 图　　　　　C. 程序流图　　　　D. 判定表

17．E-R 图一般用于描述（　　　）阶段的工作成果。
    A．需求分析　　　　　　　　　　B．概念结构设计
    C．逻辑结构设计　　　　　　　　D．物理结构设计
18．数据库的概念模型独立于（　　　）。
    A．具体的机器和 DBMS　　　　　B．E-R 图
    C．信息世界　　　　　　　　　　D．现实世界

二、填空题

1．数据库设计的基本过程可以划分为 5 个阶段，即_____阶段、_____阶段、_____阶段、_____阶段和_____阶段。

2．在设计局部 E-R 图时，由于各个子系统分别面向不同的应用，各个局部 E-R 图之间难免存在冲突，这些冲突主要包括_____、_____和_____3 类。

3．数据字典中的_____是不可再分的数据单位。

4．E-R 模型中，用矩形表示_____，用椭圆形表示_____，用菱形表示_____。

5．数据流图中，符号▢表示_____，符号▭表示_____，符号◯表示_____，符号⟶表示_____。

三、简答题

1．试述数据库设计过程。

2．试述数据库设计过程中各个阶段的设计描述。

3．试述数据库设计过程中结构设计部分形成的数据库模式。

4．试述数据库设计的特点。

5．需求分析阶段的设计目标是什么？调查的内容是什么？

6．数据字典的内容和作用是什么？

7．什么是数据库的概念结构？试述其特点和设计策略。

8．什么叫数据抽象？试举例说明。

9．试述数据库概念结构设计的重要性和设计步骤。

10．什么是 E-R 图？构成 E-R 图的基本要素是什么？

11．为什么要视图集成？视图集成的方法是什么？

12．什么是数据库的逻辑结构设计？试述其设计步骤。

13．试述把 E-R 图转换为关系模型的转换规则。

四、综合题

1．设教学管理系统要处理下列实体。

（1）学生，其属性包括学号、姓名、性别、年龄、籍贯等。

（2）教师，其属性包括工号、姓名、年龄、职称等。

（3）课程，其属性包括课程代码、课程名、学分等。

且已知下列事实如下。

（1）一位学生能选修多门课程。

（2）一门课程可由多位学生选修。

（3）学生选修每门课程考试后有一个成绩。

（4）一位教师能任教多门课程，一门课程可由多位教师任教。

试画出该系统的 E-R 图。

2．设某书籍出版信息管理系统中要处理书籍、作者、出版社这 3 类实体的信息，且有如下事实。

（1）每本书籍有一个唯一的书号，可能有多位作者参与编写，但只在一家出版社出版。

（2）每位作者可能参与多本书籍的编写。

（3）作者之间可能同名，图书之间也可能同名，但出版社之间不会同名。

请自行设计属性，画出 E-R 图。

3．设有一工业企业的局部应用，包括 3 个实体：供应商、项目和零件。其中各实体的属性如下：供应商(Sno, Sname, Status, City)，项目(Jno, Jname, City)，零件(Pno, Pname, Color, Weight)。试描述供应商、项目和零件 3 个实体型两两之间多对多联系的语义，并画出 E-R 图。

习题

课件

答案

第 6 章   数据库保护技术

数据库管理系统需要对数据库进行保护。数据共享是数据库的基本要求，多用户共享数据库时，必然有合法用户合法使用、合法用户非法使用以及非法用户非法使用数据的问题，要保证合法用户合法使用数据库及数据共享的安全性，就需要对数据库实施保护。数据库保护主要是通过数据库的安全性控制、完整性控制、并发控制及恢复 4 个方面实现的。

本章学习目标：了解数据库的安全性和完整性；能够解释并发控制及其在维护数据库完整性方面的作用，能够使用封锁方法进行并发控制；能够描述数据库故障类型，明确数据库恢复技术在数据库保护方面的作用。

6.1   数据库的安全性

安全性问题是计算机系统中普遍存在的一个问题，而在数据库系统中显得更为突出。操作系统是计算机系统的核心，数据库系统又是建立在操作系统之上的，因此，数据库系统的安全性与计算机系统的安全性是紧密联系、相互支持的。

6.1.1   计算机系统的安全性

计算机系统的安全性是指计算机系统建立和采取的各种安全保护措施，以保护计算机系统中的软硬件等资源不因各种有意、无意的原因而遭到破坏、泄密等，使计算机系统的全部资源保持其正常状态。

计算机系统的安全性不仅涉及计算机系统本身的技术问题、管理问题，还涉及法学、犯罪学、心理学等问题，其内容包括计算机安全理论与策略、计算机安全技术、安全管理、安全评价、安全产品，以及计算机犯罪与侦察、计算机安全法律等。概括起来，计算机系统的安全性问题可分为技术安全类、管理安全类和政策法律类三大类。因此，计算机系统的安全性是一个跨学科的问题，有兴趣的读者可以参考相关文献。

6.1.2   数据库的安全性

数据库的安全性是指保护数据库，防止因用户非法使用造成的数据泄露、更改或破坏。非法使用是指不具有数据操作权限的用户进行了越权的数据操作。当然，引发数据库安全性的问题还有许多，主要包括如下几种情况。

（1）政策方面的问题。例如，确定存取原则，允许指定用户存取指定数据。

（2）法律、社会和伦理方面的问题。例如，请求查询信息的人是否有合法的权利。

（3）硬件控制方面的问题。例如，CPU 是否提供任何安全性方面的功能。

（4）物理控制方面的问题。例如，计算机机房是否应该加锁或用其他方法加以保护。

（5）操作系统安全性方面的问题。例如，使用完主存储器和数据文件后，操作系统是否需清除它们的内容。

（6）可操作性方面的问题。例如，使用口令时，如何设置口令保密。

（7）数据库系统本身的安全性方面的问题。这里主要讨论的是数据库系统本身的安全性问题，考虑安全保护的策略，尤其是存取控制的策略。

6.1.3　安全性控制的一般方法

数据库的安全性控制是指要尽可能地杜绝所有可能的数据库非法访问。在计算机系统中，安全措施是逐级层层设置的，如图 6-1 所示就是一种常用的安全性控制模型。

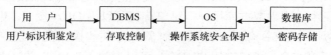

图 6-1　安全性控制模型

在图 6-1 所示的安全性控制模型中，当用户要求进入计算机系统时，系统首先根据用户输入的标识进行用户身份鉴定，只有合法的用户才允许进入计算机系统。对于已进入系统的用户，DBMS 还要进行存取控制，只允许用户执行合法操作。操作系统也有自己的保护措施（有关操作系统的安全保护措施可参考有关操作系统的书籍）。数据最后还可以以密码形式存储到数据库中，这里不再详述。本小节只讨论与数据库有关的几类安全性措施。

1. 用户标识和鉴定

用户标识和鉴定是系统提供的最外层的安全保护措施，其基本方法是由系统提供一定的方式让用户标识自己的名字或身份，系统内部记录着所有合法用户的标识，每次用户要求进入系统时，由系统将用户提供的身份标识与系统内部记录的合法用户标识进行核实，通过鉴定后才提供系统的使用权。

用户标识和鉴定的方法有很多种，在使用中常常是多种方法并用，以求更强的安全性，常用的方法有以下几种。

（1）用一个用户名或用户标识符来标明用户身份，以此来鉴别用户的合法性。如果用户名或用户标识符正确，则可进入下一步核实；若不正确，该用户不能使用计算机。

（2）用户标识符是用户公开的标识，不足以成为鉴别用户身份的凭证。为了进一步核实用户身份，常采用用户名与密码相结合的方法。系统通过进一步核对密码来判别用户身份的真伪。系统有一张用户密码表，为每个用户保持一个记录，包括用户名和密码两部分数据。用户先输入用户名，然后系统要求用户输入密码。为了保密，密码由合法用户自己定义，并可以随时变更。为防止密码被人窃取，用户在终端上输入的密码不显示在屏幕上，而用字符"*"替代。系统核对密码以鉴别用户身份。

（3）通过用户名和密码来鉴定用户的方法简单易行，但容易被人窃取或破解，因此还可采用更复杂的方法。例如，使用计算过程与函数，密码可以与系统时间相联系，随时间的变化而变化，鉴别用户身份时，系统提供一个随机数，用户根据自己预先约定的过程或函数进行计算，系统再根据计算结果辨别用户身份的合法性。若使用该方法，他人虽可窃取系统提供的随机数，但因不能推算出确切的变换公式，也就无法冒充真实用户。另外，还可以采用签名、指纹等用户个人特征鉴别。

2．存取权限控制

存取权限控制又称访问控制，是指不同的用户对于不同的数据对象允许执行的操作权。在数据库系统中，为了保证用户只能访问其有权存取的数据，必须预先对每个用户定义存取权限。对于合法用户，系统根据存取权限对其各种操作请求进行控制，确保用户只执行合法操作。

存取权限由两个要素组成：数据对象和操作类型。定义一个用户的存取权限就是要定义该用户可以在哪些数据对象上进行哪些类型的操作。

在数据库系统中，定义用户存取权限称为授权。第 3 章讨论 SQL 的数据控制功能时，已经介绍过两种授权方式，即系统特权和对象特权。系统特权是由 DBA 授予某些数据库用户的，只有得到系统特权，才能成为数据库用户；对象特权可以由 DBA 授予，也可以由数据对象的创建者授予，使数据库用户具有对某些数据对象进行某些操作的特权。在系统初始化时，系统中至少有一个具有 DBA 特权的用户，DBA 可以通过 GRANT 语句将系统特权或对象特权授予其他用户。对于已授权的用户，可以通过 REVOKE 语句收回所授予的特权。

这些授权定义经过编译后以一张授权表的形式存放在数据字典中。授权表主要有 3 个属性，即用户标识、数据对象和操作类型。用户标识不但可以是用户个人，也可以是团体、程序或终端。在非关系数据库系统中，存取权限控制的数据对象仅限于数据本身。而在关系数据库系统中，存取权限控制的数据对象不仅有表、属性列等数据本身，还有模式、外模式、内模式等数据字典中的内容。表 6-1 列出了关系数据库系统中的存取权限。

表 6-1　关系数据库系统中的存取权限

数据对象		操作类型
模式	模式	建立、修改、检索
	外模式	建立、修改、检索
	内模式	建立、修改、检索
数据	表	查找、插入、修改、删除
	属性列	查找、插入、修改、删除

对于一个授权表，衡量授权机制的一个重要指标就是授权粒度。所谓授权粒度，就是可以定义的数据对象的范围。在关系数据库系统中，实体以及实体的联系都用单一的数据结构来表示，表由记录和属性列组成。所以在关系数据库中，授权的数据对象粒度包括关系、记录或属性。一般来说，授权定义中粒度越细，授权子系统就越灵活。

如表 6-2 所示是一个授权粒度很粗的表，只能对整个关系授权，如用户 USER1 拥有对关系 S 的一切权限；用户 USER2 拥有对关系 C 的 SELECT 权限以及对关系 SC 的 UPDATE 权限；用户 USER3 只可以向关系 SC 中插入新记录。

如表 6-3 所示是一个授权粒度较为精细的表，可以精确到关系的某一属性。用户 USER1 拥有对关系 S 的一切权限；用户 USER2 只能查询关系 C 的 CNO 属性和修改关系 SC 的 SCORE 属性；用户 USER3 可以向关系 SC 中插入新记录。

表 6-2　授权表的例子（1）

用 户 标 识	数 据 对 象	操 作 类 型	用 户 标 识	数 据 对 象	操 作 类 型
USER1	关系 S	ALL	USER3	关系 SC	INSERT
USER2	关系 C	SELECT	…	…	…
USER2	关系 SC	UPDATE			

表 6-3　授权表的例子（2）

用 户 标 识	数 据 对 象	操 作 类 型	用 户 标 识	数 据 对 象	操 作 类 型
USER1	关系 S	ALL	USER3	关系 SC	INSERT
USER2	列 C.CNO	SELECT	…	…	…
USER2	列 SC.SCORE	UPDATE			

表 6-2 和表 6-3 中的授权定义均独立于数据值，即用户能否执行某个操作与数据内容无关。而表 6-4 所示的授权表则不但可以对属性列授权，还可以提供与数据值有关的授权，即可以对关系中的一组记录授权。例如，用户 USER1 只能对计算机系的学生进行操作。对于提供与数据值有关的授权，系统必须能够支持存取谓词的操作。

表 6-4　授权表的例子（3）

用户标识	数据对象	操作类型	存取谓词	用户标识	数据对象	操作类型	存取谓词
USER1	关系 S	ALL	DEPT='计算机'	USER3	关系 SC	INSERT	
USER2	列 C.CNO	SELECT		…	…	…	…
USER2	列 SC.SCORE	UPDATE					

可见，授权粒度越细，授权子系统就越灵活，能够提供的安全性就越完善。但是，如果用户比较多，数据库比较大，授权表将很大，而且每次数据库访问都要用到这张授权表做授权检查，这将影响数据库的性能。所幸的是，在大部分数据库中，需要保密的数据占少数，对于大部分公开的数据，可以一次性授权给 PUBLIC，而不必再对每个用户个别授权。对于与数据值有关的授权（见表 6-4），可以通过另外一种数据库安全措施保护数据库安全，即定义视图。

3．定义视图

限制用户对某些数据的访问，不仅可以通过授权来实现，还可以通过定义用户的外模式来提供一定的安全保护功能。在关系数据库系统中，可以为不同的用户定义不同的视图，通过视图机制把要保密的数据对无权操作的用户隐藏起来，从而自动地为数据提供一定程度的安全保护。在实际应用中，通常将视图机制与授权机制结合起来使用：首先用视图机制屏蔽一部分保密数据，然后在视图上再进一步定义存取权限。

例如，限制 USER1 只能对数学系的学生进行操作。一种方法是通过授权语句对 USER1 授权，另一种简单的方法就是先建立数学系学生的视图，然后在该视图上定义存取权限。

4．数据加密

对于高度敏感的数据（如财务、军事、国家机密等），除了以上安全性措施，还应该采用数据加密技术。数据加密技术是防止数据库中的数据在存储和传输中泄密的有效手段。加密的基本思想是根据一定的算法将原始数据（明文）变换为不可直接识别的格式（密文），从而使得不知道解密算法的人无法获得数据的内容。

加密方法主要有两种。

（1）信息替换方法。该方法使用密钥将明文中的每一个字符转换为密文中的字符。

（2）信息置换方法。该方法仅将明文的字符按不同的顺序重新排列。

单独使用这两种方法的任意一种都是不够安全的，但是将这两种方法结合起来就能达到相当高的安全程度。

数据加密和解密是比较费时的操作，而且会占用大量的系统资源、增加系统开销、降低数据库的性能。因此，在一般数据库系统中，数据加密作为可选的功能，允许用户自由选择，只有对那些保密要求特别高的数据，才值得采用此方法。

5．审计

上文所介绍的保密措施都不是万无一失的。实际上，任何系统的安全保护措施都不可能无懈可击，窃密者总有办法打破这些控制。对于某些高度敏感的保密数据，必须以审计作为预防手段。

审计功能就是把用户对数据库的所有操作自动记录下来并放入审计日志中，一旦发生数据被非法存取，DBA 可以利用审计跟踪的信息，重现导致数据库现有状况的一系列事件，以进一步找出非法存取数据的人、时间和内容等。

由于审计功能会大大增加系统的开销，因此 DBMS 通常将其作为可选功能，允许 DBA 根据实际应用对安全性的要求，灵活地打开或关闭。

最后，应指明一点，尽管数据库系统提供了很多保护措施，但事实上，没有哪一种措施是绝对可靠的。安全性保护措施越复杂、越全面，系统的开销就会越大，用户的使用也会变得越困难，因此，在设计数据库系统安全性保护时，应权衡各方面利弊后再选择安全保护措施。

6.1.4　数据库的安全标准

为了方便企业根据自身情况评定和选择不同安全级别的数据库产品，有必要为数据库产品的安全性制定标准。目前，应用比较广泛的有关数据库的安全标准是 1985 年美国国防部发布的《可信计算机系统评估标准》（Trusted Computer System Evaluation Criteria，TCSEC，橘皮书）和 1991 年美国国家计算机安全中心颁布的《可信计算机系统评估标准——关于数据库系统解释》（Trusted Database Interpretation，TDI，紫皮书）。这两个标准合称为 TCSEC/TDI 标准。按照该标准，将系统划分为 D、C、B、A 四组，D、C1、C2、B1、B2、B3、A1 从低到高 7 个等级。较高安全等级提供的安全保护包含较低等级的所有保护要求，同时提供更多、更完善的保护能力。

1．TCSEC/TDI 标准

1）D 级安全标准

D 级安全标准为无安全保护的系统。

2）C1 级安全标准

满足 C1 级安全标准的系统必须具有如下功能。

（1）身份标识与身份鉴别。

（2）数据完整性。

（3）存取控制。

C1 级安全标准的核心是存取控制，适合于单机工作方式，目前国内所使用的系统大都符合这一标准。

3）C2 级安全标准

满足 C2 级安全标准的系统必须具有如下功能。

（1）满足 C1 级安全标准的全部功能。

（2）审计。

C2 级安全标准的核心是审计，适合于单机工作方式，目前国内所使用的系统一部分符合该标准。满足 C2 标准的数据库系统有 Oracle 7 及以上版本系统、Sybase 公司的 Sybase SQL Server 11.0.6、微软公司的 MS SQL Server 2000 等。

4）B1 级安全标准

满足 B1 级安全标准的系统必须具有如下功能。

（1）满足 C2 级安全标准的全部功能。

（2）存取控制。

B1 级安全标准的核心是存取控制，适合于网络工作方式，目前国内所使用的系统基本不符合该标准，而在国际上，有部分系统符合这一标准。满足 B1 标准的数据库系统有 Oracle 公司的 Trusted Oracle 7、Sybase 公司的 Secure SQL Server version 11.0.6 等。

凡符合 B1 级安全标准的数据库系统称为安全数据库系统或可信数据库系统。因此可以说我国所使用的系统基本上不是安全数据库系统。

5）B2 级安全标准

满足 B2 级安全标准的系统必须具有如下功能。

（1）满足 B1 级安全标准的全部功能。

（2）具有隐蔽通道。

（3）具有数据库安全的形式化。

B2 级安全标准的核心是隐蔽通道与形式化，适合于网络工作方式，目前国内外均尚无符合这一标准的系统，其主要的难点是数据库安全的形式化表示。

6）B3 级安全标准

满足 B3 级安全标准的系统必须具有如下功能。

（1）满足 B2 级安全标准的全部功能。

（2）访问监控器。

B3 级安全标准的核心是访问监控器，适合于网络工作方式，目前国内外均尚无符合这一标准的系统。

7）A1 级安全标准

满足 A1 安全标准的系统必须具有如下功能。

（1）满足 B3 级安全标准的全部功能。

（2）具有较高的形式化要求。

此级标准的安全级别最高，应具有完善的形式化要求。目前尚无法实现，仅仅是一种理想化的等级。

2．我国国家标准

我国国家标准颁布于 1999 年，为与国际接轨，其基本结构参照美国的 TCSEC 标准。我国标准分为 5 级，从第 1 级到第 5 级基本上与 TCSEC 标准的 C 级（C1、C2）及 B 级（B1、B2、B3）一致。现将我国标准与 TCSEC 标准进行对比，如表 6-5 所示。

表 6-5　TCSEC 标准与我国标准的对比

我 国 标 准	TCSEC 标准	我 国 标 准	TCSEC 标准
—	D 级标准	第 4 级：结构化保护级	B2 级标准
第 1 级：自主安全保护级	C1 级标准	第 5 级：访问验证保护级	B3 级标准
第 2 级：系统审计保护级	C2 级标准	—	A1 级标准
第 3 级：安全标记保护级	B1 级标准		

6.1.5　SQL Server 2019 的安全性控制

数据库建立之后，数据的安全性最为重要。SQL Server 2019 提供了比较复杂的安全性措施以保证数据库的安全。

1．SQL Server 2019 的安全体系结构

SQL Server 安全体系结构如图 6-2 所示。SQL Server 安全体系包括 SQL Server 登录、数据库用户、操作权限和安全对象。其安全策略为：要访问数据库服务器，必须先成为 DBMS 的登录用户；要访问某个数据库，必须将某个登录用户或其所属的角色设置为该数据库的用户；成为某个数据库的用户后，如要访问该数据库下的某个数据库对象或执行某个 SQL 语句，还必须为该用户授予所要操作对象或语句的权限。SQL Server 运行于操作系统之上，它与 OS 各自有其安全体系。操作系统的用户只有成为 SQL Server 的登录用户后，才能访问 SQL Server。

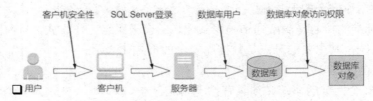

图 6-2　SQL Server 的安全体系结构

2．SQL Server 登录

SQL Server 登录是 SQL Server 安全管理的一个基本概念，需要身份验证。身份验证模式是指系统确认用户的方式。SQL Server 2019 有两种身份验证模式，即 Windows 身份验证模式、SQL Server 和 Windows 身份验证模式。

Windows 身份验证模式是指使用 Windows 操作系统的安全机制进行身份验证。只要用户能够通过 Windows 用户账号验证，即可连接到 SQL Server，SQL Server 不再进行验证。

SQL Server 和 Windows 身份验证模式是指在此模式下，SQL Server 要进行身份验证。用户须提供登录名和口令，这些信息存储在 SQL Server 系统表 syslogins 中，与 Windows 的登

录账号无关。这种验证模式可使某些非可信的 Windows 操作系统账户（如 Internet 客户）连接到 SQL Server 上。它相当于在 Windows 身份验证机制之后加入 SQL Server 身份验证机制，对非可信的 Windows 账户进行自行验证。对可信客户也可采用 SOL Server 身份验证方式。

　　指定或修改 SQL Server 2019 身份验证模式的方法是在 SQL Server Management Studio 的对象资源管理器中，右击要指定或修改的 SQL Server 服务器，在弹出的快捷菜单中选择"属性"命令，打开如图 6-3 所示的窗口，选择"安全性"选项，其右侧即为服务器身份验证方式选项。

图 6-3　设置 SQL Server 身份验证模式

📢 **注意**：修改了验证模式后，需要重启 SQL Server 服务，才能使设置生效。

　　登录是指连接到 SQL Server 的账号信息，包括登录名、口令等。登录属于数据库服务器级的安全策略。无论采用哪种身份验证方式，都需要具备有效的登录账号。

　　SQL Server 建有默认的登录账号：Sa（System Administrator，系统管理员，在 SQL Server 中拥有系统和数据库的所有权限）、BUILTIN\Administrators（SQL Server 为每个 OS 系统管理员提供的默认登录账号，在 SOL Server 中拥有系统和数据库的所有权限）。

　　创建登录的步骤如下。

　　（1）打开 SQL Server Management Studio 并连接到目标数据库服务器。

　　（2）在对象资源管理器中单击"安全性"节点前的"+"图标，展开"安全性"节点。

　　（3）在"登录名"上右击，在弹出的快捷菜单中选择"新建登录名"命令，将出现如图 6-4 所示的窗口。

　　（4）选择身份验证模式，输入登录名、密码、确认密码等，单击"确定"按钮，即可创建登录。此时展开"安全性"节点即可查看到新建的登录名。

　　在创建登录时，可选择默认数据库。若进行了默认数据库的选择，那么以后每次连接到服务器后，都会自动转到默认数据库上。若不指定默认数据库，则 SQL Server 使用 Master 数据库作为登录的默认数据库。

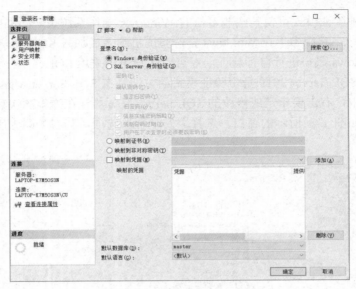

图 6-4　新建登录窗口

3. 数据库用户

用户是数据库级的安全策略，它是为特定数据库定义的。在为某个数据库创建新用户之前，必须已经存在登录名。

创建用户的步骤如下。

（1）打开 SQL Server Management Studio 并连接到目标数据库服务器。

（2）在对象资源管理器中展开"数据库"节点，然后展开目标数据库节点（如 JXGL），再展开"安全性"节点。

（3）在"用户"上右击，在弹出的快捷菜单中选择"新建用户"命令，将出现如图 6-5 所示的窗口。

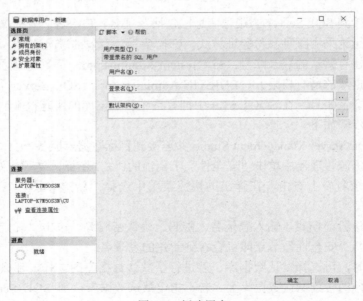

图 6-5　新建用户

（4）输入用户名，选择登录名，单击"确定"按钮，即可创建用户。

需注意，用户名可以与登录名相同，也可以不同。此时展开目标数据库的"安全性"节点下的"用户"节点，即可查看到新建的用户名。

另外，在创建登录时，如果选择了默认访问的数据库名，并且进行了用户映射，则在相应的数据库中会自动添加以该登录名为用户名的用户。

4．操作权限

操作权限用于对数据库对象的访问控制，以及用户对数据库可以执行操作的限定。

1）权限种类

SQL Server 中的权限包括两种类型：服务器权限和数据库权限。

服务器权限允许 DBA 执行管理任务，数据库权限用于控制对数据库对象的访问与语句执行。这些权限定义在固定服务器角色上（角色是 SQL Server 安全机制中重要且较复杂的概念，将在下面讨论）。一般只把服务器权限授予 DBA。服务器权限是一种隐含权限，即系统自行预定义的，不需要授权。

数据库权限是 SQL Server 数据库对象级的安全策略，包括对象权限和语句权限两类。对象权限主要包括 SELECT、INSERT、UPDATE、DELETE 操作，以及存储过程的执行权限。语句权限主要指用户是否有权执行某语句，这些语句通常是一些具有管理功能的操作，如创建数据库、表、视图、存储过程等。SQL Server 权限管理的主要任务是管理对象权限和语句权限。

数据库权限可被授予用户，以允许其访问数据库中的指定对象或执行语句。用户访问数据库对象或执行语句之前必须获得相应权限。在数据库权限中，固定数据库角色所拥有的权限也为隐含权限。

2）权限授予

若创建数据库用户时未为其指定任何角色，那么该用户将不能访问数据库中的任何对象。权限授予可以使用 GRANT 语句实现，其格式与作用在 3.7.1 节已经介绍。下面介绍在 SQL Server Management Studio 中给用户添加对象权限的步骤。

（1）在对象资源管理器中找到该用户名，在用户上右击，在弹出的快捷菜单中选择"属性"命令，在所出现窗口的"选择页"选项组中单击"安全对象"图标，进入权限设置窗口，如图 6-6 所示。

（2）单击"搜索"按钮，在所出现的对话框中选中"特定对象"单选按钮，单击"确定"按钮，如图 6-7 所示。进入"选择对象"对话框后，单击"对象类型"按钮，在所出现的如图 6-8 所示的"选择对象类型"对话框中选择要授权的数据对象，单击"确定"按钮。

（3）此时"浏览"按钮被激活，然后单击"浏览"按钮，进入"查找对象"对话框。在其中进行选择，如图 6-9 所示，单击"确定"按钮。

（4）回到数据库用户窗口，如图 6-10 所示。此窗口已包含添加的对象。依次选择每个对象，并在下面该对象的显示权限窗口中，根据需要选中"授予"或"拒绝"复选框。设置完每个对象的访问权限后，单击"确定"按钮。此时完成了给用户添加数据库对象权限的所有操作。

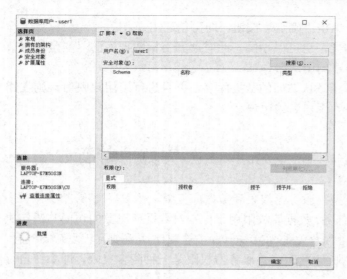

图 6-6　数据库权限设置

图 6-7　添加对象

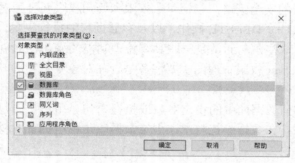

图 6-8　选择对象类型

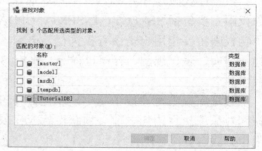

图 6-9　选择具体对象

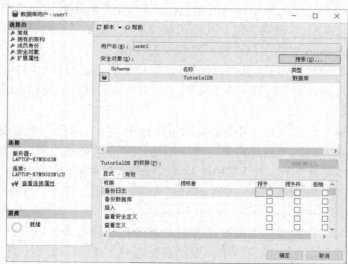

图 6-10　数据库对象权限设置

3）禁止与撤销权限

权限禁止即拒绝对数据库对象的访问或执行语句。使用 DENY 命令可以拒绝给用户授予的权限，并防止数据库用户通过加入角色来获得权限。

撤销权限即不允许某个用户或角色对对象执行某种操作或某个语句，使用 REVOKE 命令撤销权限。

注意：不允许与拒绝是不同的。不允许执行某操作时，可以通过加入角色来获得允许权限。而拒绝执行某操作时，就无法再通过加入角色来获得允许权限了。

5．角色管理

具有相同权限的一组用户称为角色，SQL Server 角色管理包括服务器角色管理和数据库角色管理。

1）服务器角色管理

服务器角色是指根据 SQL Server 的管理任务，以及与这些任务相对的重要性等级来把具有 SQL Server 管理职能的用户划分成不同的用户组。每一组所具有的管理 SQL Server 的权限已被预定义在服务器范围内，且不能修改，所以也称为固定服务器角色。例如，具有 Sysadmin 角色的用户在 SQL Server 中可以执行任何管理性工作，任何企图对其权限进行修改的操作，都将会失败。

SQL Server 共有 9 种固定服务器角色，其具体含义如表 6-6 所示。SQL Server 2022 附带 10 个额外的服务器角色，这些角色专用于最低特权原则，具有前缀 ##MS_ 和后缀 ##，以便将它们与其他常规用户创建的主体和自定义服务器角色区分开来。

表 6-6　服务器角色表

服务器角色	含　义
Sysadmin	拥有 SQL Server 所有的权限许可
Serveradmin	管理 SQL Server 服务器端的设置
Setupadmin	增加和删除连接服务器、建立数据库复制、管理扩展存储过程
Securityadmin	管理和审核 SQL Server 系统登录
Processadmin	管理 SQL Server 系统进程
Dbcreator	创建数据库，并对数据库进行修改
Diskadmin	管理磁盘文件
bulkadmin	执行 BULK INSERT 语句
public	初始状态时没有权限，所有数据库都是它的成员

在 Management Studio 中将一个用户添加为服务器角色成员的步骤如下。

（1）打开 Management Studio，展开"对象资源管理器"窗口中"安全性"→"登录名"节点，选择某一登录账号后右击，在弹出的快捷菜单中选择"属性"命令。

（2）在登录属性窗口中选择"服务器角色"选项，如图 6-11 所示，单击"确定"按钮，将一个用户添加为服务器角色成员。

2）固定数据库角色

固定数据库角色是指 SQL Server 为每个数据库提供的固定角色。SQL Server 提供了 10 个常用的固定数据库角色，其具体含义如表 6-7 所示。

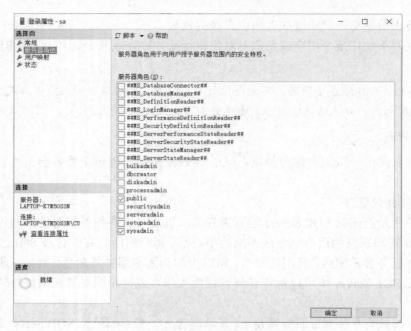

图 6-11　"服务器角色"选项卡

表 6-7　固定数据库角色表

数据库角色	含　义
db_owner	数据库的所有者，可以对所拥有的数据库执行任何操作
db_accessadmin	可以增加或删除数据库用户、工作组和角色
db_datareader	查看来自数据库的所有用户表的全部数据
db_datawriter	增加、修改和删除全部表中的数据，但不能进行 SELECT 操作
db_addladmin	增加、删除和修改数据库中任何对象
db_securityadmin	执行语句和对象权限管理
db_backupoperator	备份和恢复数据库
db_denydatareader	不能对数据库中任何表执行 SELECT 操作
db_denydatawriter	不能对数据库中任何表执行增加、修改和删除数据操作
public	建立用户后其所具有的默认的角色

3）用户自定义数据库角色

一个用户登录到 SQL Server 服务器后必须是某个数据库用户并具有相应的权限，才可对该数据库进行访问操作。如果有若干个用户对数据库有相同的权限，此时可考虑创建用户自定义数据库角色，赋予一组权限，并把这些用户作为该数据库角色的成员。

可以使用 Management Studio 创建用户定义的数据库角色，设置或修改其权限。

在 Management Studio 中，在"对象资源管理器"窗口依次展开"数据库"→某具体数据库→"安全性"→"角色"→"数据库角色"节点，即可显示当前所有的数据库角色。如图 6-12 所示，右击"数据库角色"选项，在弹出的快捷菜单中选择"新建数据库角色"命令。在"数据库角色-新建"窗口中，指定角色名称与所有者，单击"确定"按钮即可简单创建新的数据库角色，如图 6-13 所示。

 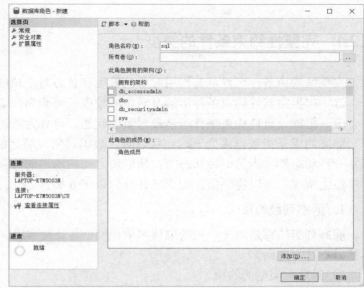

图 6-12　"对象资源管理器"窗口　　　　　图 6-13　"数据库角色-新建"窗口

6. 安全对象管理

安全对象是 SQL Server 数据库引擎授权系统控制对其进行访问的资源。通过创建可以为自己设置安全性的名为"范围"的嵌套层次结构，可以将某些安全对象包含在其他安全对象中。安全对象范围有服务器、数据库和架构。服务器安全对象范围包含的安全对象包括可用性组、终结点、登录、服务器角色和数据库。数据库安全对象范围包含的安全对象包括应用程序角色、程序集、非对称密钥、证书、合约、全文目录、全文非索引字表、消息类型、远程服务绑定、（数据库）角色、路由、架构、搜索属性列表、服务、对称密钥、用户。架构安全对象范围包含的安全对象包括类型、XML 架构集合和对象，对象类包含的成员有聚合、函数、过程、队列、同义词、表、查看和外部表。

6.2　数据库的完整性

第 1 章讨论数据库管理系统的功能时已经介绍过，数据库的完整性是指保护数据库中数据的正确性、有效性和相容性，其主要目的是防止错误的数据进入数据库。

为了维护数据库的完整性，DBMS 必须提供一种机制来检查数据库中的数据，判断其是否满足语义规定的条件，以防止数据库中存在不符合语义的数据，避免错误数据的输入和输出。这些加在数据库数据之上的语义约束条件称为数据库的完整性约束条件，也称完整性约束规则、完整性规则，或简称为完整性约束，它们作为模式的一部分存入数据库中。

数据库系统的整个完整性控制都是围绕着完整性约束条件进行的，因此，完整性约束条件是完整性控制机制的核心。

为了实现数据库的完整性，数据库管理系统必须提供表达完整性约束的方法以及实现完整性的控制机制。

6.2.1　完整性约束条件的类型

完整性约束条件可以从其作用对象的粒度和状态两个角度进行分类。

❑　根据完整性约束条件所涉及对象的粒度，可分为列级、元组级和表级三级约束。

❑　根据完整性约束条件所涉及对象的状态，可分为静态约束和动态约束两种。

静态约束是指数据库处于确定状态时，数据对象应满足的约束条件；动态约束是指数据库从一种状态转变为另一种状态时，新旧值之间应满足的约束条件。

综上所述，可以将完整性约束条件分为以下 6 类。

1．静态列级约束

静态列级约束是对一个列的取值域的说明，这是最常用、最容易实现的一类完整性约束，包括以下几个方面。

1）对数据类型的约束

包括数据的类型、长度、单位和精度等。例如，规定学生数据库中学生姓名的数据类型应为字符型，长度为 8 位。

2）对数据格式的约束

例如，规定出生日期的数据格式为 YY.MM.DD，职工号的前两位为参加工作年份。

3）对取值范围的约束

例如，月份的取值范围为 1～12，日期的取值范围为 1～31。

4）对空值的约束

空值表示未定义或未知的值，与零值和空格不同。有的列允许有空值，有的列则不允许。例如，学号和课程号不可以为空值，但成绩可以为空值。

5）其他约束

例如，关于列的排序说明、组合列等。

2．静态元组级约束

静态元组级约束是各个列之间的约束关系。例如，职工关系中包含工龄和工龄工资等，规定职工的工龄工资为：工龄×10 元。

3．静态表级约束

静态表级约束反映了一个表中各个元组之间或若干关系之间存在的联系或约束。

常见的静态关系约束有如下 4 种：实体完整性约束、参照完整性约束、函数依赖约束、统计约束。第 3 章已讲述实体完整性约束和参照完整性约束，这里只讨论函数依赖约束、统计约束。

1）函数依赖约束

说明了同一关系中不同属性之间应满足的约束条件。例如，2NF、3NF、BCNF 这些不同的范式应满足不同的约束条件。大部分函数依赖约束都是隐含在关系模式结构中的，特别是对于规范化程度较高的关系模式，都是由模式来保持函数依赖的。

2）统计约束

规定某属性值与一个关系多个元组的统计值之间必须满足某种约束条件。例如，规定系主任的奖金不得高于该系平均奖金的 40%，不得低于该系平均奖金的 20%。这里，该系平均奖金的值就是一个统计计算值。

4. 动态列级约束

动态列级约束是指修改列定义或列值时必须满足的约束条件，包括以下两个方面。

1）修改列定义时的约束

例如，将允许空值的列改为不允许空值，如果该列目前已存在空值，则拒绝这种修改。

2）修改列值时的约束

修改列值有时需要参照其旧值，并且新旧值之间需要满足某种约束条件。例如，职工的工龄只能增加等。

5. 动态元组级约束

动态元组级约束是指修改元组的值时，元组中字段组或字段间需要满足某种约束。

6. 动态表级约束

动态表级约束是指加在关系变化前后状态上的限制条件。例如，事务一致性、原子性等约束条件均属于动态表级约束。

6.2.2　完整性控制机制的功能

DBMS 的完整性控制机制应当具有以下 3 种功能。

1. 定义功能

定义功能提供定义完整性约束条件的机制，一个完整的完整性控制机制应该允许用户定义所有的完整性约束条件。

2. 检查功能

检查用户发出的操作请求是否违背了完整性约束条件。根据完整性检查的时间不同，可把完整性约束分为立即执行约束（Immediate Constraints）和延迟执行约束（Deferred Constraints）。

如果要求在有关数据操作语句执行完后立即进行完整性检查，则这类约束称为立即执行约束；如果要求在某些情况下，在整个事务执行结束后再进行完整性约束条件检查，结果正确后才提交，这类约束称为延迟执行约束。例如，在财务管理中，一张记账凭证中"借贷总金额应相等"的约束就应该是延迟执行的约束。只有当一张记账凭证输入完成后，才能达到借贷总金额相等，这时才能进行完整性检查。

3. 保护功能

如果发现用户的操作请求违背了完整性约束条件，则采取一定的保护动作来保证数据的完整性。

如果发现用户的操作请求违背了立即执行约束，则可以拒绝该操作；如果发现用户的操作请求违背了延迟执行约束，由于不知道是哪个或哪些操作破坏了完整性，只能拒绝整个事务，把数据库恢复到该事务执行前的状态。

目前，许多关系数据库管理系统都提供了定义和检查实体完整性、参照完整性和用户自定义完整性的功能。对于违反实体完整性约束和用户自定义完整性约束的操作，一般都以拒绝执行的方式进行处理。而对于违反参照完整性约束的操作，并不都是简单地拒绝执行，有时接受该操作，但同时执行一些附加的操作，以保证数据库的状态仍是正确的。

6.2.3　完整性规则的组成

一条完整性规则可以用一个五元组(D, O, A, C, P)表示。
- D（Data）：表示约束作用的数据对象。
- O（Operation）：表示触发完整性检查的数据库操作，即当用户发出什么操作请求时需要检查该完整性规则，是立即检查还是延迟检查。
- A（Assertion）：表示数据对象必须满足的语义约束，是规则的主体。
- C（Condition）：表示选择 A 作用的数据对象值的谓词。
- P（Procedure）：表示违反完整性规则时执行的操作。

例如，在 S 表中"学号不能为空"的完整性约束如下。
- D：约束作用的数据对象为 SNO 属性。
- O：当用户插入或修改数据时需要检查该完整性规则。
- A：SNO 不能为空。
- C：无，A 可作用于所用记录的 SNO 属性。
- P：拒绝执行用户的请求。

6.2.4　SQL Server 2019 的数据完整性控制

在 SQL Server 完整性控制中，主要通过各种约束、缺省、规则、触发器、存储过程等数据库对象来保证数据的完整性。

1. 约束

第 3 章中已讨论过，约束是 SQL Server 强制实行的应用规则，能够限制用户存放到表中数据的格式和可能值。约束作为数据库定义的一部分，在创建数据库时声明，所以也称为声明完整性约束。约束独立于表结构，可以在不改变表结构的情况下，通过修改表来添加或者删除约束。在删除一个表时，该表所带的所有约束定义也被随之删除。约束有以下几种。

1）主关键字（PRIMARY KEY）约束

能够保证指定列的实体完整性，该约束可以应用于一列或多列，应用于多列时，被定义为表级约束。

2）外部关键字（FOREIGN KEY）约束

为表中一列或多列数据提供参照完整性。实施 FOREIGN KEY 约束时，要求在被参照表中定义 PRIMARY KEY 约束或 UNIQUE 约束。

3）唯一（UNIQUE）约束

能够保证一列或多列的实体完整性。对于实施 UNIQUE 约束的列，不允许有任意两行具有相同的索引值。SQL Server 允许在每张表上建立多个 UNIQUE 约束。

4）检查（CHECK）约束

限制输入到一列或多列的可能值，从而保证 SQL Server 数据库中数据的值域完整性。

5）默认值（DEFAULT）约束

使用此约束时，如果用户在插入数据操作时没有显式地为该列提供数据，系统就将默认值赋给该列。

2．缺省

缺省是一种数据库对象，与默认值约束的作用类似，在 INSERT 语句中为指定数据列设置缺省值。缺省对象只适用于受 INSERT 语句影响的行。

创建缺省对象使用 CREATE DEFAULT 语句，该语句只能在当前数据库中创建缺省对象。对每一个用户来说，在同一个数据库中所创建的缺省对象名称必须唯一。创建缺省后，必须将它与列或用户定义数据类型关联起来才能使其发挥作用。使用 DROP DEFAULT 语句删除指定的缺省对象。

3．规则

规则是对输入到列中的数据所实施的完整性约束条件，指定插入到列中的可能值。规则可以被关联到一列或几列，以及用户定义的数据类型。创建规则使用 CREATE RULE 语句，删除规则使用 DROP RULE 语句。

4．触发器

触发器是一种高功能、高开支的数据完整性方法，具有 INSERT、UPDATE 和 DELETE 3 种类型，分别针对数据插入、数据更新和数据删除 3 种情况。

触发器的用途是维护行级数据的完整性，不能返回结果集。与 CHECK 约束相比，触发器能强制实现更加复杂的数据完整性、执行操作或级联操作、多行数据间的完整性约束、非正规化的数据维护等。

触发器是一个特殊的存储过程。在创建触发器时，通过 CREATE TRIGGER 语句定义触发器对应的表、执行的事件和触发器的指令。当发生事件后，会引发触发器执行，通过执行其指令，保证数据完整性。

在 SQL Server 数据库的关系上创建触发器的方法请参照第 7 章。

6.3　并发控制

为了在并发执行过程中保持完整性的基本要求，需要使用并发控制技术，而实现并发控制机制的方法就是封锁，因此并发控制和封锁是紧密相关的。DBMS 的并发控制是以事务为基本单位进行的。

☞ 知识拓展

图灵奖得主：事务处理领域权威詹姆斯·尼古拉·格雷

6.3.1　事务的基本概念

1. 事务

事务就是数据库系统中执行的基本逻辑工作单位，是由用户定义的一组操作序列。一个事务可以是一条 SQL 语句、一组 SQL 语句或整个程序，一个应用程序可以包括多个事务。

例如，对于一个转账活动：A 账户转账给 B 账户 R 元钱，该活动包含如下两个动作。

第一个动作：A 账户−R。

第二个动作：B 账户+R。

可以想象，假设第一个动作转账成功，但第二个动作由于某种原因没有成功（如突然断电等），那么在系统恢复运行后，A 账户的金额是减 R 之前的值还是减 R 之后的值呢？如果 B 账户的金额没有变化（没有加上 R），A 账户的金额也应是没有做减 R 操作之前的值。那么怎样保证在系统恢复之后，A 账户中的金额是减 R 前的值呢？这就是事务的概念。也就是说，当第二个动作没有成功时，系统自动将第一个动作撤销，使之没有发生。这样当系统恢复正常时，A 账户和 B 账户中的数值才是正确的。

要让系统知道哪几个动作属于一个事务，必须显式地通知系统，事务的开始与结束可以由用户显式控制。如果用户没有显式地定义事务，则由 DBMS 按照默认规定自动划分事务。

在 SQL 语言中，定义事务的语句有如下 3 条：

```
BEGIN   TRANSACTION
COMMIT
ROLLBACK
```

其中，BEGIN TRANSACTION 表示事务的开始；COMMIT 表示事务的提交，即将事务中所有对数据库的更新写回到磁盘上的物理数据库中去，此时事务正常结束；ROLLBACK 表示事务的回滚，即在事务运行的过程中发生了某种故障，事务不能继续执行，系统将事务中对数据库的所有已完成的更新操作全部撤销，再回滚到事务开始时的状态。

在不同的事务处理模型中，事务的开始标记也不完全一样，但不管是哪种事务处理模型，事务的结束标志都包括正常结束（用 COMMIT 表示）和非正常结束（用 ROLLBACK 表示）。

2. 事务的特性

事务具有 4 个特性：原子性（Atomicity）、一致性（Consistency）、隔离性（Isolation）、持久性（Durability）。取 4 个特性的第 1 个英文字母，简称 ACID 特性。

1）原子性

一个事务是一个不可分割的工作单位，事务在执行时，应该遵守"要么不做，要么全做"的原则，即不允许完成部分的事务。即使因为故障而使事务未能完成，它执行的部分结果也将被取消。事务的原子性是对事务最基本的要求。

2）一致性

事务执行的结果必须是使数据库从一个一致性状态转变到另一个一致性状态。

例如，本小节提到的转账活动，"A 账户转账给 B 账户 R 元钱"是一个典型的事务，该事务包括两个操作，即从账号 A 中减 R 和在账号 B 中加 R，如果只执行其中一个操作，则数据库处于不一致状态，账务会出现问题。也就是说，两个操作要么全做，要么全不做，否则就不能成为事务。可见事务的一致性与原子性是密切相关的。

3）隔离性

如果多个事务并发地执行，应像各个事务独立地执行一样，一个事务的执行不能被其他事务干扰，即一个事务内部的操作及使用的数据对并发的其他事务是隔离的。并发控制就是为了保证事务间的隔离性。

4）持久性

持久性也称永久性（Permanence），指一个事务一旦提交，它对数据库中数据的改变就应该是持久的，即使系统发生故障也不应该对其有任何影响。持久性的意义在于保证数据库具有可恢复性。

保证事务的 ACID 特性不被破坏是事务处理的首要任务，如果破坏了事务的 ACID 特性，会对数据库的性能带来一定的影响。破坏事务的 ACID 特性的可能因素有以下方面。

（1）多个事务并行运行时，不同事务的操作有交叉情况。这种情况下，DBMS 应保证事务的原子性。

（2）事务在运行过程中被强迫停止，这种情况下，DBMS 应保证被强行终止的事务对其他事务没有任何影响。

以上这些特性由数据库管理系统中的恢复和并发控制机制来保障。

6.3.2　并发操作引发的问题

数据库中的数据是共享的，即多个用户可以同时使用数据库中的数据，也称为并发操作。但是当多个用户存取同一组数据时，由于相互的干扰和影响，并发操作可能引发错误的结果，从而导致数据的不一致性问题。

假设飞机机票订票系统中有如下这样一个活动序列。

（1）甲售票点（T_1 事务）通过网络在数据库中读出某航班目前的机票余额数 R 张，设 $R=100$。

（2）乙售票点（T_2 事务）通过网络在数据库中读出同航班目前的机票余额数 R 张，也为 100。

（3）甲售票点卖出 1 张机票，然后修改机票余额为 R=R-1，此时，R=99，将 R 写回数据库。

（4）乙售票点也卖出 1 张机票，然后修改机票余额为 R=R-1，此时，R=99，将 R 写回数据库。

这时就出现了一个问题，虽然已卖出了 2 张机票，但在数据库中机票余额仅减少 1 张，从而导致错误。这就是飞机机票订票系统问题，是由并发操作引起的。

之所以会产生这个错误，根本原因在于两个事务反复交叉地使用同一个数据库。在并发操作情况下，对 T_1 和 T_2 两个事务的操作序列的调度是随机的，若按上面的调度序列执行，T_1 事务的修改就会丢失。这是由于第（4）步中 T_2 事务修改并写回后覆盖了 T_1 事务的修改。

事实上，数据库的并发操作通常会导致 3 类问题：丢失修改（Lost Update）数据、读"脏"（Dirty Read）数据、不可重读（Unrepeatable Read）数据。

1. 丢失修改数据

两个事务 T_1 和 T_2 读入同一数据，并发执行修改操作时，会出现事务 T_2 提交的结果破坏了事务 T_1 提交的结果，导致 T_1 的修改结果丢失的问题，如表 6-8 所示。此时，数据库中 R 的初值是 100，事务 T_1 与事务 T_2 先后读入同一个数据（R=100），事务 T_2 提交的结果（R=99）覆盖了事务 T_1 对数据库的修改，从而使事务 T_1 对数据库的修改丢失。

表 6-8　丢失修改数据示例

执 行 顺 序	事务 T_1	数据库中 R 的值	事务 T_2
t_0		100	
t_1	从数据库读 R=100		
t_2			从数据库读 R=100
t_3	执行 R=R−1		
t_4			执行 R=R−1
t_5	写回 R=99		
t_6		99	写回 R=99

2. 读"脏"数据

事务 T_1 修改某一数据 R，并将修改结果写回到磁盘，事务 T_2 读取了修改后的数据 R，但事务 T_1 由于某种原因撤销了所有的操作，这样被事务 T_1 修改过的数据 R 又恢复为原值，这时，事务 T_2 得到的数据与数据库中的数据不一致，是不正确的数据，这种情况称为读"脏"数据，如表 6-9 所示，事务 T_1 将 R 值修改为 99，事务 T_2 读取了修改后的数据值 99，但事务 T_1 由于某种原因撤销了所有的操作，R 的值恢复为 100，这样事务 T_2 仍在使用已被撤销了的 R 值 99，这时事务 T_2 读到的就是不正确的"脏"数据。

表 6-9　读"脏"数据示例

执 行 顺 序	事务 T_1	数据库中 R 的值	事务 T_2
t_0		100	
t_1	从数据库读 R=100		
t_2	R=R−1		
t_3	写回 R=99		
t_4		99	从数据库读 R=99
t_5	ROLLBACK		
t_6		100	

该问题是由一个事务读取另一个更新事务尚未提交的数据所引起的，称为读–写冲突（Read-Write Conflict）。

3. 不可重读数据

事务 T_1 读取了数据 R 后，事务 T_2 读取并更新了数据 R，当事务 T_1 再读取数据 R 以进行核对时，得到的读取值不一致，这种情况称为不可重读，如表 6-10 所示，在 t_0 时刻，事务 T_1 读取 R=100 进行运算，但事务 T_2 在 t_2 时刻读取同一数据 R，对其进行修改后将 R=99 写回数据库。事务 T_1 为了校对读取值重读 R，R 已为 99，与第一次读取值不一致。

表 6-10　不可重读数据示例

执 行 顺 序	事务 T_1	数据库中 R 的值	事务 T_2
t_0		100	
t_1	从数据库读 R=100		
t_2			从数据库读 R=100
t_3			执行 R=R-1
t_4			写回 R=99
t_5	从数据库读 R=99	99	

4. 产生"幻影"数据

产生"幻影"数据属于不可重读的范畴。事务 T_1 按一定条件从数据库中读取了某些数据 R 后，事务 T_2 删除了其中的部分记录，或者在其中插入了一些记录，当事务 T_1 再次按相同条件读取数据 R 时，发现某些记录消失了（删除记录）或多了（插入记录）。这样的数据对事务 T_1 来说就是"幻影"数据，或称"幽灵"数据，如表 6-11 所示。

表 6-11　产生"幻影"数据示例

执 行 顺 序	事务 T_1	数据库中 R 的值	事务 T_2
t_0		100	
t_1	从数据库读 R=100		
t_2			从数据库读 R=100
t_3			发生退票事件，执行 R=R+1
t_4			写回 R=101
t_5	从数据库读 R=101	101	

产生上述 4 个问题是因为违反了事务 ACID 中的 4 项原则，特别是事务的隔离性原则。为了保证事务并发执行的正确性，必须要有一定的控制手段保障在事务并发执行中一个事务的执行不受其他事务的影响，避免造成数据的不一致。

目前，一般采用封锁的办法防止这类问题的产生。例如，在飞机机票订票系统例子中，若 T_1 事务要修改订票数，在读出订票数据之前先封锁此数据，其他事务不能再读取和修改该数据，直到 T_1 事务修改并写回到数据库，才能让其他事务使用这些数据。这样就不会丢失 T_1 事务的修改。

6.3.3　封锁及封锁协议

封锁机制是并发控制的主要手段。封锁是指事务 T 可以向系统发出请求，对某个数据对象（可以是数据项、记录、数据集，甚至整个数据库）加锁。这样，事务 T 对该数据对象就有一定的控制能力。封锁具有 3 个环节：首先申请加锁，即事务在操作前要对它将使用的数据提出申请加锁请求；其次获得锁，即当条件成熟时，系统允许事务对数据加锁，从而使事务获得数据的控制权；最后释放锁，即完成操作后事务放弃数据的控制权。

一个事务对某个数据对象加锁后究竟拥有什么样的控制是由封锁的类型决定的。目前常用的封锁类型有两种：排他锁（Exclusive Lock，简记为 X 锁）和共享锁（Share Lock，简记为 S 锁）。

1. 锁的类型

1）排他锁

排他锁又称写锁或 X 锁，采用的原理是禁止并发操作。其含义是：事务 T 对某个数据对象 R 加上排他锁（X 锁）后，则只允许事务 T 读取和修改 R，其他任何事务要等事务 T 解除 R 上的锁以后，才能对 R 进行操作。

2）共享锁

共享锁又称读锁或 S 锁，采用的原理是允许其他事务对同一数据对象进行读取，但不能对该数据对象进行修改。其含义是：事务 T 对某个数据对象 R 加上共享锁（S 锁）后，则事务 T 可以读取 R，但不能修改 R，其他事务只能再对 R 加 S 锁，而不能加 X 锁，直到事务 T 释放 R 上的锁。

排他锁与共享锁的控制方式可用图 6-14 表示。

T_1 ＼ T_2	X	S	—
X	N	N	Y
S	N	Y	Y
—	Y	Y	Y

图 6-14　封锁类型的相容矩阵

其中，Y=Yes，表示相容的请求；N=No，表示不相容的请求。

在上述封锁类型的相容矩阵中，最左边一列表示事务 T_1 已经获得的数据对象上的锁的类型，其中横线"—"表示没有加锁；最上面一行表示事务 T_2 对同一数据对象发出的封锁请求。事务 T_2 的封锁请求能否被满足用矩阵中的 Y 或 N 表示，Y 表示事务 T_2 的封锁请求与事务 T_1 已持有的锁相容，封锁请求可以满足；N 表示事务 T_2 的封锁请求与事务 T_1 已持有的锁冲突，请求被拒绝。

2. 封锁协议

简单地对数据加 X 锁和 S 锁并不能保证数据库中数据的一致性。在对数据对象加锁时，还需要约定一些规则。例如，应何时申请 X 锁或 S 锁、封锁多长时间、何时释放等，这些封锁规则称为封锁协议。对封锁方式规定不同的规则，就形成了各种不同的封锁协议。封锁协议分 3 级，各级封锁协议对并发操作带来的丢失修改数据、不可重读数据、读"脏"数据、产生"幻影"数据等问题，可以在不同程度上予以解决。

1）一级封锁协议

一级封锁协议是指事务 T 在修改数据对象 R 之前必须先对其加 X 锁，直到事务结束才释放。

利用一级封锁协议可以防止丢失修改，并能够保证事务 T 的可恢复性。一级封锁协议只有当修改数据时才进行加锁，如果只是读取数据，则不需要加锁，所以它不能解决读"脏"数据和不可重读数据问题。

表 6-12 中使用一级封锁协议解决了表 6-8 中的丢失修改数据的问题。

表 6-12　使用一级封锁协议防止丢失修改数据

执 行 顺 序	事务 T_1	数据库中 R 的值	事务 T_2
t_0	XLOCK R	100	
t_1	从数据库读 R=100		
t_2			XLOCK R（失败）
t_3	执行 R=R−1		WAIT
t_4	写回 R=99		WAIT
t_5	UNLOCK R	99	WAIT
t_6			XLOCK R（重做成功）
t_7			从数据库读 R=99
t_8			执行 R=R−1
t_9			写回 R=98
t_{10}		98	UNLOCK R

按照一级封锁协议，事务 T_1 对 R 进行修改之前先为 R 加 X 锁（XLOCK R），当事务 T_2 要对 R 进行修改时，也申请给 R 加 X 锁（XLOCK R），但由于 R 已经被加了 X 锁，因此，事务 T_2 的请求被拒绝，则事务 T_2 只能等待，直到事务 T_1 修改 R，并将修改值（R=99）写回磁盘，释放 R 上的 X 锁后，事务 T_2 获得对 R 的 X 锁（XLOCK R），这时它读到的 R 已经是事务 T_1 更新过的值 99，再按此新的 R 值进行运算，并将结果值（R=98）写回到磁盘。这样就避免了丢失事务 T_1 的修改数据。

2）二级封锁协议

二级封锁协议是在一级封锁协议的基础上，加上事务 T 在读取数据 R 之前必须先对其加 S 锁，在读完后释放 S 锁。

利用二级封锁协议除了可以防止丢失修改数据，还可进一步防止读"脏"数据，如表 6-13 所示。

表 6-13　使用二级封锁协议防止读"脏"数据

执 行 顺 序	事务 T_1	数据库中 R 的值	事务 T_2
t_0	XLOCK R	100	
t_1	从数据库读 R=100		
t_2	执行 R=R−1		
t_3	写回 R=99	99	
t_4			SLOCK R（失败）
t_5			WAIT
t_6	ROLLBACK	100	WAIT
t_7	UNLOCK R		WAIT
t_8			SLOCK R（重做成功）
t_9			从数据库中读 R=100
t_{10}			UNLOCK R

表 6-13 中，事务 T_1 要对 R 进行修改，因此，先对 R 加了 X 锁（XLOCK R），修改完后将值（R=99）写回数据库，但尚未提交。这时事务 T_2 要读取 R 的值，申请对 R 加 S 锁，由于事务 T_1 已在 R 上加了 X 锁，因此事务 T_2 只能等待，直到事务 T_1 释放 X 锁。但事务 T_1 由于某种原因撤销了它所做的操作，R 恢复为原来的值 100，然后事务 T_1 释放对 R 加的 X 锁，因而事务 T_2 获得了对 R 的 S 锁。当事务 T_2 读取 R 时，R 的值仍然是原来的值，即读到的是 100。这就避免了事务 T_2 读"脏"数据。

3）三级封锁协议

三级封锁协议是在一级封锁协议的基础上，加上事务 T 在读取数据 R 之前必须先对其加 S 锁，读完后并不释放 S 锁，而直到事务 T 结束才释放。

三级封锁协议除可以防止丢失修改数据和读"脏"数据之外，还可进一步解决不可重读数据、产生"幻影"数据问题，彻底解决了并发操作所带来的 3 类问题。如表 6-14 所示，使用三级封锁协议解决了不可重读问题。

表 6-14　使用三级封锁协议防止不可重读

执 行 顺 序	事务 T_1	数据库中 R 的值	事务 T_2
t_0		100	
t_1	SLOCK R		
t_2	从数据库中读 R=100		
t_3			XLOCK R
t_4			WAIT
t_5	读 R=100		WAIT
t_6	UNLOCK R		WAIT
t_7			XLOCK R
t_8			读 R=100
t_9			R=R-1
t_{10}			写回 R=99
t_{11}			UNLOCK R

表 6-14 中，事务 T_1 要读取 R 的值，因此，先对 R 加了 S 锁，这样其他事务只能再对 R 加 S 锁，而不能加 X 锁，即其他事务只能对 R 进行读取操作，而不能对 R 进行修改操作。所以，当事务 T_2 在 t_3 时刻申请对 R 加 X 锁时被拒绝，只能等待事务 T_1 释放 R 上的 S 锁。事务 T_1 为验算再次读取 R 的值，这时读出的值仍然是 R 原来的值，即可重读。直到事务 T_1 释放了加在 R 上的锁，事务 T_2 才能获得对 R 的 X 锁。

上述三级协议的主要区别在于什么操作需要申请封锁，以及何时释放锁（即持锁时间），如表 6-15 所示，一级封锁协议需要申请 X 锁，在事务结束时释放；二级封锁协议需要申请 X 锁和 S 锁，在事务结束时释放 X 锁，在操作结束时释放 S 锁；三级封锁协议需要申请 X 锁和 S 锁，在事务结束时释放。

表 6-15　不同级别的封锁协议

级别	X 锁		S 锁		一致性保证		
	操作结束释放	事务结束释放	操作结束释放	事务结束释放	不丢失修改数据	不读"脏"数据	可重读数据
一级	—	√	—	—	√	—	—
二级	—	√	√	—	√	√	—
三级	—	√	—	√	√	√	√

3．并发调度的可串行化与两段锁协议

1）并发调度的可串行化

事务的执行次序称为调度。在多个应用、多个事务执行中，有几种不同的执行方法。

（1）串行执行：以事务为单位，多个事务依次顺序执行，前一个事务对数据库的访问操作执行结束后，再去处理下一个事务对数据库的访问操作。串行执行能保证事务的正确执行。

（2）并发执行：以事务为单位，按一定的调度策略同时执行。

（3）并发调度的可串行化：事务的并发执行并不能保证事务的正确性，因此需要采用一定的技术，使得在并发执行时像串行执行一样（正确），这种执行称为并发调度的可串行化。

【例 6-1】假设有两个事务 T_1 和 T_2，初始值 A=10，B=10。两个事务分别包含如下所示的操作，试分析执行的结果。

T_1：READ（A）　　　　　T_2：READ（B）
　　　A：=A−5　　　　　　　　B：=B−5
　　　WRITE（A）　　　　　　　WRITE（B）
　　　READ（B）
　　　B：=B+5
　　　WRITE（B）

事务 T_1 和事务 T_2 串行化调度的方案如图 6-15 所示。

T_1	T_2		T_1	T_2
READ（A）				READ（B）
A：=A−5				B：=B−5
WRITE（A）				WRITE（B）
READ（B）			READ（A）	
B：=B+5			A：=A−5	
WRITE（B）			WRITE（A）	
	READ（B）		READ（B）	
	B：=B−5		B：=B+5	
	WRITE（B）		WRITE（B）	

（a）串行执行之一　　　　　（b）串行执行之二

图 6-15　几种调度方案

T_1	T_2		T_1	T_2
READ（A）			READ（A）	
	READ（B）		A：=A−5	
A：=A−5				READ（B）
	B：B−5		WRITE（A）	
WRITE（A）				B：=B−5
	WRITE（B）		READ（B）	
READ（B）				WRITE（B）
B：=B+5			B：=B+5	
WRITE（B）			WRITE（B）	
（c）可串行化			（d）不可串行化	

图 6-15　几种调度方案（续）

图 6-15（a）所示是执行事务 T_1 后执行事务 T_2 的串行调度，执行结果为 A=5，B=10。

图 6-15（b）所示是执行事务 T_2 后执行事务 T_1 的串行调度，执行结果为 A=5，B=10。

图 6-15（c）和图 6-14（d）所示是两个可能的并发调度，其中图 6-15（c）的执行结果为 A=5，B=10，所以是可串行化调度，但是图 6-15（d）的执行结果为 A=5，B=15，不等价于任一个串行调度，所以是一个不可串行化调度，其结果是不正确的。

为了保证并发操作的正确性，DBMS 的并发控制机制必须提供一定的手段来保证调度是可串行化的。两段锁（Two-Phase Locking，2PL）协议就是保证并发调度可串行性的封锁协议。

2）两段锁协议

所谓两段锁协议，是指所有事务必须分两个阶段对数据项进行加锁和解锁。

第一阶段是申请并获得锁，也称为扩展阶段。在此阶段中，事务可以申请其整个执行过程中所需操作数据的锁，但不能释放锁。

第二阶段是释放所有原申请获得的锁，也称为收缩阶段。在此阶段，事务可以释放其整个执行过程中所需操作数据的锁，但是不能再申请任何锁。

如图 6-16 所示是遵守两段锁协议的序列。

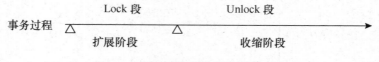

图 6-16　遵守两段锁协议的封锁序列

可以证明，若并发执行的所有事务都遵守两段锁协议，则对这些事务的任何并发调度策略都是可串行化的。因此可以得出结论：所有遵守两段锁协议的事务，其并发执行的结果一定是正确的。

6.3.4　封锁出现的问题及其解决方法

尽管封锁机制能防止事务并发操作的数据不一致性，但也会产生活锁、死锁等问题，使用一次封锁法、顺序封锁法可以有效避免这些问题，保障系统的正常运行。

1．活锁

例如，事务 T_1 封锁了数据 R 后，事务 T_2 请求封锁 R，于是事务 T_2 等待。接着事务 T_3

也请求封锁 R，当事务 T_1 释放了 R 上的封锁之后，系统首先批准了事务 T_3 的请求，事务 T_2 继续等待。然后事务 T_4 又请求封锁 R，当事务 T_3 释放了 R 上的封锁之后，系统又批准了事务 T_4 的请求……事务 T_2 有可能永远这样等待下去。这种在多个事务请求对同一数据封锁时，总是使某一事务等待的情况称为活锁。如表 6-16 所示，这时事务 T_2 可能永远处于等待状态。

表 6-16　活锁实例

时　间	事务 T_1	事务 T_2	事务 T_3	事务 T_4
t_0	LOCK R			
t_1	…	LOCK R		
t_2		WAIT	LOCK R	
t_3	UNLOCK R	WAIT	WAIT	LOCK R
t_4		WAIT	LOCK R	WAIT
t_5		WAIT	…	WAIT
t_6		WAIT	UNLOCK R	WAIT
t_7		WAIT		LOCK R
t_8		WAIT		…

解决活锁最有效的方法是采用"先来先服务"的控制策略，当多个事务请求封锁同一数据对象时，封锁子系统按封锁请求的先后次序对这些事务排队，该数据对象上的锁一旦释放，首先批准申请队列中的第一个事务获得锁。

2．死锁

例如，事务 T_1 在对数据 R_1 封锁后，又要求对数据 R_2 封锁，而事务 T_2 已获得对数据 R_2 的封锁，又要求对数据 R_1 封锁，这样两个事务由于都不能得到封锁而处于等待状态，即发生了死锁。

所谓死锁，即事务之间对锁的循环等待。也就是说，多个事务申请不同的锁，申请者均拥有一部分锁，而它又在等待另外事务所拥有的锁，这样相互等待，从而造成它们都无法继续执行，如表 6-17 所示。

表 6-17　死锁实锁

时　间	事务 T_1	事务 T_2	时　间	事务 T_1	事务 T_2
t_0	LOCK R_1		t_4	WAIT	
t_1	…	LOCK R_2	t_5	WAIT	LOCK R_1
t_2		…	t_6	WAIT	WAIT
t_3	LOCK R_2		t_7	WAIT	WAIT

目前解决死锁问题的方法主要有两类：一类是预防法，采用一定措施来预防死锁的发生；另一类是诊断解除法，允许发生死锁，然后采用一定手段定期检测系统中有无死锁，若有则设法解除。

1）预防死锁的方法

预防死锁的方法即预先采用一定的操作模式以避免死锁的出现。预防死锁的方法有多种，常用的有以下两种。

（1）一次封锁法。一次封锁法是指每个事务一次性地申请它所需要的全部锁，对一个事务来说，要么获得所需的全部锁，要么一个锁也不占有。这样，一个事务不会既等待其他事务，又被其他事务等待，从而不会出现循环等待。

（2）顺序封锁法。顺序封锁法是指将数据对象按序编号，在申请时，要求按序请求，这样只有请求低序号数据对象的锁的事务等待占有高序号数据对象的锁的事务，而不可能出现相反的等待，因而不可能发生循环等待。

虽然这两种方法都不会发生死锁，但在数据库系统中是不适合的。一次封锁法过早地加锁，势必扩大封锁的范围，从而降低了系统并发度，并且容易产生活锁；顺序封锁法要求对数据对象顺序编号是很困难的，因为数据库系统中的数据对象极多，又不断变动，也就很难按规定的顺序去施加封锁。

2）诊断与解除死锁的方法

诊断死锁的方法与操作系统中类似，一般使用超时法或事务等待图法。

（1）超时法。如果一个事务的等待时间超过某个时限，则认为发生死锁。超时法实现容易，但其不足之处也很明显：一是有可能误判死锁，事务因为其他原因（如系统负荷太重、通信受阻等）使等待时间超过时限，系统会误认为发生了死锁；二是时限设得太长，可能导致不能及时发现死锁。

（2）等待图法。等待图（Wait-for Graph）是一个有向图 G=(V,E)，其中顶点集 V 是当前运行的事务集$\{T_1,T_2,\cdots,T_n\}$，E 为有向边的集合，每条有向边表示事务等待的情况，如果 T_i 等待 T_j，则从 T_i 到 T_j 有一条有向边。锁管理器根据事务加锁和释放锁申请情况，动态地维护此等待图。当且仅当等待图中出现回路时，认为存在死锁。

发现死锁后，由锁管理器做下列处理：在循环等待事务中，选择一个牺牲代价最小的事务执行回滚，并释放它所获得的锁及其他资源，使其他事务得以运行下去。

6.3.5　SQL Server 2019 的并发控制机制

事务和锁是并发控制的主要机制。SQL Server 具有多种锁，允许事务锁定不同的资源，并能自动使用与任务相对应的等级锁来锁定资源对象，以使锁的成本最小化。

1．封锁粒度

SQL Server 数据库引擎具有多粒度锁定，允许一个事务锁定不同类型的资源。为了尽量减少锁定的开销，SQL Server 数据库引擎会自动将资源锁定在适合任务的级别。被锁定的资源单位称为锁定粒度。锁定粒度不同，系统的开销将不同，并且锁定粒度与数据库访问并发度是一对矛盾，锁定粒度大，系统开销小，但并发度会降低；锁定粒度小，系统开销大，但可提高并发度。

2．SQL Server 锁的类型

SQL Server 的基本锁是共享锁（S 锁）和排他锁（X 锁），除此之外，还有几种特殊锁：意向、更新、架构、大容量更新（BU）和键范围，如表 6-18 所示。

表 6-18　锁的类型

锁　模　式	描　　　　述
共享（S）	用于只读操作，如 SELECT 语句
更新（U）	用于可更新的资源中。防止多个会话在读取、锁定以及随后可能进行的资源更新时发生常见形式的死锁
排他（X）	用于数据修改操作，如 INSERT、UPDATE 或 DELETE。确保不会对同一资源进行多重更新
意向	用于建立锁的层次结构。意向锁的类型：意向共享（IS）、意向排他（IX）以及意向排他共享（SIX）
架构	在执行依赖于表架构的操作时使用。架构锁的类型：架构修改（Sch-M）和架构稳定性（Sch-S）
大容量更新（BU）	向表中大容量复制数据并指定了 TABLOCK 提示时使用
键范围	当使用可序列化事务隔离级别时保护查询读取的行的范围。确保再次运行查询时其他事务无法插入符合可序列化事务的查询的行

6.4　数据库的恢复

尽管数据库系统中已采取了一定的措施来保障数据库的安全性和完整性，保证并发事务的正确执行，但数据库遭受破坏仍是不可避免的。例如，计算机系统中硬件的故障、软件的错误，操作员的失误、恶意的破坏，以及计算机病毒等都有可能发生，这些故障的发生影响数据库数据的正确性，甚至破坏数据库，使数据库中的数据全部或部分丢失。因此，一个数据库管理系统除了要有较好的完整性、安全性保护措施以及并发控制能力，还需要有数据库恢复能力。数据库恢复技术是一种被动的方法，而数据库完整性、安全性保护及并发控制技术术则是主动的保护方法，这两种方法的有机结合可以使数据库得到有效的保护。

数据库恢复是指一旦数据库发生故障，把数据库恢复到故障发生前的正常状态，确保数据不丢失。

6.4.1　数据库故障的类型

所谓数据库故障，是指导致数据库值出现错误描述状态的原因。在数据库运行过程中，可能会出现各种各样的故障，归纳起来大致可以分为以下几类。

1. 事务故障

事务故障也称小型故障，是由非预期的、不正常的程序结束所造成的故障。引发程序非正常结束的原因包括数据输入错误、运算溢出、资源不足、并发事务发生死锁等。此类故障仅影响发生故障的事务，不会影响其他事务。

2. 系统故障

系统故障又称软故障，是指系统在运行过程中，由于某种原因引起系统停止运转，致使所有正在运行的事务都以非正常方式终止，要求系统重新启动，如 CPU 故障、操作系统故障、突然断电等。这些故障影响正在运行的所有事务，但不破坏数据库。发生系统故障后，必须重新启动系统，内存中数据库工作区内的数据可能丢失，但存储在外存储器设备上的数据库数据未遭破坏，但内容已不可靠。

3．介质故障

介质故障又称硬故障，是指系统在运行过程中，由于辅助存储器介质受到破坏，使存储在外存中的数据部分或全部丢失，如磁盘损坏、磁头磁撞、瞬时强磁场干扰等。这类故障比事务故障和系统故障发生的可能性小，但却是最严重的一种故障，破坏性很大，有时会造成数据无法恢复。

4．计算机病毒

计算机病毒是一种人为的故障或者破坏，是一些恶作剧者研制的一种计算机程序。这种程序不同于其他程序，可以繁殖并传播，是目前破坏数据库系统的主要根源之一。

计算机病毒已经成为计算机系统的主要威胁，为此计算机安全工作者已经研制了许多预防病毒的"疫苗"，检查、诊断、消灭计算机病毒的软件也在不断发展。但是，迄今为止还没有一种"疫苗"能够使计算机系统终身"免疫"。因此，数据库一旦被破坏，仍然要用恢复技术加以恢复。

总结以上 4 类故障，对数据库的影响概括起来主要有两类：一类是数据库本身被破坏（介质故障、计算机病毒）；另一类是数据库本身没有被破坏，但由于某些事务在运行中被中止，使得数据库中可能包含了未完成事务对数据库的修改，破坏数据库中数据的正确性，或者说使数据库处理不一致状态（事务故障、系统故障）。

6.4.2　数据库恢复技术

数据库恢复的基本原理十分简单，可以使用数据冗余来实现，即数据库中任何一部分被破坏或不正确的数据可以根据存储在系统别处的冗余数据来重建。最常用的冗余数据有后备副本和日志文件。尽管恢复的基本原理简单，但实现的细节却相当复杂。SQL Server 2019 和 Azure SQL 数据库中开始提供加速数据库恢复功能。通过重新设计 SQL Server 数据库引擎恢复进程，加速数据库恢复，极大地提高了数据库可用性。

恢复机制涉及的两个关键问题如下。
❑　如何建立冗余数据。
❑　如何利用这些冗余数据实施数据库恢复。
建立冗余数据最常用的技术是数据转储、登录日志文件、事务的撤销与重做。

1．数据转储（Data Dump）

数据转储是指定期地将整个数据库复制到多个存储设备（磁盘、磁带）上保存起来的过程，它是数据库恢复采用的基本手段。转储的数据文本称为后备副本或后援副本，当数据库遭到破坏后，就可以利用后援副本对数据库加以有效的恢复。

数据转储耗费时间和资源，不能频繁进行，应根据数据库使用情况确定一个适当的转储周期和转储策略。

数据转储根据转储时系统状态的不同分为静态转储和动态转储。

（1）静态转储。静态转储是指系统中无运行事务时进行的转储操作，即转储操作开始的时刻，数据库处于一致性状态，而转储期间不允许（或不存在）对数据库进行任何存取、修改活动。显然，静态转储得到的一定是一个数据一致性的副本。

静态转储简单，但转储必须等待当前用户事务结束之后进行，同样，新的事务必须等待转储结束后进行。显然，这会降低数据库的可用性。

（2）动态转储。动态转储是指转储期间允许其他事务对数据库进行存取或修改，即转储和用户事务可以并发执行。

动态转储克服了静态转储的缺点。它不用等待正在运行的事务结束，也不会影响新事务的开始。但是，转储结束后，产生的后备副本上的数据并不能保证与当前状态一致。例如，在转储期间的某个时刻，系统把数据转储到了磁带上，而在下一时刻，某一事务对该数据进行了修改。这样，后备副本上的数据是不正确的。

因此，为了能够利用动态转储得到的副本进行故障恢复，必须把转储期间各事务对数据库的修改活动登记下来，建立日志文件。这样，后备副本加上日志文件就能把数据库恢复到某一时刻的正确状态。

根据转储进行的方式不同，数据转储可分为海量转储和增量转储。

（1）海量转储。海量转储是指每次转储全部数据库。由于海量转储能够得到后备副本，能比较方便地进行数据恢复工作，但对于数据量大和更新频率高的数据库，不适合频繁地进行海量转储。

（2）增量转储。增量转储是指每次只转储数据库中自上次转储后被更新过的数据，适用于数据库很大、事务处理十分频繁的数据库系统。

综合上面 4 种方式，可以将数据转储方法分为 4 类：动态海量转储、动态增量转储、静态海量转储和静态增量转储。

2. 登录日志文件

日志文件是由数据库系统创建和维护的、用于记录事务对数据库更新操作的文件。不同数据库系统采用的日志文件格式并不完全相同。概括起来日志文件主要有两种格式：以记录为单位的日志文件和以数据块为单位的日志文件。下面只讨论以记录为单位的日志文件。

以记录为单位的日志文件中需要登记的内容主要包括事务开始标志、事务结束标志和事务的所有更新操作。

具体来说，日志文件主要包含以下内容。

❑　更新数据库的事务标识（表明是哪个事务）。
❑　操作的类型（插入、删除或修改）。
❑　操作对象。
❑　更新前数据的旧值（对于插入操作而言，没有旧值）。
❑　更新后数据的新值（对于删除操作而言，没有新值）。
❑　事务处理中的各个关键时刻（事务的开始、结束及其真正回写的时间）。

日志文件是系统运行的历史记载，必须高度可靠，所以一般都是双副本的，并且独立地写在两个不同类型的设备上。日志的信息量很大，通常保存在外存储器上。

为保证数据库恢复的正确性，登录日志文件必须遵循如下两条原则。

❑　登记的次序严格按并发事务执行的时间次序。

❑　　必须先写日志文件，后写数据库。

3．事务的撤销与重做

日志文件对数据库的恢复具有极其重要的作用，主要用来恢复未完全执行完的事务。在恢复数据库时，系统经常要利用日志文件对事务做撤销（UNDO）和重做（REDO）两种操作，其细节如下。

1）事务撤销操作

事务撤销操作的具体步骤如下。

（1）反向扫描日志文件，查找应该撤销的事务。

（2）找到该事务的更新操作。

（3）对该事务的更新操作执行反操作。如果是插入操作，则做删除操作；如果是删除操作，则插入更新前数据旧值；如果是修改操作，则用修改前的值代替修改后的值。

这样由后向前逐个扫描该事务已做的所有更新操作，并做相应的处理，直到扫描到此事务的开始标志，此时事务的撤销操作结束。

2）事务重做操作

事务重做操作的具体步骤如下。

（1）正向扫描日志文件，查找重做事务。

（2）找到该事务的更新操作。

（3）对更新操作重做，如果是插入操作，则将更改后的新值插入数据库；如果是删除操作，则将更改前的旧值删除；如果是修改操作，则将更改前的旧值修改成更改后的新值。

（4）如此正向扫描反复做更新操作，直到事务结束标志出现，此时事务重做操作结束。

6.4.3　数据库恢复策略

若系统运行过程中发生故障，利用数据库后备副本和日志文件，以及事务撤销（UNDO）和事务重做（REDO）就可以对不同的数据库进行恢复。

发生介质故障后，磁盘上的物理数据和日志文件可能被破坏，其恢复方法是装入后备数据库副本，然后利用日志文件副本（转储结束时刻的日志文件副本）重做已完成的事务。具体步骤如下。

（1）装入最新的后备数据库副本，使数据库恢复到最近一次转储时的可用状态。

（2）装入最新的日志文件副本，根据日志文件中的内容重做已完成的事务。首先正向扫描日志文件，找出发生故障前已提交的事务，将其记入重做队列。然后对重做队列中的各个事务进行重做处理，方法是正向扫描日志文件，对每个重做事务重新执行登记的操作，即将日志文件中更新后的数据值写入数据库。

通过 6.4.1 节对 4 类故障的分析，可以看出故障发生后对数据库的影响有以下两种。

（1）不破坏数据库，但数据库中的数据可能处于不一致状态。这类故障恢复时，不需要重装入数据库副本，可直接根据日志文件，撤销故障发生时未完成的事务，并重做已完成的事务，使数据库恢复到正确的状态。这类故障的恢复是系统在重新启动时自动完成的，不需要用户干预。

（2）破坏数据库本身。这类故障恢复时，要把最近一次转储的数据装入，然后借助日志文件对数据库进行更新，从而重建数据库。这类故障的恢复不能自动完成，需要 DBA 的介入，方法是先由 DBA 重装最近转储的数据库副本和相应的日志文件的副本，再执行系统提供的恢复命令，具体的恢复操作则由 DBMS 来完成。

　　数据库恢复的基本原理就是利用数据的冗余，实现的方法比较明确，但真正实现起来相当复杂。实现恢复的程序非常庞大，常常占整个系统代码的 10%以上。数据库系统所采用的恢复技术是否有效，不仅对系统的可靠程度起着决定性作用，而且对系统的运行效率也有很大影响，是衡量系统性能优劣的重要指标之一。

6.5　本章小结

　　本章从数据库的安全性控制、完整性控制、并发控制和数据库的恢复 4 个方面讨论了数据库安全保护措施。

　　保护数据库的安全性是指保护数据库，以防止因非法使用数据库而造成数据的泄露、更改或破坏。可以采用设置用户标识和鉴定、存取控制、定义视图、数据加密和审计等措施提高数据库的安全性。

　　保护数据库的完整性是为了保证数据库中存储的数据是正确的。在关系系统中，最重要的完整性约束是实体完整性和参照完整性，其他完整性可以归入用户自定义完整性。数据库的完整性和安全性是数据库安全保护的两个不同的方面，安全性措施的防范对象是非法用户和非法操作，而完整性措施的防范对象是合法用户的不合语义的数据。

　　在数据库技术中，并发是指多个事务同时访问同一数据。如果不对并发执行的事务进行控制，可能会带来一些问题。数据库管理系统使用封锁方法对事务并发操作进行控制，既可以使事务并发地执行，又可以保证数据的一致性。

　　数据库的恢复是指当数据库中数据受到破坏时，如何恢复到正常状态。其原理很简单，就是利用数据的冗余。生成冗余数据最常用的技术有登录日志文件和数据转储两种。数据库运行过程中，可能出现的故障有事务故障、系统故障、介质故障和计算机病毒等，针对不同类型的故障，应采用不同的恢复策略。

习　题　6

一、单项选择题

1．下面（　　）不是数据库系统必须提供的数据控制功能。
　　A．安全性　　　　　B．可移植性　　　　　C．完整性　　　　　D．并发控制
2．保护数据库，防止未经授权或不合法的使用造成的数据泄露、非法更改或破坏，是指数据库的（　　）。
　　A．安全性　　　　　B．完整性　　　　　C．并发控制　　　　D．恢复
3．数据库的（　　）是指数据的正确性和相容性。
　　A．安全性　　　　　B．完整性　　　　　C．并发控制　　　　D．恢复

4. 下列（　　）方法不是数据库的安全性控制方法。
　　A. 设置用户口令　　　　　　　　　　B. 视图机制
　　C. 判断输入的原始数据是否正确　　　D. 设置用户存取权限

5. "年龄限制在 10～25 岁之间"的约束属于 DBMS 的（　　）功能。
　　A. 安全性　　　　B. 完整性　　　　C. 并发控制　　　　D. 恢复

6. SQL 语言中的 COMMIT 语句的主要作用是（　　）。
　　A. 结束程序　　B. 返回系统　　C. 提交事务　　D. 存储数据

7. 在数据库系统中，对存取权限的定义称为（　　）。
　　A. 命令　　　　B. 授权　　　　C. 定义　　　　D. 审计

8. 数据库应用系统中的基本逻辑工作单位是（　　）。
　　A. 一个查询　　B. 一个过程　　C. 一个事务　　D. 一个程序

9. 数据库系统并发控制的主要方法是采用（　　）机制。
　　A. 拒绝　　　　B. 改为串行　　C. 封锁　　　　D. 不加任何控制

10. 数据库恢复要涉及的两个技术是（　　）。
　　A. 数据转储和日志文件　　　　　　B. 并发控制和封锁
　　C. 数据库镜像和并发调度　　　　　D. 存取控制和审计

11. 在数据库技术中，"脏"数据是指（　　）。
　　A. 未回退的数据　　　　　　　　　B. 未提交的数据
　　C. 回退的数据　　　　　　　　　　D. 未提交随后又被撤销的数据

12. 数据库恢复的基本原理是（　　）。
　　A. 冗余　　　　B. 审计　　　　C. 授权　　　　D. 视图

13. 不允许任何其他事务对这个锁定目标再加任何类型的锁是（　　）。
　　A. 共享锁　　　　　　　　　　　　B. 排他锁
　　C. 共享锁或排他锁　　　　　　　　D. 以上都不是

14. 事务 T 在修改数据 R 之前必须先对其加 X 锁，直到事务结束才释放，这是（　　）。
　　A. 一级封锁协议　　　　　　　　　B. 二级封锁协议
　　C. 三级封锁协议　　　　　　　　　D. 零级封锁协议

15. 事务 T 在修改数据 R 之前必须先对其加 X 锁，直到事务结束才释放。事务 T 在读取数据 R 之前必须先对其加 S 锁，读完后即可释放 S 锁，这是（　　）。
　　A. 一级封锁协议　　　　　　　　　B. 二级封锁协议
　　C. 三级封锁协议　　　　　　　　　D. 可串行化协议

16. 若系统在运行过程中，由于某种硬件故障，使存储在外存上的数据部分或全部丢失，这种情况称为（　　）。
　　A. 事故故障　　B. 系统故障　　C. 介质故障　　D. 运行故障

17. 如果两个事务 T_1 和 T_2 读入同一数据并进行修改，T_2 提交的结果破坏了 T_1 提交的结果，导致 T_1 的修改被 T_2 覆盖，这种情况属于（　　）。
　　A. 丢失修改数据　　　　　　　　　B. 读"脏"数据
　　C. 不可重读数据　　　　　　　　　D. 产生"幽灵"数据

18. 设有两个事务 T_1、T_2，其并发操作如图 6-17 所示，下面评价正确的是（　　）。
    A．该操作不存在问题　　　　　　　　B．该操作丢失修改数据
    C．该操作不能重读数据　　　　　　　D．该操作读"脏"数据

T_1	T_2
① 读 A=10	
②	读 A=10
③A=A-5 写回	
④	A=A-8 写回

图 6-17　事务并发操作 1

19. 设有两个事务 T_1、T_2，其并发操作如图 6-18 所示，下面评价正确的是（　　）。
    A．该操作不存在问题　　　　　　　　B．该操作丢失修改数据
    C．该操作不能重读数据　　　　　　　D．该操作读"脏"数据

T_1	T_2
①读 A=10，B=5	
	②读 A=10
	A=A*2 写回
③读 A=20，B=5	
求和 25 验证错	

图 6-18　事务并发操作 2

20. 对数据对象施加封锁，可能会引起活锁和死锁问题。避免活锁的简单方法是采用（　　）。

    A．顺序封锁法　　　　　　　　　　　B．一次封锁法
    C．优先级高先服务　　　　　　　　　D．先来先服务

二、填空题

1. 数据库保护包含数据的_____、_____、_____和_____。
2. 完整性控制机制应有_____、_____和_____3 方面的功能。
3. 存取权限包括两方面的内容：一个是_____；另一个是_____。
4. 事务的性质有_____、_____、_____和_____。
5. 并发控制是对用户的_____加以控制和协调。
6. 数据库恢复是将数据库从_____状态恢复到_____的功能。
7. 一个给定的并发调度，当且仅当它是_____才认为它是正确的调度。
8. 在数据库中，操作异常和数据不一致往往是由_____引起的。
9. 数据库系统中，事务并发操作带来的数据不一致性包括 3 类，分别是丢失修改数据、_____、_____。
10. 在数据库系统中，建立冗余数据最常用的技术是_____和登录日志文件。
11. 数据库系统中可能发生的故障大致分为_____、系统故障、介质故障和计算机病毒。
12. 在数据库系统封锁协议中，一级协议是"事务 T 在修改数据 A 前必须先对其加 X 锁，

直到事务结束才释放"，该协议可以防止_____；二级协议是在一级协议的基础上加上"事务 T 在读数据 R 之前必须先对其加 S 锁，读完后即可释放"，该协议可以防止_____；三级协议是在一级协议的基础上加上"事务 T 在读数据 R 之前必须先对其加 S 锁，直到事务结束后才释放"，该协议可以防止_____。

13．有两个或两个以上的事务处于等待状态，每个事务都在等待其中另一个事务解除封锁，它才能继续下去，结果任何一个事务都无法执行，这种现象称_____。

14．加密的方法有两种，分别是_____和_____。

三、简答题

1．数据库的安全性与完整性有什么区别？

2．数据库的完整性规则由哪几部分组成？

3．什么是事务？试解释事务的每一个性质对数据库系统有什么益处。

4．若不对并发操作加以控制，可能会带来哪些数据的不一致性？

5．X 封锁与 S 封锁有什么区别？

6．在数据库中，为什么要有并发控制？

7．数据库恢复的基本原则是什么？具体实现方法是什么？

8．什么是"脏"数据？如何避免读取"脏"数据？

习题

课件

答案

第 7 章　SQL Server 2019 应用

SQL Server 是由 Microsoft 公司推出的关系型数据库管理系统。1989 年，Microsoft、Sybase 和 Ashton-Tate 公司共同推出了 SQL Server 1.0，之后，Microsoft 公司又陆续推出多个 SQL Server 版本，其中主要的版本有 SQL Server 2000、SQL Server 2005、SQL Server 2012 等，2019 年 11 月 4 日（美国时间），Microsoft Ignite 2019 大会上正式发布了新一代数据库产品 SQL Server 2019。

本章学习目标： 了解 SQL Server 2019 的常用管理工具；掌握在 SQL Server 资源管理器中创建和管理数据库、数据表、视图、索引的方法，掌握在 SQL Server 资源管理器中进行数据库完整性控制的方法；理解 T-SQL 程序结构，掌握局部变量的定义和使用方法，掌握 T-SQL 流程控制语句使用方法；掌握游标的创建、使用和关闭、释放方法；掌握存储过程和触发器的定义和使用方法。

7.1　SQL Server 2019 概述

SQL Server 2019 是微软公司于 2019 年发布的，它延续现有数据平台的强大能力，全面支持云技术与平台，并且能够快速构建相应的解决方案，实现私有云与公有云之间数据的扩展与应用的迁移。SQL Server 2019 使用集成的商业智能（BI）工具提供了企业级的数据管理，具备更安全可靠的存储功能，构建高可用和高性能的数据应用程序，支持来自不同网络环境的数据的交互、全面的自助分析。SQL Server 2019 为所有数据工作负载带来了创新的安全性和合规性功能、业界领先的性能、任务关键型可用性和高级分析，还支持内置的大数据。

7.1.1　SQL Server 2019 的新功能与优势

SQL Server 2019 提供了先进的功能和性能优化，包括大数据处理、智能化查询优化、安全性提升、可伸缩性和高可用性等方面的改进。此外，SQL Server 2019 还增强了与开放源代码技术的集成，如 Apache Spark 和 Hadoop 等，以更好地支持现代数据处理和分析需求。它还包括改进的与容器和 Kubernetes 的兼容性，以便于部署和管理。其主要新功能如下。

- ❑ 提升了查询性能和并发处理能力，支持实时分析和图表数据库，可对复杂的相关数据进行处理和分析；改进的安全性，包括 Always Encrypted 技术，可以在不暴露数据的情况下进行加密；支持容器化部分，可以轻松部署和管理多个 SQL Server 实例。
- ❑ 可缩放的大数据解决方案。部署 SQL Server、Spark 和在 Kubernetes 上运行的 HDFS 容器的可缩放群集；在 Transact-SQL 或 Spark 中读取、写入和处理大数据；通过大容量大数据轻松合并和分析高价值关系数据；查询外部数据源；在由 SQL Server 管理的 HDFS 中存储大数据；通过群集查询多个外部数据源的数据；将数据用于 AI、机器学习和其他分析任务；在大数据群集中部署和运行应用程序；SQL Server 主实例使用 Always On 可用性组技术为所有数据库提供高可用性和灾难恢复。

❑ 通过 PolyBase 进行数据虚拟化。使用外部表从外部 SQL Server、Oracle、Teradata、MongoDB 和 ODBC 数据源查询数据，提供 UTF-8 编码支持，引入了对 Oracle TNS 文件的支持。

❑ 智能数据库。行模式内存授予反馈、行存储批处理模式执行、标量 UDF 内联、表变量延迟编译、使用 APPROX_COUNT_DISTINCT 进行近似查询处理等智能查询处理，可通过最少的实现工作量改进现有工作负荷的性能；内存数据库新增混合缓冲池、内存优化 TempDR 元数据、内存中 OLTP 对数据库快照的支持功能，为所有数据库工作负荷实现新的可伸缩性级别；提供 OPTIMIZE_FOR_SEQUENTIAL_KEY、强制快进和静态游标、资源调控、减少了对工作负荷的重新编译、间接检查点可伸缩性、并发 PFS 更新等智能性能，提高运行速度。

❑ 高可用性。SQL Server 2019 引入了许多新功能和增强功能，使企业能够确保其数据库环境高度可用。可以配置同组最多 5 个副本进行自动故障转移，次要副本到主要副本连接重定向；通过加速数据库恢复（ADR），可减少重启或长时间运行事务回滚后的恢复时间；新增可恢复操作，包括联机聚集列存储索引生成和重新生成、可恢复联机行存储索引生成、暂停和恢复透明数据加密（TDE）的初始扫描操作。

❑ SQL Server 机器学习服务。新增基于分区的建模、Windows Server 故障转移群集，可在 Windows Server 故障转移群集上配置机器学习服务的高可用性。

☞ 知识拓展

SQL Server 2019 安装方法及过程

7.1.2　SQL Server 2019 的组成

1．SQL Server 2019 的主要组件

SQL Server 2019 的组件主要包括数据库引擎、分析服务、集成服务、报表服务、主数据服务、机器学习服务和机器学习集群等。各组件之间的关系如图 7-1 所示。

1）数据库引擎（Database Engine）

数据库引擎是用于存储、处理和保护数据的核心服务。数据库引擎提供了受控访问和快速事务处理，以满足企业内最苛刻的数据消费应用程序的要求。数据库引擎还提供了大量的支持以保持高可用性。

2）分析服务（Analysis Services）

分析服务是一个针对个人、团队和公司商业智能的分析数据平台和工具集，用于创建和管理联机分析处理（OLAP）以及数据挖掘应用程序的工具。

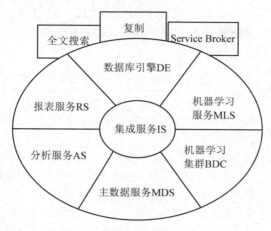

图 7-1　SQL Server 2019 组件

3）集成服务（Integration Service）

集成服务是一个生成高性能数据集成解决方案的平台，用于移动、复制和转换数据，其中包括对数据仓库提供数据导入、转换和加载（ETL）处理的包。提供了一个可视化开发环境，允许开发人员通过拖放、连接任务和转换组件来设计工作流程，这种可视化环境使创建复杂的数据集成流程变得更加容易；也可以对各种集成服务对象模型进行编程，通过编程方式创建包并编写自定义任务以及其他包对象的代码。

4）报表服务（Reporting Services）

报表服务提供了各种现成可用的工具和服务，帮助创建、部署和管理报表，并提供了能扩展和自定义报表功能的编程功能。使用报表服务，可以从关系数据源、多维数据源和基于 XML 的数据源创建交互式、表格式、图形式或自由格式的报表。报表服务还是一个可用于开发报表应用程序的可扩展平台。

5）主数据服务（Master Data Services）

主数据服务是用于主数据管理的 SQL Server 解决方案。基于主数据服务生成的解决方案可确保报表和分析均基于适当的信息。使用主数据服务，用户可以为主数据创建中央存储库，并随着主数据随时间变化而维护一个可审核的安全对象记录。主数据服务包括复制服务、服务代理、通知服务和全文检索服务等功能组件，共同构成完整的服务架构。

6）机器学习服务（Machine Learning Services）

SQL Server 2019 中集成了内置的机器学习服务，支持使用企业数据源的分布式、可缩放的机器学习解决方案，支持使用 R 和 Python 语言执行机器学习模型。

7）机器学习集群（Big Data Clusters）

它支持在多个平台上部署分布式、可缩放机器学习解决方案，支持大规模数据分析和处理，包括大数据存储、分析服务和智能数据处理，并可使用多个企业数据源，包括 Linux 和 Hadoop，支持 R 和 Python 语言。

2．SQL Server 2019 主要管理工具

1）SQL Server Management Studio（SQL Sever 管理控制器，SSMS）

它是一个用于管理 SQL Server 对象的功能齐全的实用工具，其中包含易于使用的图形界面和丰富的脚本撰写功能。

SSMS 为所有开发和管理阶段提供了很多功能强大的工具窗口。某些工具可用于任何 SQL Server 组件，而其他一些工具则只能用于某些组件。表 7-1 标识了 SSMS 中可以用于所有 SQL Server 组件的工具。

表 7-1　可用于所有 SQL Server 组件的工具

工　　具	用　　途
对象资源管理器	浏览服务器、创建和定位对象、管理数据源以及查看日志。可以从"视图"菜单访问该工具
解决方案资源管理器	在 SQL Server 脚本的项目中存储并组织脚本及相关连接信息。可以将多个 SQL Server 脚本存储为解决方案，并使用源代码管理工具管理随时间演进的脚本。可以从"视图"菜单访问该工具
模板资源管理器	基于现有模板创建查询。还可以创建自定义查询，或改变现有模板以使它适合用户的需要。可以从"视图"菜单访问该工具
动态帮助	单击组件或类型代码时，显示相关帮助主题的列表

SQL Server Management Studio 界面如图 7-2 所示。

图 7-2　SQL Server Management Studio 界面

2）SQL Server 配置管理器

SQL Server 配置管理器是一种工具，用于管理与 SQL Server 相关联的服务、配置 SQL Server 使用的网络协议以及从 SQL Server 客户端计算机管理网络连接配置。

使用 SQL Server 配置管理器可以完成如下功能：管理服务、更改服务使用的账户、管理服务器和客户机网络协议。

SQL Server 配置管理器界面如图 7-3 所示。

3）SQL Server Profile（SQL Server 事件探查器）

SQL Server 事件探查器提供了一个图形用户界面，用于监视数据库引擎实例或 Analysis Service 实例。SQL Server 事件探查器界面如图 7-4 所示。

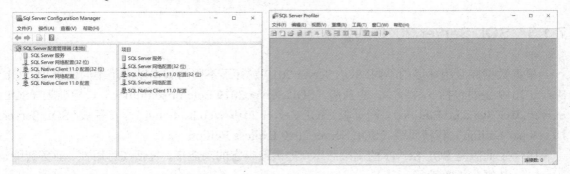

图 7-3　SQL Server 配置管理器　　　　　　　　　图 7-4　SQL Server 事件探查器

4）数据库引擎优化顾问

数据库引擎优化顾问可以协助创建索引、索引视图和分区的最佳组合。数据库引擎优化顾问界面如图 7-5 所示。

图 7-5　数据库引擎优化顾问

5）数据质量客户机（DQS）

DQS 提供了一个非常简单和直观的图形用户界面，用于连接到 DQS 数据库并执行数据库清理操作。它还允许集中监视中数据清理操作过程中执行的各项活动。数据质量客户机的安装需要 IE6.0 SP1 或更高版本。

6）SQL Server 数据工具（SSDT）

SQL Server 数据工具提供 IDE 以便为以下商业智能组件生成解决方案：Analysis Services、Reporting Services 和 Integration Services。SSDT 还包含"数据库项目"，为数据库开发人员提供集成环境，以便在 Visual Studio 内为 SQL Server 平台（内部/外部）执行所有数据库设计。数据库开发人员可用 Visual Studio 中功能增强的服务器资源管理器，轻松创建或编辑数据库对象和数据或执行查询。

7）连接组件

安装用于客户端和服务器之间通信的组件，以及用于 DB-Library、ODBC 和 OLE DB 的网络库。

7.1.3　SQL Server 2019 的版本

根据数据库应用环境的不同，SQL Server 2019 发行了不同的版本以满足不同的需求。SQL Server 2019 主要包括 5 种版本：企业版（SQL Server 2019 Enterprise Edition）、标准版（SQL Server 2019 Standard Edition）、网页版（SQL Server 2019 Web Edition）、开发者版（SQL Server Developer Edition）和精简版（SQL Server 2019 Express Edition）。

- 企业版是 SQL Server 的高端版本，提供最丰富的功能集，包括高可用性、业务智能、数据分析等功能。
- 标准版提供较轻量级的功能集，适合中小型企业或较小的工作负载。
- 网页版针对托管 Web 应用程序和小型 Web 服务器的需求进行了优化，价格相对较低。
- 开发者版支持开发人员基于 SQL Server 构建任意类型的应用程序，它包括企业版的所有功能，但有许可限制，只能用作开发和测试系统，而不能用作生产服务器。
- 免费的精简版适用于轻量级应用程序和小型部署。它有一些功能限制，如每个数据库的最大大小。

7.2　使用 SQL Server Management Studio 管理数据库

数据库的存储结构分为逻辑存储结构和物理存储结构两种。

数据库的逻辑存储结构指数据库由哪些性质的信息组成。SQL Server 的数据不只是存储数据，还存储所有与数据处理操作相关的信息。SQL Server 的数据库由表、视图、索引等各种不同的数据库对象组成，分别用来存储特定信息并支持特定功能，构成数据库的逻辑存储结构。

数据库的物理存储结构则是讨论数据库文件如何在磁盘上存储。数据库在磁盘上是以文件为单位存储的，在 SQL Server 2019 中，数据库由数据文件和日志文件组成，一个数据库至少应包含一个主数据文件和一个日志文件。每个文件都有操作系统使用的物理文件名和数据库管理系统使用的逻辑文件名。

数据文件是 SQL Server 用于存储用户输入数据库的所有信息和在数据库中建立的所有对象的文件。这些文件可以按所设置的格式，根据需要变大或缩小。

日志文件是 SQL Server 用来存储数据库事务日志的文件。事务日志用来维护数据库的一致性，并保证对数据库的所有修改要么被完整地执行、要么被取消。如果服务器在意外事件中被破坏，SQL Server 将检查事务日志来保证用户所有的数据修改都是完整的。

7.2.1　SQL Server 数据库的文件组成

1．SQL Server 数据库的组成

SQL Server 数据库由主数据文件、辅助数据文件和日志文件组成。一般来说，主数据文件的扩展名为.mdf，辅助数据文件的扩展名为.ndf，日志文件的扩展名为.ldf，但是 SQL Server 2019 并不对扩展名有强制要求。

1）主数据文件

主数据文件用于存储数据库数据，并包含数据库的启动信息，是数据库和其他数据库文件的起点，并以此起点为基础指向数据库中的其余文件。每个数据库必须有一个主数据文件。

2）辅助数据文件（次数据文件）

辅助数据文件是可选的，由用户定义并存储用户数据。通过将每个文件放在不同的磁盘驱动器上，辅助文件可用于将数据分散到多个磁盘上。另外，如果数据库超过了单个 Windows 文件的最大大小，可以使用辅助数据文件，这样数据库就能继续增长。一个数据库可以没有辅助数据文件，也可以有多个辅助数据文件。

3）日志文件

日志文件用于存储对数据库中数据的操作记录。每个数据库都必须至少有一个日志文件。一旦数据库遭到破坏，就可以利用日志文件来恢复数据库中的数据。

2．文件组（File Group）

为了方便对数据库文件进行管理，可以将数据库文件集中起来放在文件组中。比如，可以将 3 个数据文件（data1.mdf、data2.mdf 和 data3.mdf）分别创建在 3 个盘上，这 3 个文件组成文件组 fgroup1，创建表时，就可以指定一个表创建在文件组 fgroup1 上。这样该表的数据就可以分布在 3 个盘上，在对该表执行查询时，可以并行操作，大大提高了查询效率。与数据文件一样，文件组也分为主文件组（Primary File Group）和次文件组（Secondary File Group）。一个文件只能存在于一个文件组中，一个文件组也只能被一个数据库使用。主文件组包含主数据库文件和未指定组的其他文件。在次文件组中，可以指定一个默认文件组，那么在创建数据库对象时，如果没有指定将其放在哪一个文件组中，就会将其放在默认文件组中。如果没有指定默认文件组，则主文件组为默认文件组。

数据库的文件和文件组必须遵循以下规则。

（1）一个文件和文件组只能被一个数据库使用。

（2）一个文件只能属于一个文件组。

（3）数据文件和日志文件不能同时属于同一文件或文件组。

（4）日志文件不能属于文件组。

3．数据库文件的属性

在定义数据库的数据文件和日志文件时，可以指定如下属性。

（1）文件名及其位置。每个数据库的数据文件和日志文件都有一个逻辑名称以及文件的物理存放位置。一般情况下，为了获得更好的性能，建议将文件分散存储在多个磁盘上。

（2）文件大小。可以指定每个数据文件和日志文件的大小，一般以 MB 为单位。

（3）增长方式。如果需要，可以指定文件是否自动增长，该选项的默认配置为自动增长，即当数据库空间用完后，系统自动扩大数据库的空间。这样可以防止由于数据库空间用完所造成的不能插入新数据或不能进行数据操作的错误。

（4）最大大小。指定文件的最大大小，默认是大小无限制。

4．SQL Server 2019 的数据库类型

SQL Server 2019 中的数据库可分为系统数据库、用户数据库和案例数据库。

SQL Server 2019 中的系统数据库包括 Master、Model、Msdb、Tempdb 和 Resource 5 个系统数据库，它们在 SQL Server 2019 中都有着特殊的用途，不能将其删除。

SQL Server 2019 中的 5 个系统数据库记录了所有的登录账号、系统配置以及调度报警和任务，并记录操作符等。系统数据库是运行 SQL Server 的基础，所以在设计、管理 SQL Server 数据库时，一定要注意这 5 个系统数据库的存在，不能使自己的数据库与这 5 个系统数据库相冲突。

SQL Server 系统成功和稳定运行的保证是其系统数据库中信息的完整性，所以任何用户都不允许直接修改 SQL Server 系统数据库中的任何信息，并且注意对 SQL Server 系统数据库进行备份和安全保障等工作。

（1）Master 数据库。Master 数据库记录了 SQL Server 2019 系统的所有系统信息，这包括实例范围的元数据（如登录账户）、端点、链接服务器和系统配置设置。在 SQL Server 中，系统对象不再存储在 Master 数据库中，而是存储在 Resource 数据库中。此外，Master 数据库还记录了所有其他数据库的存在、数据库文件的位置以及 SQL Server 的初始化信息。如果 Master 数据库出现故障，SQL Server 2019 将无法启动。所以用户一般不要修改它，并应该定期对该数据库进行备份。

（2）Tempdb 数据库。Tempdb 数据库是系统的临时存储空间，主要存储系统运行中的临时数据，如临时表、临时存储过程、数据表变量、游标、排序的中间结果工作表、索引操作与触发器操作而生成的数据等。Tempdb 数据库是一个全局资源，没有专门的权限限制，允许所有可以连接上 SQL Server 服务器的用户使用。Tempdb 数据库的大小会随着操作的多少而变化，数据库的操作越多，Tempdb 数据库的容量就越大，SQL Server 2019 会根据需要自动调整数据库的大小。每次启动 SQL Server 时都会重新创建 Tempdb，从而在系统启动时总是保持一个"干净"的 Tempdb 数据库。在断开连接时会自动删除临时表和存储过程，并且在系统关闭后没有活动连接。不允许对 Tempdb 进行备份和还原操作。

（3）Model 数据库。Model 数据库是建立新数据库的模板，包含了将复制到每个新建数据库中的系统表。执行创建数据库的语句 CREATE DATABASE 时，将通过复制 Model 数据库中的内容来创建数据库的第一部分，然后用空页填充新数据库的剩余部分。

如果修改了 Model 数据库，那么之后创建的所有数据库都会继承这些修改。例如，可以设置权限或数据库选项或者添加对象，例如，表、函数或存储过程等。

（4）Msdb 数据库。SQL Server 代理使用 Msdb 数据库来计划警报和作业，SQL Server Management Studio、Service Broker 和数据库邮件等其他功能也使用该数据库。另外，有关数据库备份和还原的记录，也会写在该数据库里。

（5）Resource 数据库。Resource 数据库为只读数据库，它包含了 SQL Server 中的所有系统对象。Resource 数据库与 Master 数据库的区别在于：Master 数据库存放的是系统级的信息而不是所有系统对象。SQL Server 系统对象（如 sys.objects）在物理上保存在 Resource 数据库中，但在逻辑上显示在每个数据库的 sys 架构中，在 SQL Server Management Studio 的对象资源管理器里看不到 Resource 数据库。Resource 数据库不包含用户数据或用户元数据。

除了系统数据库，用户还可以创建自定义的用户数据库，用于存储应用程序数据。这些数据库可以根据具体应用的需求进行设计和管理。

案例数据库是一种在学习、培训或演示过程中使用的示例数据库，通常包含一些模拟真实业务场景的数据和表结构。在 SQL Server 中，有一些常见的案例数据库，其中两个主要的案例数据库是 AdventureWorks 和 Northwind。

7.2.2　数据库的创建

在 SQL Server Management Studio 中创建数据库的步骤如下。

（1）启动 SQL Server Management Studio，在"对象资源管理器"窗口中连接到 SQL Server 数据库引擎实例，然后展开该实例。

（2）右击"数据库"选项，然后选择"新建数据库"命令。

（3）在"新建数据库"对话框中，输入数据库名称。本例中输入"Student"作为数据库名。

（4）若要通过接受所有默认值创建数据库，请单击"确定"按钮；否则，请继续后面的可选步骤。

（5）若要更改所有者名称，可以在"所有者"文本框通过列表来选择和指定数据库的所有者，所有者默认为创建该数据库的用户。

"数据库文件"列表框中，输入数据库名称时，此处就已经自动输入了两个文件名，如图 7-6 所示。数据库文件的文件名和数据库名称相同，都是"student"，如果加上扩展名就是"student.mdf"；而日志文件名为"student_log"，如果加上扩展名就是"student_log.ldf"。允许在"逻辑名称"栏中对文件名进行修改。

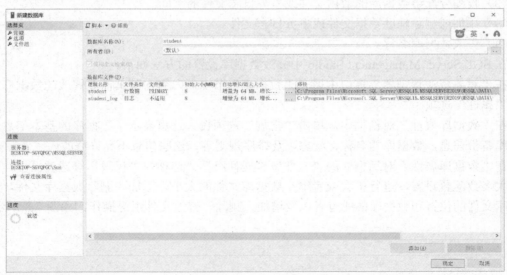

图 7-6　"常规"选项页

在"初始大小"栏中可以修改文件的初始大小，单位为 MB。默认情况下，文件的大小受 SQL Server 实例级别的配置和模型数据库的影响。在实际生产环境中，根据数据库的预期使用情况、性能需求以及存储空间要求来调整数据库文件的大小。

选中"自动增长/最大大小"栏，可以看到数据库文件的自动增长属性。单击后面的…按钮，弹出如图 7-7 所示的对话框。在该对话框中，可以启用或禁止自动增长，如果禁止自动增长，数据库文件为固定大小；可以设置增长的方式，设置一次增长多少兆字节（MB），或者增长的百分比；还可以限制最大文件大小。

图 7-7　设置自动增长属性

💡 **说明：** 数据库文件大小应慎重设置为自动增长。虽然数据库文件大小设置为自动增长较为省事，但由于不定时增长，会使得增长后的文件在磁盘中不连续存放，从而降低数据库的工作效率。另外，如果数据库所需空间较大，而增长属性设置得太小，会造成数据库频繁增长，影响数据库的工作效率。但也不宜将数据库文件设置过大，以免造成磁盘空间浪费。

（6）若要添加新文件组，请单击"文件组"选项页。单击"添加"按钮，然后输入文件组的值。

（7）设置完毕后，单击"确定"按钮，创建新的数据库。

数据库创建完毕后，可以通过 SQL Server Management Studio 进行查看。

7.2.3　数据库的修改

创建数据库后，可以对其原始定义进行更改。常用的更改操作为以下 4 项。

（1）扩展分配给数据库的数据文件或事务日志文件的空间。

（2）收缩分配给数据库的数据文件或事务日志文件的空间。

（3）添加或删除辅助数据文件或事务日志文件。

（4）更改数据库名称。

在 SQL Server Management Studio 中修改数据库设置的方法如下。

在"对象资源管理器"窗口中展开"数据库"节点后，右击某个需要修改的数据库，再单击"属性"选项。

在"数据库属性"对话框中，单击"常规"选项页，这里显示了数据库的基本信息，如数据库备份信息，数据库的名称、状态以及排序规则等，这些信息不允许修改。

在"数据库属性"对话框中的"文件""文件组""选项""权限"等选项页中，可以访问大多数配置设置，进行扩大或者缩小数据库文件的大小，添加、删除数据库文件，修改数据库文件的位置和数据库的所有者以及增加、删除、修改文件组等操作，如图 7-8 所示。

图 7-8　"数据库属性"对话框

7.2.4　数据库的删除

对于那些不再需要的数据库，可以将其删除。删除数据库之后，数据库文件和数据都从服务器上的磁盘中删除。在 SQL Server Management Studio 中，右击需要删除的数据库，从弹出的菜单中选择"删除"命令即可删除选中的数据库。也可以选中要删除的数据库，然后单击工具栏中的"删除"按钮来删除数据库，系统会询问用户是否要删除。

7.2.5　数据库表的创建与管理

当用户在 SQL Server 2019 中创建了一个新的数据库后，该数据库中即自动包含了一些表、视图、存储过程以及其他对象，这些对象是系统从模板数据库 Model 中自动复制过来的，主要用于管理用户的数据库。系统表中存放的都是系统的信息，用户要想存放自己的数据，必须创建自己的数据库表。

SQL Server 2019 提供了两种方法创建数据库表：利用表设计器和 Transact-SQL 语句。在第 3 章中已经讲解了利用 SQL 语句创建数据表的方法，在此主要讲解前一种方法。

表是由行和列组成的，创建表的过程主要是定义表的过程，在 SQL Server Management Studio 中创建表的步骤如下。

（1）在"对象资源管理器"窗口中，展开"数据库"节点，然后展开将要创建新表的数据库。

（2）在"对象资源管理器"窗口中，右击数据库的"表"节点，然后单击"新建表"选项。

（3）键入列名，选择数据类型，并选择各个列是否允许空值，如图7-9所示。

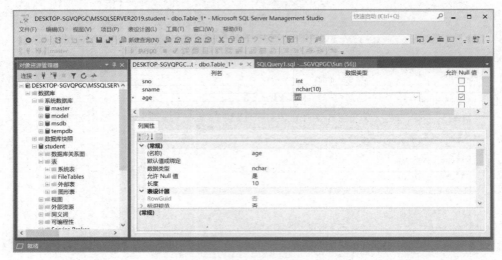

图7-9　表设计器

（4）若要将某个列指定为主键，请右击该列，然后选择"设置主键"命令。

（5）若要创建外键关系、CHECK约束或索引，请在"表设计器"窗格中右击，然后从列表中选择一个对象，如图7-10所示。

（6）默认情况下，该表包含在dbo架构中。若要为该表指定不同架构，请在"表设计器"窗格中右击，然后选择"属性"命令，从"架构"下拉列表中选择适当的架构。

（7）从"文件"菜单中，选择"保存table name"命令。在"选择名称"对话框中，为该表键入一个名称，再单击"确定"按钮。

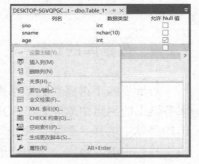

图7-10　创建关系

若要查看这个新表，请在"对象资源管理器"窗口中展开"表"节点，然后按F5键刷新对象列表。该新表将显示在表列表中。

虽然创建表可以通过SQL Server Management Studio完成，但是步骤烦琐，笔者在此推荐使用SQL语句来创建表。

7.2.6　修改表

当表创建好之后，根据需要可以对表的列、约束等属性进行添加、删除和修改。这就需要修改表结构，使用SQL Server Management Studio修改表的步骤如下。

（1）在"对象资源管理器"窗口中，展开"数据库"节点，然后展开将要修改表的数据库。

（2）在"对象资源管理器"窗口中，右击数据库的"表"节点，然后单击"设计表"

选项。

（3）可以添加列、删除列、调整列的顺序、重命名列、修改主键、修改外键、修改唯一约束、修改 CHECK 约束等。

（4）修改完毕后，单击"保存"按钮。

7.2.7　查看表

查看表包括查看表的属性和表中的数据。

1）查看表的属性

在"对象资源管理器"窗口中，选择要显示其属性的表。右击该表，再从快捷菜单中选择"属性"命令。

可以查看包含此表的数据库的名称、当前服务器实例的名称、此连接的用户名、该表的创建日期和时间信息、表的名称、该表所属的架构等。

2）查看表中的数据

在"对象资源管理器"窗口中，找到数据库，找到数据库中的表，右击需要查看的表，从快捷菜单中选择"选择前 1000 行"命令，如图 7-11 所示。

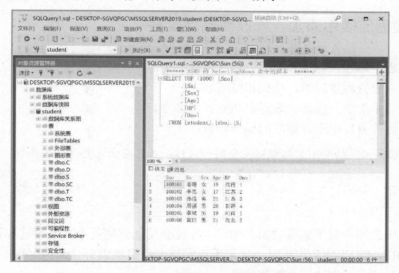

图 7-11　显示前 1000 行数据

在"对象资源管理器"窗口中，找到数据库，找到数据库中的表，右击需要查看的表，从快捷菜单中选择"编辑前 200 行"命令，如图 7-12 所示。

3）查看表的依赖关系

在"对象资源管理器"窗口中，展开"数据库"节点，再展开其中的某个数据库，然后展开"表"节点。右击某个表，然后选择"查看依赖关系"命令。在"对象依赖关系"对话框中，选择"依赖于该表的对象"或该表"依赖的对象"。在"依赖关系"网格中选择一个对象。对象类型就显示在"类型"框中。

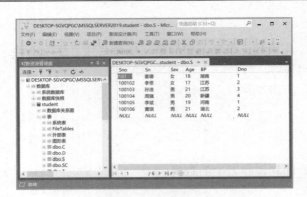

图 7-12　编辑前 200 行

7.2.8　删除表

在"对象资源管理器"窗口中选择要删除的表；右击该表，再从快捷菜单中选择"删除"命令；此时，将显示一个消息框，提示用户确认删除；单击"是"按钮。需要注意的是，当有对象依赖于该表时，不能将其删除。

7.2.9　在数据库表中添加、修改和删除数据

在数据库表中添加、修改和删除数据的步骤如下。

（1）打开对象资源管理器，找到相应的表。

（2）右击选中的表，选择"编辑前 200 行"命令。

（3）在弹出的窗口中进行相应的操作即可。

📢 **注意**：必须保证数据和定义的数据类型的一致性，并且符合完整性约束条件。

7.2.10　索引

在第 3 章中已经介绍了索引的相关知识，在此介绍如何通过 SSMS 创建和删除索引。

在创建 PRIMARY KEY 约束时，如果不存在该表的聚集索引且未指定唯一非聚集索引，则将自动对一列或多列创建唯一聚集索引。

在创建 UNIQUE 约束时，如果不存在该表的聚集索引，默认情况下将创建唯一非聚集索引，以便强制 UNIQUE 约束。

1．创建索引

在 SSMS 中创建索引的步骤如下。

（1）在"对象资源管理器"窗口中，展开要创建索引的表。

（2）右击"索引"文件夹，选择"新建索引"命令，然后选择索引的类型。

（3）在"新建索引"对话框的"常规"选项页中，在"索引名称"文本框中输入新索引的名称。

（4）在"索引键列"选项卡下，单击"添加"按钮。

（5）在"从 table_name 中选择列"对话框中，选中要添加到索引的一个或多个表列的复选框。

（6）单击"确定"按钮。

2. 删除索引

在 SSMS 中删除索引的步骤如下。

（1）在"对象资源管理器"窗口中，展开包含要删除索引的表的数据库。

（2）展开"表"文件夹。

（3）展开包含要删除的索引的表。

（4）展开"索引"文件夹。

（5）右击要删除的索引，然后选择"删除"命令。

（6）在"删除对象"对话框中，单击"确定"按钮。

3. 修改索引

在 SSMS 中修改索引的步骤如下。

（1）在"对象资源管理器"窗口中，展开"数据库"节点，展开该表所属的数据库，再展开"表"文件夹。

（2）展开该索引所属的表，再展开"索引"文件夹。

（3）右击要修改的索引，然后选择"属性"命令。

（4）在"索引属性"对话框中进行所需的更改。

7.2.11　数据查询

数据查询主要是根据用户提供的限定条件进行，其结果是返回一张满足用户需求的表。在 SQL Server 2019 中，可以使用 SSMS 进行数据查询，具体方法如下。

（1）打开 SQL Server Management Studio，连接服务器。

（2）在工具栏中单击"新建查询"按钮，对象资源管理器右下方会出现查询窗口。

（3）假设查询 Student 数据库中所有年龄在 20 岁以下女生信息，在查询窗口里输入查询语句，在左上方数据库列表中选取执行命令的数据库，本例应选"Student"数据库，如图 7-13 所示。

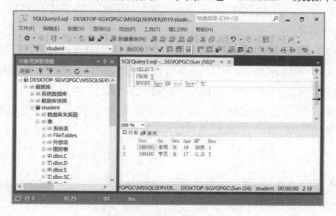

图 7-13　数据查询窗口

（4）单击工具栏中"√"按钮，分析语法是否正确，单击"！执行"按钮，执行语句。

7.3　T-SQL 编程基础

Transact-SQL 又称 T-SQL，是在 SQL Server 和 Sybase SQL Server 上的 ANSI SQL 实现，与 Oracle 的 PL/SQL 性质相近，是 SQL Server 的核心组件之一。针对 ANSI SQL 可编程性和灵活性较弱等问题，T-SQL 对其进行了扩展，加入了程序流程控制结构（如 IF 和 WHILE）、局部变量和其他一些功能。利用这些功能，可以写出更为复杂的查询语句，或建立驻留在服务器上的基于代码的对象，如存储过程和触发器。虽然 SQL Server 也提供了自动生成查询语句的可视化用户界面，但要编写具有实际用途的数据库应用程序，必须借助 T-SQL。

7.3.1　T-SQL 程序结构

1．批处理

批处理是一组 SQL 语句的集合，一个批以结束符 GO 而终结。批处理中的所有语句被一次提交给 SQL Server，SQL Server 将这些语句编译为一个执行单元以在执行时全部执行。

注意：在执行批处理时，注意以下问题。

（1）只要有其中任一个 SQL 语句存在语法错误，SQL Server 将取消整个批处理内所有语句执行。

（2）如果没有语法问题且可以运行，但发生逻辑错误（如算术溢出），则可能导致停止批处理中当前语句及后面语句执行，或仅停止当前语句执行，后面继续。这样可能发生严重错误，所以批处理应位于一个事务之内。

使用批处理的基本规则如下。

（1）所有 CREATE 语句应单独构成一个批处理，不能在批处理中和其他 SQL 语句组合使用。

（2）使用 ALTER TABLE 语句修改表结构后，不能在同一个批处理中使用新定义的列。

（3）EXECUTE 语句为批处理中第一个语句时，可以省略 EXECUTE 关键字，否则，必须使用 EXECUTE 关键字。

（4）批处理命令 GO 和 SQL 语句不能在同一行上。但在 GO 命令中可以包含注释。

批处理命令 GO 并不是 SQL 语句的组成部分，它仅是作为批处理结束的标志。当编译器读到 GO 时，会把它前面的所有语句打成一个数据包一起发给服务器。

下面通过实例来说明批处理的使用。以下程序的功能是打开教学管理数据库 Teach，创建视图 sub_student，并查询视图。正确批处理的例子如下。

```
USE   Teach
GO
CREATE   VIEW   sub_student
AS SELECT   Sno,Sn   FROM   S
GO
```

```
SELECT   *   FROM   sub_student
GO
```

不正确批处理的例子 1：

```
USE   Teach
CREATE   VIEW   sub_student
AS SELECT   Sno,Sn   FROM   S
GO
SELECT   *   FROM   sub_student
GO
```

错误的原因在于将选择数据库与创建视图放在了同一个批处理中，前面说过 CREATE 必须单独在一个批处理中。

不正确批处理的例子 2：

```
USE   Teach
GO
CREATE   TABLE mytab (name   nvarchar(20),pric   tinyint)
GO
INSERT   INTO   mytab (name,pric) VALUES ('Binete', 3)
INSERT   INTO   mytab (name,pric) VALUES ('Binete', 3000)
                                            --3000 超过 tinyint 类型
GO
```

第 2 个插入语句插入时出错，只产生部分数据（容易成为垃圾数据）。为了避免这种情况发生，需要用事务保证批处理中的命令要么全做、要么全不做。

2．程序结构

一个 T-SQL 程序包含若干个以 BEGIN TRANSACTION 开始、以 COMMIT（提交）或 ROLLBACK（回滚）结束的事务，一个事务又包含若干个以 GO 结束的批处理，一个批处理又包含若干条 T-SQL 语句。因此 T-SQL 程序的基本结构如下：

```
{
    BEGIN TRANSACTION
    {   T-SQL 语句[ …n]
      GO
    }[ …n]
    { COMMIT | ROLLBACK }
}[ …n]
```

【例 7-1】下列 T-SQL 程序包含两个事务，每个事务又包含两个批处理。

```
BEGIN TRANSACTION
    DELETE FROM   SC   WHERE Sno='100101'
    DELETE FROM   S   WHERE Sno='100101'
    GO
    SELECT * FROM SC   WHERE Sno='100101'
    SELECT * FROM S WHERE Sno='100101'
    GO
ROLLBACK
BEGIN TRANSACTION
```

```
    INSERT INTO S (Sno,Clo)    VALUES('100199','201001')
    INSERT INTO SC(Sno,Ono) VALUES('100199', '150101')
    GO
    SELECT * FROM S WHERE Sno='100199'
    SELECT * FROM SC WHERE Sno='100199'
    GO
COMMIT
```

7.3.2　变量

SQL Server 中有局部与全局两种变量。局部变量是在批处理或存储过程中声明与使用的，而全局变量是一种由 SQL Server 提供的特殊函数。

1．局部变量

局部变量是在批处理或存储过程中由用户定义并使用的变量。用户在使用局部变量前必须事先声明，而局部变量的使用范围也仅限于声明它的批处理或存储过程。

1）声明局部变量

声明局部变量的命令格式如下：

```
DECLARE @variable_name datatype[,… n]
```

其语句格式各项说明如下。

（1）DECLARE 关键字表示将要声明变量。

（2）@variable_name 表示局部变量名，必须以@开头。

（3）datatype 可以是除 text、ntext 和 image 之外的数据类型或用户定义的数据类型。

（4）[,…n]表示一个 DECLARE 语句中可以声明多个局部变量，变量之间用逗号隔开。

2）局部变量的赋值

声明局部变量后，系统自动为变量赋初值 NULL。若需要另外赋值，可以使用 SET 或 SELECT 语句，其命令格式如下：

```
SELECT @variable_name=expression
[FROM table_name[,… n] WHERE clause][,… n]
```

或者

```
SET @variable_name=expression
```

其语句格式各项说明如下。

（1）expression 表达式可以是一个具体的数据，如数字、字符串等，也可以是一个表达式或另一个局部变量或全局变量，还可以是从一个查询语句中查询出来的数据。

（2）FROM 子句用于向变量所赋的值源于由一个表中查询所得数据的情形。

（3）一个 SELECT 语句可以为多个变量赋值，但一个 SET 语句仅能为一个变量赋值。若使用 SELECT 语句为变量赋值，则不能与其查询功能同时使用；若使用 SELECT 语句从表中读取数据为变量赋值，则其返回的数据必须唯一，否则仅将最后一个数据赋给变量。

3）变量值的输出

用 PRINT、SELECT 语句输出变量的值，命令格式如下：

```
PRINT <@variable_name>
SELECT <@variable_name>[,… n]
```

说明：PRINT 语句除了可以显示变量，也可以显示常量和表达式，但不允许显示列名；SELECT 语句则都可以显示。

【例 7-2】以下例子定义了三个局部变量。

```
DECLARE @age INT, @SEX CHAR(2), @Depart CHAR(2)
```

【例 7-3】用 SET 和 SELECT 语句为变量赋值。

```
DECLARE @V1 INT, @V2 CHAR(100), @V3 INT, @V4 CHAR(100)
SET @V1=100*100
SET @V2='ABC'+'DEF'
SELECT @V3=2*@V1, @V4=@V2+'HIJ'
PRINT @V1+@V3
PRINT @V2+@V4
GO
```

2. 全局变量

全局变量以@@开头。在 SQL Server 中，全局变量作为一种特殊函数，由系统预定义。全局变量的作用范围是整个系统，通常用来检测系统的设置值或执行查询命令后的状态值，如表 7-2 所示。

表 7-2　SQL Server 2019 无参函数

无 参 函 数	描　　述
@@CONNECTIONS	SQL Server 最近一次启动后连接或尝试的连接数
@@CPU_BUSY	SQL Server 最近一次启动后 CPU 工作时间（单位：ms）
@@CURSOR_ROWS	最近一次打开的游标中当前存在的记录行数
@@DATEFIRST	SET DATEFIRST 参数的当前值
@@DBTS	当前数据库最后使用的时间戳值
@@ERROR	最近一次执行的 Transact-SQL 语句的错误代码
@@FETCH_STATUS	最近一次对游标所执行 FETCH 语句的状态
@@IDENTITY	最近一次插入数据库表的标识值，即自动编号值
@@IDLE	SQL Server 上次启动后闲置的时间（单位：ms）
@@IO_BUSY	SQL Server 上次启动后用于执行 I/O 操作的时间（单位：ms）
@@LANGID	当前所使用语言的本地语言标识符（ID）
@@LANGUAGE	返回当前使用的语言名称
@@LOCK_TIMEOUT	当前会话的当前锁超时设置（单位：ms）
@@MAX_CONNECTIONS	SQL Server 上允许用户同时连接的最大数
@@MAX_PRECISION	decimal 和 numeric 数据类型所用的精度级别
@@NESTLEVEL	当前存储过程执行的嵌套层次
@@OPITONS	当前 SET 选项的信息
@@PACK_RECEIVED	SQL Server 上次启动后从网络上读取的输入数据包数

无 参 函 数	描　　述
@@PACK_SENT	SQL Server 上次启动后写到网络上的输出数据包数
@@PACK_ERRORS	SQL Server 上次启动后 SQL Server 连接上发生的网络数据包错误数
@@PROCID	当前过程的存储过程标识符（ID）
@@REMSERVER	当远程 SQL Server 数据库服务器在登录记录中出现时的名称
@@ROWCOUNT	受上一个语句影响的记录行数
@@SERVERNAME	运行 SQL Server 的本地服务器名称
@@SERVICENAME	SQL Server 正在运行的注册表键名（当前实例为默认实例，返回 MSSQLServer；当前实例是命名实例，返回实例名）
@@SPID	当前用户进程的服务器进程标识符（ID）
@@TEXTSIZE	SET TEXTSIZE 选项当前值（指定 SELECT 返回的 text 或 image 数据的最大长度，以字节为单位）
@@TIMETICKS	一刻度的微秒数（操作系统一刻度是 31.25ms）
@@TOTAL_ERRORS	SQL Server 上次启动后所遇到的磁盘读/写错误数
@@TOTAL_READ	SQL Server 上次启动后读取磁盘（非高速缓存）数
@@TOTAL_WRITE	SQL Server 上次启动后写入磁盘数
@@TRANCOUNT	当前连接的活动事务数
@@VERSION	SQL Server 当前安装的日期、版本和处理器类型

【例 7-4】用全局变量查看 SQL Server 的版本、当前所使用的 SQL Server 服务器的名称以及所使用服务的名称等信息。

```
PRINT '目前所用 SQL SERVER 的版本信息如下。'
PRINT @@VERSION
PRINT '目前所用 SQL SERVER 服务器的名称为：'+@@SERVERNAME
PRINT '目前所用服务为：'+@@SERVICENAME
```

7.3.3　流程控制语句

在 SQL Server 中，流程控制语句主要用来控制 SQL 语句、语句块，或者存储过程的执行流程。T-SQL 中用来编写流程控制模块的语句主要有：BEGIN…AND 语句、IF…ELSE 语句、CASE 语句、WHILE 语句、RETURN 语句、WAITFOR 语句和 GOTO 语句。

1．BEGIN…END 语句

BEGIN…END 语句能够将多个 Transact-SQL 语句组合成一个语句块，并将它们视为一个单元处理，通常与其他流程控制语句一起使用，如 IF…ELSE、WHILE 等，或者用于定义存储过程、触发器、函数等对象的主体。其语法形式如下：

```
BEGIN
  <命令行或程序块>
END
```

2.IF…ELSE 语句

IF…ELSE 语句是条件判断语句,其中 ELSE 子句是可选项(最简单的 IF 语句没有 ELSE 子句部分)。IF…ELSE 语句用来判断当某一条件成立时执行某段程序,条件不成立时执行另一段程序,其语法形式如下:

```
IF<条件表达式>
    <命令行或程序块>
[ELSE[条件表达式]
    <命令行或程序块>]
```

【例 7-5】判断学生性别并输出结果示例 1。

```
IF@sex='男'
    PRINT'This student is a boy. '
ELSE
    PRINT'This student is a girl. '
```

在 SQL Server 中,可以使用嵌套的 IF…ELSE 条件判断结构,而且对嵌套的层数没有限制。

【例 7-6】判断学生性别并输出结果示例 2。

```
IF@sex='男'
    PRINT 'This student is a boy. '
ELSE
    PRINT 'This student is a girl! '
    PRINT 'This girl is beautiful! '
```

不管"@sex='男'"的结果为真为假,"This girl is beautiful!"都会输出。原因是当条件为假时的分支只限制执行 ELSE 后的一条语句。如果要在条件为真时不输出"This girl is beautiful!",则需要用 BEGIN…END 语句将两条 PRINT 语句组合成一条语句,即用下面的形式:

```
IF@sex='男'
    PRINT'This student is a boy. '
ELSE
    BEGIN
        PRINT'This student is a girl！'
        PRINT'This girl is beautiful！'
    END
```

【例 7-7】IF…ELSE 嵌套使用示例。

```
IF@Depart='CS'
    PRINT'This department is CS. '
ELSE IF @Depart='IS'
            PRINT'This department is IS. '
    ELSE
            PRINT 'Unknow department! '
```

本例中使用了嵌套的 IF…ELSE 结构,在 IF 后的逻辑表达式返回了为假的结果时,将执行另一个 IF…ELSE 语句。

3．CASE 语句

CASE 语句可以计算多个条件式，并将其中一个符合条件的结果表达式返回。按照使用形式的不同，可以分为两种语句格式。

```
第一种：CASE<运算式>
        WHEN<运算式>THEN<运算式>
        …
        WHEN <运算式> THEN <运算式>
      [ELSE<运算式>]
      END
```

```
第二种：CASE
      WHEN <条件表达式> THEN <运算式>
      …
      WHEN<条件表达式> THEN <运算式>
       [ELSE<运算式>]
      END
```

CASE 语句可以嵌套到 SQL 命令中。

【例 7-8】调整 50 分以下的学生成绩，针对所有 40 分以下的学生，成绩上调 8%，成绩在 40～50 分之间的学生，成绩上调 5%，其他分数段学生成绩保持不变。

```
USE Student
UPDATE SC
SET Score=
CASE
    WHEN Score<=40 THEN    Score*1.08
    WHEN Score>40 and Score<=50 THEN    Score*1.08
END
WHERE Score<=50
```

执行 CASE 子句只运行第一个匹配的子句。

4．WHILE 语句

WHILE 语句用于设置重复执行 SQL 语句或语句块的条件。只要指定的条件为真，就重复执行语句。其语法形式如下：

```
WHILE<条件表达式>
BEGIN
    <命令行或程序块>
    [BREAK]
    [CONTINUE]
    [命令行或程序块]
END
```

其中，CONTINUE 语句可以使程序跳过 CONTINUE 语句之后的语句，回到 WHILE 循环的第一行命令；BREAK 语句则使程序完全跳出循环，结束 WHILE 语句的执行。

【例 7-9】简单 WHILE 语句，打印 1～10 之间的整数。

```
DECLARE  @i   INTEGER
DECLARE  @iMAX   INTEGER
```

```
SET   @iMAX=10
SET   @i=1
WHILE   @i<=@iMAX
BEGIN
    PRINT   @i
    SET   @i=@i+1
END
```

【例 7-10】判断一个数是否是素数。

```
DECLARE   @i   INTEGER
DECLARE   @iTest   INTEGER
SET   @iTest =61
SET   @i=2
WHILE   @i <@iTest
BEGIN
    IF @itest%@i=0
    BEGIN
        PRINT '该数不是素数'
        BREAK
    END
    SET @i=@i+1
END
IF @itest<=@i
    PRINT '该数是素数'
```

5. RETURN 语句

RETURN 语句用于在存储过程、函数或触发器中提前结束执行，并返回结果（如果有）。它可以用于将值从存储过程或函数中返回，或者用于在触发器中提前结束触发器的执行。

6. WAITFOR 语句

WAITFOR 语句用来暂时停止执行 SQL 语句、语句块或存储过程等，直到所设定的等待时间已过，或者所设定的时间已到才继续执行。其语句格式如下：

WAITFOR {DELAY<'时间'> | TIME<'时间'>}

其中，DELAY 用于指定时间间隔；TIME 用于指定某一时刻，其数据类型为 datatime，格式为 hh:mm:ss。

【例 7-11】等待 1 小时 2 分零 3 秒后才执行 SELECT 语句。

```
WAITFOR   DELAY   '01:02:03'
SELECT   *   FROM   EMPLOYEE
```

7. GOTO 语句

GOTO 语句用来改变程序执行的流程，使程序直接跳到标有标识符的指定的程序行，再继续往下执行。作为跳转目标的标识符可以为数字与字符的组合，但必须以":"结尾，如 a1:。在 GOTO 语句行标识符后不必跟":"。

由于可读性差，不提倡使用过多的 GOTO 语句来进行语句的跳转。GOTO 语句的语法形式如下：

```
GOTO 标识符
...
标识符:
```

【例 7-12】分行打印字符 1、2、3、4、5。

```
DECLARE @X INTEGER
SELECT @X=1
LABEL_1:
PRINT @X
SELECT @X=@X+1
WHILE @X<6
GOTO LABEL_1
```

7.3.4 SQL Server 程序设计举例

【例 7-13】从 SC 表中查询所有学生的考试成绩情况，凡成绩为空者输出"未考"，小于 60 分时输出"不及格"，60～70 分时输出"及格"，70～80 分时输出"中等"，70～90 分时输出"良好"，大于或等于 90 分时输出"优秀"。

```
SELECT Sno,Cno,等级=CASE WHEN score IS NULL THEN   '未考'
                        WHEN score < 60 THEN   '不及格'
                        WHEN score>=60 AND score<70 THEN   '及格'
                        WHEN score>=70 AND score<80 THEN   '中等'
                        WHEN score>=80 AND score<90 THEN   '良好'
                        WHEN score>=90 THEN   '优秀'
                   END
FROM SC
```

运行结果如图 7-14 所示。

Sno	Cno	等级
100101	150101	及格
100101	150101	中等
100101	150101	良好
100102	150101	良好
100103	150101	中等
100105	150101	及格

图 7-14 运行结果

【例 7-14】计算 1～100 之间所有能被 3 整除的数的个数及总和。

```
DECLARE @x SMALLINT,@y SMALLINT,@nums SMALLINT
SET @x=0
SET @y=1
SET @nums=0
WHILE (@y<=100)
```

```
        BEGIN
          IF (@y%3=0)
              BEGIN
                 SET @x=@x+@y
                 SET @nums =@nums +1
              END
            SET @y=@y+1
      END
PRINT str(@x)+','+str(@nums)
```

【例 7-15】 求 1+2+3+⋯+100 的和。

```
DECLARE @sum SMALLINT, @i SMALLINT
SET @i=1
SET @sum =0
BEG:
  IF (@i<=100)
    BEGIN
      SET @sum=@sum+@i
      SET @i=@i+1
      GOTO BEG
    END
PRINT @sum
```

7.4　游　标

　　SQL 的数据操作方式是一次一集合的方式，每次查询的结果都是一个集合，称之为结果集。但是有时候应用程序，特别是交互式联机应用程序，并不总能将整个结果集作为一个单元来有效处理。这些应用程序需要一种机制，每次处理一行或部分行。游标就是提供这种机制的、对结果集的一种拓展。游标是管理查询结果集的用户缓冲区。游标技术将一个命名缓冲区和一个查询语句绑定在一起：查询执行后的结果集数据经过游标把面向集合的操作转换成面向元组的操作，应用程序就可以逐一处理每个元组了。

　　游标通过以下方式来扩展结果处理。

　　（1）允许定位在结果集的特定行。

　　（2）从结果集的当前位置检索一行或部分行。

　　（3）支持对结果集的当前位置的行进行数据修改。

　　（4）为由其他用户对显示在结果集中的数据库数据所做的更改提供不同级别的可见性支持。

　　（5）提供脚本、存储过程和触发器中用于访问结果集中数据的 Transact-SQL 语句。

7.4.1　游标类型

　　Microsoft SQL Server 支持 3 种请求游标的方法如下。

　　（1）Transact-SQL 游标：最常用的游标类型，使用 Transact-SQL 语句创建的游标，主要用于 Transact-SQL 脚本、存储过程和触发器中。Transact-SQL 游标在服务器上完成，由从客户端发送到服务器的 Transact-SQL 语句管理。它们还包含在批处理、存储过程或触发器中。

（2）应用编程接口（API）服务器游标。支持 OLE DB、ODBC（开放式数据库连接）和 DB-Library 中的 API 游标函数。API 服务器游标也是在服务器上完成操作的。每次客户端应用程序调用 API 游标函数时，OLE DB 访问接口或 ODBC 驱动程序或 DB-Library 动态链接库（DLL）会把请求传输到服务器，由服务器对 API 游标进行操作。

（3）客户端游标：客户端游标是相对上述 2 种服务器端游标而言的。客户端游标由 SQL Server Native Client ODBC 驱动程序、DB-Library DLL 和实现 ADO API 的 DLL 在内部完成操作。每次客户端应用程序调用 API 游标函数时，SQL Server Native Client ODBC 驱动程序、DB-Library DLL 或 ADO DLL 会对客户端上高速缓存的结果集行执行游标操作。

SQL Server 支持的 API 服务器游标根据结果集变化的能力和消耗资源的情况不同，又可以分为 4 类。

（1）静态游标：静态游标的完整结果集在打开游标时建立在 Tempdb 中。静态游标总是按照打开游标时的原样显示结果集。游标不反映在数据库中所做的任何影响结果集的更改，也不反映对组成结果集的行的列值所做的更改。静态游标不会显示打开游标以后在数据库中新插入的行，即使这些行符合游标 SELECT 语句的搜索条件。如果组成结果集的行被其他用户更新，则新的数据不会显示在静态游标中。静态游标会显示打开游标以后从数据库中删除的行。静态游标中不反映 UPDATE、INSERT 或者 DELETE 操作（除非关闭游标后重新打开），甚至不反映使用打开游标的同一连接所做的修改。SQL Sever 静态游标始终是只读的。由于静态游标的结果集存储在 Tempdb 的工作表中，因此结果集中的行数大小不能超过 SQL Sever 表的最大行大小。

（2）动态游标：动态游标与静态游标相对。当滚动游标时，动态游标反映结果集中所做的所有更改。结果集中的行数据值、顺序和成员在每次提取时都会改变。所有用户做的全部 UPDATE、INSERT 和 DELETE 语句均通过游标可见。如果使用 API 函数（如 SQLSetPos）或 Transact-SQL WHERE CURRENT OF 子句通过游标进行更新，它们将立即可见。在游标外部所做的更新直到提交时才可见，除非将游标的事务隔离级别设为未提交读。

（3）只进游标：只进游标不支持滚动，它只支持游标从头到尾顺序提取。行只在从数据库中提取出来后才能检索。对所有由当前用户发出或由其他用户提交并影响结果集中的行的 INSERT、UPDATE 和 DELETE 语句，其效果在这些行从游标中提取时是可见的。由于游标无法向后滚动，则在提取行后对数据库中的行进行的大多数更改通过游标均不可见。当值用于确定所修改的结果集（如更新聚集索引涵盖的列）中行的位置时，修改后的值通过游标可见。

（4）由键集驱动的游标：打开由键集驱动的游标时，该游标中各行的成员身份和顺序是固定的。由键集驱动的游标由一组唯一标识符（键）控制，这组键称为键集。键是根据以唯一方式标识结果集中各行的一组列生成的。键集是打开游标时来自符合 SELECT 语句要求的所有行中的一组键值。由键集驱动的游标对应的键集是打开该游标时在 Tempdb 中生成的。当用户滚动游标时，对非键集列中的数据值所做的更改（由游标所有者做出或由其他用户提交）是可见的。在游标外对数据库所做的插入在游标内不可见，除非关闭并重新打开游标。使用 API 函数（如 ODBC SQLSetPos 函数）通过游标所做的插入在游标的末尾可见。如果试图提取打开游标后已删除的行，@@FETCH_STATUS 将返回"缺少行"状态。对键列进行更新与删除旧键值后插入新键值作用相同。如果未通过游标进行更新，则新键值不可见；如果使用 API 函数（如 SQLSetPos）或 Transact-SQL WHERE CURRENT OF 子句通过游标进行更新，并且 SELECT 语句的 FROM 子句中不包含 JOIN 条件，则新键值在游标的末尾可见。如果插入时在 FROM 子句中包含远程表，则新键值不可见。尝试检索旧键值将像检索已删除的行时一样获得"缺少行"提取状态。

7.4.2　游标的管理

利用 T-SQL 语句使用游标的过程非常规范，包括声明游标、打开游标、提取数据、利用游标更新和删除数据、关闭游标和释放游标。

1. 声明游标

游标在使用之前，必须声明。声明游标使用 DECLARE 语句，它可以为一个 SELECT 语句定义游标。定义游标的一般格式如下：

```
DECLARE cursor_name CURSOR
[LOCAL | GLOBAL]
[FORWARD_ONLY | SCROLL]
[STATIC|KEYSET| DYNAMIC | FAST_FORWARD]
[READ_ONLY|SCROLL_LOCKS | OPTIMISTIC]
[TYPE_WARNING]
FOR <SELECT 语句>
[FOR UPDATE [OF <列名> [, …n]]];
```

参数说明如下。

❑ cursor_name：所定义的游标的名称，必须符合标识符规则。

❑ LOCAL：指定游标的作用域是局部的，该游标仅定义在它的批处理、存储过程或触发器内有效。

❑ GLOBAL：指定游标的作用域是全局的，由连接执行的任何存储过程或批处理中，都可以引用该游标名称。

❑ FORWARD_ONLY：指定游标只能从第一行滚动到最后一行。FETCH NEXT 是唯一支持的提取选项。如果在指定 FORWARD_ONLY 时不指定 STATIC、KEYSET、DYNAMIC 关键字，则游标作为 DYNAMIC 游标进行操作。如果 FORWARD_ONLY 和 SCROLL 均未指定，则除非指定 STATIC、KEYSET 或 DYNAMIC 关键字，否则默认为 FORWARD_ONLY。STATIC、KEYSET 和 DYNAMIC 游标默认为 SCROLL。

❑ STATIC：定义静态游标，在 Tempdb 数据库中创建该游标使用的数据的临时副本。因此，对基本表的更改都不会在用游标进行的操作中体现出来，并且该游标不允许修改。

❑ KEYSET：定义由键集驱动的游标。

❑ DYNAMIC：定义动态游标，动态游标不支持 ABSOLUTE 提取选项。

❑ FAST_FORWARD：指定启用了性能优化的 FORWARD_ONLY、READ_ONLY 游标，如果指定了 SCROLL 或 FOR UPDATE，则不能同时指定 FAST_FORWARD。

❑ SCROLL_LOCKS：指定通过游标进行的定位更新或删除一定会成功。将行读入游标

时 SQL Server 将锁定这些行，以确保随后可对它们进行修改。如果还指定了
FAST_FORWARD 或 STATIC，则不能指定 SCROLL_LOCKS。

- ❑ OPTIMISTIC：指定如果行自读入游标以来已得到更新，则通过游标进行的定位更新
  或定位删除不成功。当将行读入游标时，SQL Server 不锁定行。它改用 timestamp 列
  值的比较结果来确定行读入游标后是否发生了修改，如果表不包含 timestamp 列，它
  改用校验和值进行确定。如果已经修改该行，则尝试进行的定位更新或删除将失败。
  如果还指定了 FAST_FORWARD，则不能指定 OPTIMISTIC。
- ❑ TYPE_WARNING：指定将游标从所请求的类型隐式转换为另一种类型时向客户端
  发送警告消息。
- ❑ SELECT 语句：确定游标的内容，游标实际上是把一个查询语句的结果信息存储到
  内存缓冲区里。声明游标不会对数据库服务器有任何影响，服务器也不会有任何响
  应。游标名不是变量，只用来标识游标对应的查询，不可对游标名赋值或直接将其
  用于表达式的运算中。

【例 7-16】声明一个游标。

```
DECLARE ateachers   CURSOR FORWARD_ONLY
FOR SELECT Tno,Tn, Prof   FROM   T
FOR READ ONLY;
```

2. 打开游标

游标声明之后，还不能直接使用，必须使用 OPEN 语句将声明的游标打开，它启动游标
所定义的 SELECT 语句的执行，游标状态被设置为打开，并将操纵数据的位置指针指向查询
结果集的第 1 条记录。打开游标的语法格式如下：

```
OPEN   [GLOBAL]<游标名>;
```

其中，GLOBAL 指定游标是全局游标。

【例 7-17】打开游标。

```
OPEN ateachers;
```

3. 获取游标当前记录数据

这一步是使用游标的关键步骤，也是声明和打开游标的目的所在。可以使用 FETCH 语句
将游标位置指针所指向的当前记录的数据输出到预先定义的目标变量中，同时游标自动向前
移动位置指针，指向下一个记录。获取游标数据的语法格式如下：

```
FETCH
      [ [ NEXT | PRIOR | FIRST | LAST
              | ABSOLUTE { n | @nvar }
              | RELATIVE { n | @nvar }
        ]
        FROM
      ]
{ { [ GLOBAL ] 游标名} | @ cursor_variable_name }
[ INTO @ variable_name [,…n ]]
```

参数说明如下。

❑　FETCH：导航选项可以在表 7-3 中选择。

表 7-3　FETCH 选项

FETCH 选项	描　　　述
NEXT	在结果集中恰好向后移动一行，该选项是主要的游标选项。具体使用中，大多数游标仅需要该单项移动功能。在决定是否声明为 FORWARD_ONLY 时请记住这些。当试图执行 FETCH NEXT，并且这导致超出了最后一条记录时，@@FETCH_STATUS 将会为-1
PRIOR	该选项的功能与 NEXT 相反。该选项紧邻当前行向前移动一行。当位于结果集中的第一行时，执行 FETCH PRIOR 将得到为-1 的@@FETCH_STATUS，就好像执行 FETCH NEXT 时移动到了文件末尾之外一样
FIRST	与大多数游标选项一样，该选项很清楚地表明了它的作用。如果执行 FETCH FIRST，则将处于记录集中的第一行。该选项唯一使@@FETCH_STATUS 为-1 时是在结果集为空的时候
LAST	该选项与 FIRST 的功能相反，FETCH LAST 将使指针移动到结果集中的最后一行。同样，唯一使@@ FETCH_STATUS 为-1 时是当结果集为空的时候
ABSOLUTE	使用该选项时，要提供一个整数值，该值表明想要返回从游标头开始的第多少行。如果提供的值为负，则表明想要返回从游标末尾开始的第多少行。注意，动态游标不支持该选项（由于动态游标中的成员在每次提取时重新生成，能够"真正知道你在哪里"）。在一些客户访问对象模型中，这大致等同于导航到某个特定的"绝对位置"
RELATIVE	这是关于从当前行开始向前或向后移动指定数目的行的导航问题

❑　GLOBAL：指定 cursor_name 是全局游标。

❑　游标名：要从中进行提取的打开的游标的名称。如果全局游标和局部游标都使用游标名作为它们的名称，那么指定 GLOBAL 时，游标名指的是全局游标；未指定 GLOBAL 时，指的是局部游标。

❑　@ cursor_variable_name：游标变量名，引用要从中进行提取操作的打开的游标。

❑　INTO @variable_name[,...n]：允许将提取操作的列数据放到局部变量中。列表中的各个变量从左到右与游标结果集中的相应列相关联。各变量的数据类型必须与相应的结果集列的数据类型匹配，或是结果集列数据类型所支持的隐式转换。变量的数目必须与游标选择列表中的列数一致。

语句执行成功后，当前记录的所有数据内容就按照定义的 SELECT 语句中目标列的顺序依次输出到变量中，然后就可以直接操作变量，从而实现对每条元组的逐一处理目的。

通过检测全局变量@@FETCH_STATUS 的值，可以获得 FETCH 语句的状态信息，该状态信息用于判断该 FETCH 语句返回数据的有效性。当执行一条 FETCH 语句之后，@@FETCH_STATUS 可能出现 3 种值，如表 7-4 所示。

表 7-4　@@FETCH_STATUS 取值

@@FETCH_STATUS 值	含　　　义
0	执行 FETCH 语句成功
−1	执行 FETCH 语句失败或行不在结果集中
−2	提取的行不存在

【例 7-18】从游标 ateachers 中提取数据。

```
FETCH NEXT FROM ateachers    INTO @TNO, @TN, @PROF
WHILE @@FETCH_STATUS= 0
BEGIN
     PRINT    @TNO + @TN +@PROF
     FETCH NEXT FROM ateachers    INTO    @TNO, @TN, @PROF
END
```

该例中，变量@TNO、@TN、@PROF 分别和 Tno、Tn、Prof 的数据类型一致。

4. 关闭游标

如果不再使用游标，应执行 CLOSE 语句来关闭它，释放所占用的本地资源和可能占用的
服务器资源。

```
CLOSE { { [ GLOBAL ] < 游标名>} | cursor_variable_name}
```

其中，各参数含义如下。

❑   GLOBAL：指定游标名是全局游标。

❑   游标名：打开的游标的名称。如果全局游标和局部游标都使用游标名作为它们的名
称，那么当指定 GLOBAL 时，游标名指的是全局游标；其他情况下，游标名指的是
局部游标。

❑   cursor_variable_name：与打开的游标关联的游标变量的名称。

【例 7-19】关闭游标 ateachers。

```
CLOSE ateachers ;
```

关闭了的游标可以再次打开，与新的查询结果相联系。

5. 释放游标

删除游标引用。当释放最后的游标引用时，组成该游标的数据结构由 Microsoft SQL Server
释放。

```
DEALLOCATE { { [ GLOBAL ] < 游标名 >} | @ cursor_variable_name }
```

其中，各参数含义如下。

❑   游标名：已声明游标的名称。当同时存在以游标名作为名称的全局游标和局部游标时，
如果指定 GLOBAL，则游标名指全局游标；如果未指定 GLOBAL，则指局部游标。

❑   @cursor_variable_name：cursor 变量的名称，@ cursor_variable_name 必须为 cursor
类型。

【例 7-20】释放游标 ateachers。

```
DEALLOCATE ateachers ;
```

游标释放之后，如果要重新使用游标，必须重新执行声明游标的语句。

【例 7-21】使用游标提取数据的一个完整举例：输出教师明细表，要求输出教师工号、
教师名称和职称。

```
USE Student
DECLARE ateachers    CURSOR FORWARD_ONLY
```

```
FOR SELECT Tno,Tn, Prof    FROM T
FOR READ ONLY
DECLARE @TNO CHAR(10), @TN CHAR (10),@PROF    CHAR(10)
PRINT '------教师明细表------'
OPEN ateachers
FETCH NEXT FROM ateachers    INTO @TNO, @TN, @PROF
WHILE @@FETCH_STATUS=0
BEGIN
PRINT @TNO + @TN +@PROF
FETCH NEXT FROM ateachers    INTO @TNO, @TN,@PROF;
END;
CLOSE ateachers;
DEALLOCATE ateachers;
```

执行程序后，运行结果如图 7-15 所示。

【例 7-22】用游标实现如图 7-16 所示的报表形式。该报表统计每名学生的选课情况，只考虑有选课记录的学生，每个学生的选课记录按照开课学期升序排列。

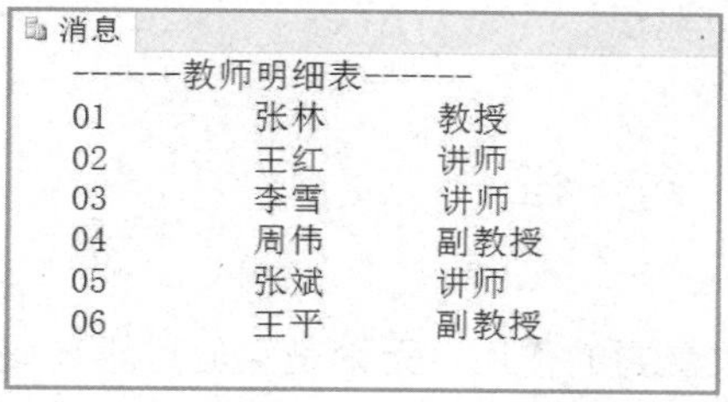

图 7-15　游标实现教师明细表运行结果

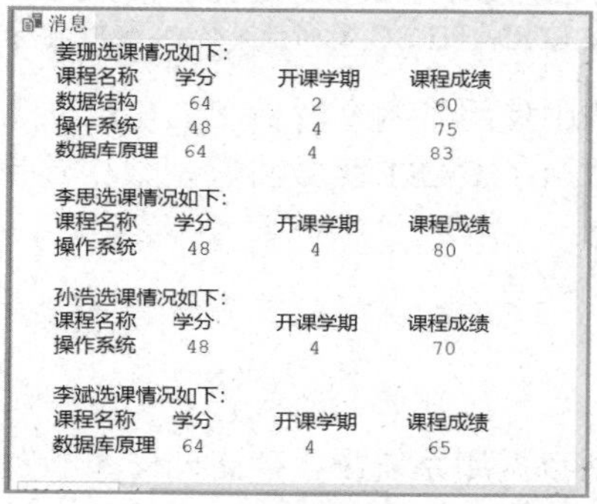

图 7-16　游标实现学生选课报表运行结果

```
USE Student
DECLARE @Sno CHAR(10),@Sn CHAR(12)
DECLARE @Cn CHAR(12),@Ct int,@Sem CHAR(10),@Score int
--声明游标 SC_Cursor
DECLARE SC_Cursor    CURSOR
FOR SELECT DISTINCT S.Sno,Sn
FROM S,SC
WHERE S.Sno=SC.Sno
--打开游标 SC_Cursor
OPEN SC_Cursor
--提取数据
FETCH NEXT FROM SC_Cursor INTO @Sno,@Sn
WHILE @@FETCH_STATUS=0
  BEGIN
    PRINT TRIM(@Sn) + '选课情况如下：'
    PRINT '课程名称    学分      开课学期      课程成绩'
--游标 C_SC_Cursor
--声明游标 C_SC_Cursor
    DECLARE C_SC_Cursor CURSOR FOR
    SELECT Cn,Ct,Sem,Score
```

```
    FROM SC,C
    WHERE SC.Cno=C.Cno AND SC.Sno=@Sno
    ORDER BY Sem
    --打开游标 C_SC_Cursor
    OPEN C_SC_Cursor
    --提取数据
    FETCH NEXT FROM C_SC_Cursor INTO @Cn,@Ct,@Sem,@Score
    WHILE @@FETCH_STATUS=0
      BEGIN
          PRINT @Cn + CAST(@Ct AS CHAR(10)) + @Sem +   CAST(@Score AS CHAR(10))
          FETCH NEXT FROM C_SC_Cursor INTO @Cn,@Ct,@Sem,@Score
      END
      CLOSE C_SC_Cursor     --关闭游标 C_SC_Cursor
      DEALLOCATE C_SC_Cursor      --释放游标 C_SC_Cursor
      PRINT "   --空行
      FETCH NEXT FROM SC_Cursor INTO @Sno,@Sn
  END
  CLOSE SC_Cursor     --关闭游标 SC_Cursor
DEALLOCATE SC_Cursor       --释放游标 SC_Cursor
```

本例中使用了两个游标 SC_Cursor 和 C_SC_Cursor。注意每个游标的作用区域。另外，本例中使用了 CAST 函数将整型数据转换成字符串输出。

7.5　存　储　过　程

大型数据库系统中，存储过程和触发器具有很重要的作用。无论是存储过程还是触发器，都是 SQL 语句和流程控制语句的集合。就本质而言，触发器也是一种存储过程。SQL 不仅提供了用户自定义存储过程的功能，也提供了许多可作为工具使用的系统存储过程。

7.5.1　存储过程概述

存储过程是一组为了完成特定功能的 SQL 语句集，经编译后存储在数据库中，所以执行速度快。用户可以通过指定存储过程的名字并给出参数（如果该存储过程带有参数）来执行存储过程。

若运用 T-SQL 来进行编程，有两种方法。其一，在本地存储 T-SQL 程序，并创建应用程序，向 SQL Server 发送命令来对结果进行处理；其二，把部分用 T-SQL 编写的程序作为存储过程存储在 SQL Server 中，并创建应用程序来调用存储过程，对数据结果进行处理，存储过程能够通过接收参数向调用者返回结果集，结果集的格式由调用者确定。通常采用第二种方法，原因在于存储过程具有以下优点。

1. 存储过程允许标准组件式编程

存储过程在被创建后可以在程序中被多次调用，而不必重新编写其 SQL 语句。而且数据库专业人员可随时对存储过程进行修改，但对应用程序源代码毫无影响（因为应用程序源代码只包含存储过程的调用语句），从而极大地提高了程序的可移植性。

2. 存储过程能够实现较快的执行速度

如果某一操作包含大量的 T-SQL 代码并分别被多次执行,那么存储过程要比批处理的执行速度快很多。因为存储过程是预编译的,在首次运行一个存储过程时,查询优化器对其进行分析、优化,并给出最终保存在系统表中的执行计划。而批处理的 T-SQL 语句在每次运行时都要进行编译和优化,因此速度相对要慢。

3. 存储过程能够减少网络流量

对于针对同一个数据库对象的操作(如查询、修改等),如果该操作所涉及的 T-SQL 语句被组织成存储过程,那么当在客户计算机上调用该存储过程时,网络中传送的只是该调用语句,否则将是多条 SQL 语句,从而大大增加了网络流量。

4. 存储过程可被作为一种安全机制来充分利用

多个用户和客户端程序可以通过存储过程对数据表执行操作,即使用户和程序对该数据表没有直接权限。存储过程控制执行哪些进程和活动,并且保护基础数据库对象。这消除了单独的对象级别授予权限的要求,并且简化了安全层。另外,在通过网络调用过程时,只有对执行过程的调用是可见的。因此,恶意用户无法看到表和数据库对象名称、嵌入自己的 Transact-SQL 语句或搜索关键数据。

在 SQL Server 2019 中,存储过程分为以下三大类。

1) 系统存储过程

系统过程以前缀"sp_"开头,是 SQL Server 2019 随附的一种特殊的存储过程。它们物理上存储在内部隐藏的 Resource 数据库中,但逻辑上出现在每个系统定义数据库和用户定义数据库的 sys 架构中。此外,Msdb 数据库还在 dbo 架构中包含用于计划警报和作业的系统存储过程。

2) 扩展存储过程

扩展存储过程通常是以"xp_"为前缀。扩展存储过程允许使用其他编辑语言(如 C#等)创建自己的外部存储过程,其内容并不存储在 SQL Server 2019 中,而是以 DLL 形式单独存在。

3) 用户自定义存储过程

用户自定义存储过程可在用户定义的数据库中创建,或者在除 Resource 数据库之外的所有系统数据库中创建。它是由用户自行创建,可以输入参数、向客户端返回表格或结果、消息等,也可以返回输出参数。在 SQL Server 2019 中,用户自定义存储过程可在 Transact-SQL 中开发,或者作为对 Microsoft.NET Framework 公共语言运行时(CLR)方法的引用开发。

存储过程虽然既有参数又有返回值,但是与函数不同。存储过程的返回值只是指明执行是否成功,并且不能像函数那样被直接调用,也就是在调用存储过程时,在存储过程名称前一定要有 EXEC 保留字。

7.5.2　创建和执行存储过程

在 SQL Server 2019 中可以使用 SSMS 和 Transact-SQL 语句来创建存储过程。使用 Transact-SQL 语句是一种比较快速的方法。

创建存储过程时，需要确定以下存储过程的 3 个部分。

（1）所有的输入参数以及传给调用者的输出参数

（2）被执行的针对数据库操作语句，包括调用其他存储过程的语句。

（3）返回调用者的状态值，以指明调用时成功还是失败。

1. 使用 Transact-SQL 语句创建和执行存储过程

下面介绍使用 Transact-SQL 语句创建存储过程的方法。存储过程是保存起来的、可以接受和返回用户参数的 T-SQL 语句的集合，创建存储过程使用 CREATE PROCEDURE 语句，其语法如下：

```
CREATE {PRO|PROCEDURE} <存储过程名>
[ @参数 1 数据类型        [OUT| OUTPUT ],
@参数 2 数据类型        [ OUT| OUTPUT ] …]
AS {sql_statement [,…n]}
```

其中，@参数列表指明参数名称和数据类型，可以带多个参数，参数可以是输入参数，也可以是输出参数，默认状态下是输入参数，输出参数用 OUTPUT 标记。sql_statement 指定过程要执行的 SQL 语句，过程中可包含任意数目和类型的 T-SQL 语句，也可以包含流程控制语句等。

执行存储在服务器上的存储过程使用 EXECUTE 语句，其语法格式如下：

```
EXE[CUTE] <存储过程名>
[[@parameter=]{value | <@variable>[OUTPUT] | [DEFAULT]}[,…n]}
```

各参数说明如下。

❑ @parameter：是在创建存储过程时定义的参数。当使用该选项时，各参数的枚举顺序可以与创建存储过程时的定义顺序不一致，否则两者顺序必须一致。

❑ value：是存储过程中输入参数的值。如果参数名称没有指定，参数值必须按创建存储过程时的定义顺序给出。如果在创建存储过程时指定了参数的默认值，执行时可以不再指定。

❑ @variable：用来存储参数或返回参数的变量。当存储过程中有输出参数时，只能用变量来接收输出参数的值，并在变量后加上 OUTPUT 关键字。

❑ OUTPUT：用来指定参数是输出参数。该关键字必须与@variable 连用，表示输出参数的值由变量接收。

❑ DEFAULT：表示参数使用定义时指定的默认值。

【例 7-23】在选课表中为学号为"100105"的学生增加一条选课记录：该同学选修了课程号为"150102"的课程，成绩为 90，并查询该学生所选修的全部课程及成绩。

本例题分成如下两步完成。

（1）在选修表 TC 中插入"100105"同学的一条选课记录，SQL 语句格式如下：

```
INSERT INTO SC(Sno,Cno,Score) VALUES('100105','150102',90);
```

（2）查询该同学选修的所有课程及成绩，SQL 语句格式如下：

```
SELECT Sno,Cn,Score
FROM SC,C
```

```
WHERE SC.Cno=C.Cno
AND Sno='100105';
```

本例也可使用存储过程来实现，读者可自行进行比较。本例创建一个带 IN 参数的存储过程，SQL 语句格式如下：

```
CREATE PROC   PRC_TEST (@sno char(10), @cno char(10),@score int)
AS
INSERT INTO SC(Sno,Cno,Score) VALUES(@sno, @cno, @score);
SELECT Sno,Cn,Score
FROM SC,C
WHERE SC.Cno=C.Cno
AND Sno=@sno;
```

执行存储过程如下：

```
EXEC PRC_TEST '100105','150102',90;
```

执行时，它先得到了 3 个参数：'100105','150102',90，分别赋值给@sno、@cno、@score，然后按照这 3 个参数分步执行封装在存储过程里的两条语句。

【例 7-24】创建存储过程，通过传递学号查询某同学的平均成绩。

```
CREATE PROC   PRC_getAVG (@Snum char(10), @S_avg FLOAT OUTPUT)
AS
SELECT @S_avg=AVG(Score) FROM SC
WHERE Sno=@Snum
```

这个存储过程计算该同学的平均成绩，并把计算的结果输出到 OUTPUT 参数@S_avg。程序调用存储过程 PRC_getAVG 后，可以直接将其赋值给一个变量。

定义局部变量@sa，执行存储过程如下：

```
DECLARE@sa float
EXEC PRC_getAVG   '100101',@sa OUTPUT
```

执行时，参数'100101'赋值给@sa，然后执行封装在存储过程里的查询语句，将计算的 OUTPUT 参数@S_avg 赋值给局部变量@sa。

2. 使用 SQL Server Management Studio 创建和执行存储过程

【例 7-25】在 Student 数据库中创建存储过程，通过传递参数学号和课程号，查询指定学生某门课的成绩。

使用 SQL Server Management Studio 创建该存储过程的操作步骤如下。

（1）在对象资源管理器中，连接到某个数据库引擎实例，再展开该实例。

（2）依次展开"数据库"→"Student"→"可编程性"→"存储过程"节点。

（3）右击"存储过程"选项，再选择"新建存储过程"命令，出现如图 7-17 所示的创建存储过程的"查询编辑器"窗格，其中已经加入了一些创建存储过程的代码。

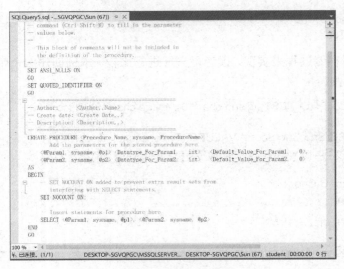

图 7-17　创建存储过程

（4）选择菜单栏上"查询"→"指定模板参数的值"命令，弹出如图 7-18 所示对话框，可以设置各参数的值。其中 Author（作者）、Create Date（创建日期）、Description（说明）为可选项，内容可以为空，Procedure_Name 为存储过程名，@Param1 为第一个输入参数名，Datatype_For_Param1 为第一个参数类型，本例中设置为 VARCHAR 类型，Default_Value_For_Param1 为第一个输入参数默认值，本例中默认值设置为空，@Param2、Datatype_For_Param2、Default_Value_For_Param2 分别为第二个参数的名称、类型和默认值。

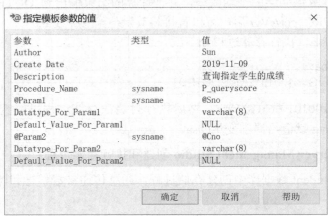

图 7-18　指定模板参数的值

（5）设置完毕后，单击"确定"按钮。

（6）在"查询编辑器"窗口中，使用以下语句替换 SELECT 语句。

```
SELECT Score
FROM SC
WHERE Sno = @Sno AND Cno= @Cno；
```

（7）若要测试语法，请在"查询"菜单中选择"分析"选项。如果返回错误消息，则请将这些语句与上述信息进行比较，并视需要进行更正。

（8）若要创建该过程，请在"查询"菜单中选择"执行"选项。该过程作为数据库中的对象创建。最后的结果如图 7-19 所示。

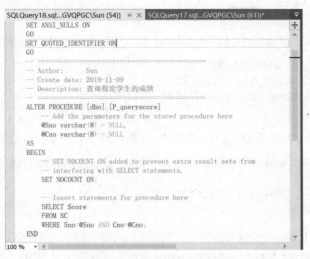

图 7-19　设计完成的存储过程

（9）若要查看在对象资源管理器中列出的过程，请右击"存储过程"选项，然后选择"刷新"命令。

（10）若要运行该过程，请在对象资源管理器中右击存储过程名称 P_queryscore，然后选择"执行存储过程"命令。

（11）如图 7-20 所示，在"执行过程"窗口中，输入 100101 作为参数@Sno 的值，并且输入 150101 作为参数@Cno 的值。单击"确定"按钮，执行存储过程，显示运行结果。

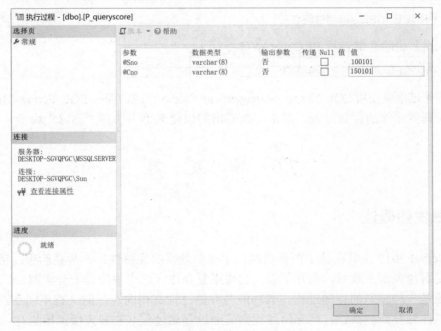

图 7-20　执行存储过程输入参数窗口

7.5.3　修改存储过程

SQL 中修改存储过程可以用 ALTER PROCEDURE 命令，其语法格式如下：

```
ALTER PROCEDURE   <存储过程名>
[ @参数 1 数据类型   data_type   [ OUTPUT ],
@参数 2 数据类型   data_type   [ OUTPUT ] …]
AS sql_statement [,…n]
```

【例 7-26】修改例 7-25 存储过程，使存储过程返回某同学的总成绩。

```
ALTER PROC   PRC_getAVG (@Snum char(10), @S_avg FLOAT OUTPUT)
AS
SELECT @S_avg=SUM(Score)   FROM SC
WHERE Sno=@ Snum;
```

在 SQL Server Managerment Studio 中也能修改存储过程。以修改 P_queryscore 为例，方法如下：启动 SQL Server Managerment Studio，连接到本地默认实例，在对象资源管理器中，连接到某个数据库引擎实例，再展开该实例。依次展开"数据库"→"Student"→"可编程性"→"存储过程"→"P_queryscore"节点。右击 P_queryscore 选项，在弹出的快捷菜单中选择"修改"选项，在"查询编辑器"窗格里即可进行修改。修改完成后，单击"执行"按钮。

7.5.4　删除存储过程

不再需要的存储过程可以使用"删除"命令删除，语法格式如下：

```
DROP PROCEDURE <存储过程名>;
```

【例 7-27】删除存储过程 PRC_getAVG。

```
DROP PROCEDURE PRC_getAVG;
```

删除存储过程可使用 SQL Server Managerment Studio 完成，即在 SQL Server Managerment Studio 中找到要删除的存储过程，右击，在弹出的快捷菜单中选择"删除"命令。

7.6　触　发　器

7.6.1　触发器概述

SQL Server 2019 主要提供了两种机制用于维护数据的完整性：一种是约束；另一种是触发器。触发器与表紧密联系，离开了表，它将不复存在（这点与约束十分类似）。

触发器是一种特殊的存储过程，其功能与存储过程有相同点，但又有不同点：触发器主要是通过事件触发而被执行，而存储过程则是通过存储过程名称被直接调用执行。

SQL Server 2019 中有 3 种常见的触发器：数据操作语言（DML）触发器、数据定义语言

（DDL）触发器和登录触发器。

（1）DML 触发器。当 INSERT、UPDATE 或 DELETE 语句修改指定表或视图中的数据时，可以使用 DML 触发器。

（2）DDL 触发器。DDL 触发器激发存储过程以响应各种 DDL 语句，这些语句主要以 CREATE、ALTER 和 DROP 开头。DDL 触发器可用于管理任务，如审核和控制数据库操作。

（3）登录触发器。登录触发器将为响应 LOG ON 事件而激发存储过程。与 SQL Server 实例建立用户会话时引发此事件。登录触发器将在登录的身份验证阶段完成之后且用户会话实际建立之前激发。可以使用登录触发器审核和控制服务会话，如通过跟踪登录活动，限制 SQL Server 的登录名或限制特定登录名的会话数。

不管是 DDL 触发器还是 DML 触发器或登录触发器，用户都不需要直接调用触发器。触发器的优点是用户可以用编程的方法来实现复杂的处理逻辑和商业规则，增强数据完整性约束的功能。

使用触发器的最终目的是更好地维护企业的业务规则。在实际应用中，触发器的作用就是实现主键、外键和 CHECK 约束所不能保证的参照完整性和数据一致性。这是因为在触发器中可以包含非常复杂的逻辑过程，比起主键、外键和 CHECK 约束，触发器可以更加灵活地参照其他表中的列。例如，触发器能够找出某一个表在数据修改前后状态发生的差异，并根据这些差异执行一定的处理。另外，一个表的同一类型的多个触发器，能够对同一种数据操作采取不同的处理。

除此之外，触发器还有许多其他功能。

（1）强化约束（Enforce Restriction）。触发器能够实现比 CHECK 语句更为复杂的完整性约束。

（2）跟踪变化（Auditing Changes）。触发器可以侦测数据库内的操作，从而不允许数据库中产生未经许可的更新和变化。

（3）级联操作（Cascaded Operation）。触发器可以侦测数据库内的操作，并自动地级联影响整个数据库的各项内容。例如，某个表上的触发器中包含对另外一个表的数据操作（如删除、修改、插入），而该操作又导致该表上的触发器被触发。

（4）存储过程的调用（Stored Procedure Invocation）。为了响应数据库更新，触发器可以调用一个或多个存储过程，甚至可以通过外部过程的调用而在 DBMS 本身之外进行操作。

（5）发送 SQL Mail。在 SQL 语句执行完之后，触发器侦测到满足触发条件后，可以自动调用 SQL Mail 来发送邮件。例如，当一个订单完成支付后，可以发送 E-Mail 给物流人员，通知他尽快发货。

（6）防止数据表结构更改或数据表删除。为了保护已经建好的数据表，触发器可以在接收到以 Drop 和 Alter 开头的语句时，不进行对数据表的操作。

正是因为触发器的强大功能和优点，使得触发器技术获得了越来越多的关注、研究和推广应用。本节将重点介绍 DML 触发器。

7.6.2　DML 触发器类型

SQL Server 2019 的 DML 触发器可以分为 AFTER 触发器和 INSTEAD OF 触发器两种。

（1）AFTER 触发器：该类型的触发器只有在数据变动（INSERT、UPDATE、DELETE）完成以后才被触发，且只能在表上定义。可以对变动的数据进行检查，如果发现错误，将拒绝接受变动，也可以用 RollbackTransaction 语句来回滚变动的数据。在同一个数据表中可以创建多个 AFTER 触发器。

（2）INSTEAD OF 触发器：这种类型的触发器将在数据变动以前被触发，并取代变动数据的操作（INSERT、UPDATE、DELETE），而去执行触发器定义的操作。INSTEAD OF 触发器可以在表或视图上定义。在表或视图上，每个 INSERT、UPDATE、DELETE 语句最多可以定义一个 INSTEAD OF 触发器。

7.6.3　DML 触发器的工作原理

在 SQL Server 2019 里，每个 DML 触发器有插入表（Inserted）和删除表（Deleted）两个特殊的表，这两个表均是逻辑表，总是与被该触发器作用的表有相同的表结构，且由系统管理，存储在内存中。这两个表是只读的，即用户不能向表中写入内容，但可以引用表中的数据。例如，可用如下语句查看 Deleted 中的信息。

```
Select * FROM Deleted
```

插入表和删除表是动态驻留在内存中的，主要保存因用户操作而被影响的原数据值或新数据值。当触发器工作完成后，这两个表也被删除。

（1）插入表的功能。对一个定义了插入类型触发器的表来讲，一旦对该表执行了插入操作，那么对向该表插入的所有行来说，都有一个相应的副本存放到插入表中，即插入表用来存储向原表插入的内容。

（2）删除表的功能。对一个定义了删除类型触发器的表来讲，一旦对该表执行了删除操作，则将所有的删除行存放至删除表中。这样做的目的是一旦触发器被强迫终止，删除的那些行可以从删除表中得以恢复。

需要强调的是，更新操作包括两个部分，即先删除更新的内容，然后插入新值。因此对一个定义了更新类型触发器的表来讲，当做更新操作时，先在删除表中存放旧值，然后在插入表中存放新值。

触发器仅当定义的操作被执行时才被激活，即仅当在执行插入、删除和更新操作时才执行。每条 SQL 语句仅能激活触发器一次，可能存在一条语句影响多条记录的情况。在这种情况下就需要使用变量@@rowcount，该变量存储了一条 SQL 语句执行后所影响的记录数。可以使用该值对触发器的 SQL 语句执行后所影响的记录求合计值。一般来说，首先要用 IF 语句测试@@rowcount 的值，以确定后面的语句是否执行。

1. AFTER 触发器的工作原理

AFTER 触发器是在记录变更之后才被激活执行的。以删除记录为例，当 SQL Server 接收到一个执行删除操作的 SQL 语句时，SQL Server 先将要删除的记录存放在删除表里，然后把数据表里的记录删除，再激活 AFTER 触发器，执行 AFTER 触发器里的语句。执行完毕之后，删除内存中的删除表，退出整个操作。

2. INSTEAD OF 触发器的工作原理

INSTEAD OF 触发器与 AFTER 触发器不同。AFTER 触发器是在 INSERT、UPDATE 和 DELETE 操作完成后才激活的，而 INSTEAD OF 触发器是在这些操作进行之前就激活了，并且不再执行原来的 SQL 操作，而去执行触发器本身的 SQL 语句。

7.6.4　创建 DML 触发器

常用的创建触发器的方法有两种：使用 SQL Server Management Studio 和使用 Transact-SQL 语句。

1. 使用 Transact-SQL 语句创建触发器

用于创建触发器的 Transact-SQL 语句是 CREATE　TRIGGER，其语法格式如下：

```
CREATE   TRIGGER <触发器名>
ON   <表名|视图名>
{FOR | AFTER | INSTEAD OF}
{ [ INSERT ] [ , ] [ UPDATE ] [ , ] [ DELETE ] }
AS
{ sql_statement   [ ; ] [ ,...n ]   }
```

其语法格式各项说明如下。

（1）触发器名指要建立的触发器的名称；表名（视图名）指该触发器的操作对象，但是要注意，只有 INSTEAD OF 触发器才能建立在视图上。

（2）AFTER 和 INSTEAD OF 是触发事件的两种事件选项，如果仅指定 FOR 关键字，则 AFTER 是默认设置。AFTER 指定 DML 触发器仅在触发 SQL 语句中指定的所有操作都已成功执行时才被触发。INSTEAD OF 指定执行 DML 触发器而不是触发 SQL 语句，因此，其优先级高于触发语句的操作。对于表或视图，每个 INSERT、UPDATE 或 DELETE 语句最多可定义一个 INSTEAD OF 触发器。

（3）{[DELETE, INSERT, UPDATE]} 是激活触发器的触发事件，必须至少指定一个选项，其顺序可任意组合。如果指定的选项多于一个，需用逗号分隔。

（4）sql_statement 是触发条件和操作。触发器条件指定其他标准，用于确定尝试的 DML 事件是否导致执行触发器操作。当条件满足时，将执行 Transact-SQL 语句中指定的触发器操作。

【例 7-28】在 SC 上创建 INSERT 触发器，当向 SC 表中添加学生的选课记录时，检查该学生的 Sno 是否存在。若不存在，则不能插入记录。

```
CREATE   TRIGGER  sc_insert  ON  SC
    AFTER  INSERT
AS
    IF  ( SELECT  COUNT(*)  FROM  Student , inserted
        WHERE   Student.Sno=inserted.Sno)=0
    BEGIN
        PRINT '学号不存在，不能插入该记录'
        ROLLBACK  TRANSACTION
    END
```

【例 7-29】创建 UPDATE 触发器，禁止对 Student 表中学生的学号进行修改。

```
CREATE TRIGGER student_update ON Student
    AFTER UPDATE
AS
    IF UPDATE(Sno)
    BEGIN
        PRINT '学生的学号不能修改'
        ROLLBACK TRANSACTION
    END
```

该例说明了在触发器中如何测试指定列上数据的变化。

2. 在 SQL Server Management Studio 中创建触发器

下面仍然以例 7-28 的在 SC 上创建 INSERT 触发器为例。

（1）在对象资源管理器中，连接到某个数据库引擎实例，再展开该实例。

（2）展开"数据库"节点，展开"Student"数据库，展开"表"节点，然后展开表"dbo.SC"，找到"触发器"选项。

（3）右击"触发器"选项，然后选择"新建触发器"命令，如图 7-21 所示。此时会弹出"查询编辑器"窗格。在"查询编辑器"窗格的编辑区里，SQL Server 已经自动写入了一些建立触发器相关的 SQL 语句，如图 7-22 所示。

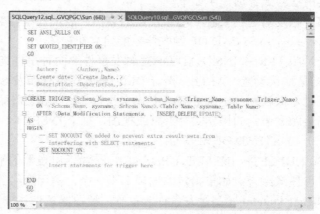

图 7-21　新建触发器　　　　　图 7-22　SQL Server 2019 预写的触发器代码

（4）修改"查询编辑器"窗格里的代码，将从"CREATE"开始到"GO"结束的代码改为例 7-28 中的 Transact-SQL 语句。

（5）若要验证语法是否有效，请在"查询"菜单中选择"分析"命令。如果返回错误消息，则请将该语句与上述信息进行比较，视需要进行更正并且重复此步骤。

（6）若要创建触发器，请在"查询"菜单中选择"执行"命令。该触发器作为数据库中的对象创建。

（7）若要查看在对象资源管理器中列出的触发器，请右击"触发器"选项，然后选择"刷新"命令。

7.6.5　管理 DML 触发器

管理触发器包括查看、修改禁用或启用和删除触发器。

1. 查看触发器

如果要显示作用于表上的触发器究竟对表有哪些操作，必须查看触发器信息。在 SQL Server 2019 中，有多种方法查看触发器信息，常用的有通过 SQL Server Management Studio 查看和使用系统存储过程来查看。

下面介绍使用存储过程查看触发器的方法。

系统存储过程 sp_help、sp_helptext 和 sp_depends 分别提供有关触发器的不同信息，下面将分别对其进行介绍。

1）sp_help

用于查看触发器的基本信息，如触发器的名称、属性、类型和创建时间，其语法格式如下：

```
sp_help '触发器名称'
```

【例 7-30】查看已经建立的 mytrigger 触发器。

```
sp_help 'mytrigger'
```

2）sp_helptext

用于查看触发器的正文信息，其语法格式如下：

```
sp_helptext '触发器名称'
```

【例 7-31】查看已经建立的 mytrigger 触发器的命令文本。

```
sp_helptext 'mytrigger'
```

3）sp_depends

用于查看指定触发器所引用的表或者指定的表涉及的所有触发器，其语法格式如下：

```
sp_depends '触发器名称'
sp_depends '表名'
```

【例 7-32】查看已经建立的 mytrigger 触发器所涉及的表。

```
sp_depends 'mytrigger'
```

通过 SQL Server Management Studio 显示触发器信息的步骤如下。

（1）在"对象资源管理器"窗口中，连接到某个数据库引擎实例，再展开该实例。

（2）展开所需的数据库，再展开"表"节点，然后展开包含要查看其定义的触发器的表。

（3）展开"触发器"节点，右击需要的触发器，然后选择"修改"命令。将在查询窗口中显示 DML 触发器的定义。

注意：用户必须在当前数据库中查看触发器的信息，而且被查看的触发器必须已经被创建。

2. 修改触发器

通过 Transact-SQL 命令，可以修改触发器的名称和正文。

1）使用 sp_rename 命令修改触发器的名称

使用 sp_rename 命令修改触发器名称的语法格式如下：

```
sp_rename oldname, newname
```

其中，oldname 为触发器原来的名称，newname 为触发器的新名称。

2）通过 ALTER TIGGER 语句修改触发器正文

修改触发器的语法格式如下：

```
ALTER   TRIGGER <触发器名>
ON    <表名|视图名>
FOR｜AFTER｜INSTEAD OF
{[DELETE, INSERT, UPDATE]}
AS
[ IF UPDATE(<列名>)[{AND｜OR}UPDATE(<列名>) ]…]
    SQL 语句[…]
```

各参数的含义与创建触发器的 CREATE TRIGGER 命令中的参数含义相同，但是在 ALTER TRIGGER 中引用的触发器名必须是已经存在的触发器名称。

3）通过 SQL Server Management Studio 修改触发器

通过 SQL Server Management Studio 修改触发器的方法如下。

（1）在"对象资源管理器"窗口中，连接到某个数据库引擎实例，再展开该实例。

（2）展开所需的数据库，再展开"表"节点，然后展开包含要修改的触发器的表。

（3）展开"触发器"节点，右击要修改的触发器，然后选择"修改"命令。

（4）修改该触发器，然后单击"执行"按钮。

3. 禁用或启用触发器

禁用触发器与删除触发器不同，禁用触发器后，触发器仍存在于该表上，只是在执行 DELETE、INSERT 或 UPDATE 语句时，不会执行触发器中的操作。

可以在 SQL Server Management Studio 中，使用"禁用"选项禁用触发器，也可以使用 DISABLE TRIGGER 语句禁用触发器，其语法格式如下：

```
DISABLE TRIGGER{ALL|<触发器名>[,…n] ON   <表名|视图名>
```

其中，ALL 表示禁用在 ON 子句作用域中定义的所有触发器。

已禁用的触发器可以被重新启用，触发器会以最初被创建的方式激活。默认情况下，创建触发器后会启用触发器。

使用 ENABLE TRIGGER 语句启用触发器。其语法格式如下：

```
ENABLE TRIGGER {ALL|<触发器名>[,…n] ON   <表名|视图名>
```

4. 删除触发器

如果不再需要某一个触发器，就可以将它删除。可以使用系统命令 DROP TRIGGER 删除触发器。其语法格式如下：

DROP TRIGGER　触发器名[,…n]

通过 SQL Server Management Studio 删除触发器的方法如下。

（1）展开所需的数据库，再展开"表"节点，然后展开包含要删除的触发器的表。

（2）展开"触发器"节点，右击要删除的触发器，再选择"删除"命令。

（3）在"删除对象"对话框中，确认要删除的触发器，然后单击"确定"按钮。

SQL Server 也可以通过删除触发器所在的表，自动删除与该表相关的触发器。

7.7　本章小结

本章主要介绍了使用 SQL Server Management Studio 创建数据库对象的方法；介绍了 SQL 语言的高级编程、SQL 的程序结构、游标以及控制复杂流程的存储过程和触发器；介绍了游标的分类及用法；介绍了数据库连接方法。通过本章的学习，可以熟练掌握使用 SQL Server Management Studio 管理数据库对象的方法；了解 SQL 的程序结构和特点，掌握游标的用法，掌握存储过程和触发器的定义和维护操作。

习　题　7

一、单项选择题

1．下面描述错误的是（　　　）。

　　A．每个数据文件中有且只有一个主数据文件

　　B．日志文件可以存在于任意文件组中

　　C．主数据文件默认为 primary 文件组

　　D．文件组是为了更好地实现数据库文件组织

2．SQL Server 数据库文件有 3 类，其中主数据文件的后缀为（　　　）。

　　A．.ndf　　　　　　　B．.ldf　　　　　　　C．.mdf　　　　　　　D．.idf

3．关于 SQL Server 文件组的叙述正确的是（　　　）。

　　A．一个数据库文件不能存在于两个或两个以上的文件组中

　　B．日志文件可以属于某个文件组

　　C．文件组可以包含不同数据库的数据文件

　　D．一个文件组只能放在同一个存储设备中

4．日志文件用于保存（　　　）。

　　A．程序运行过程　　　　　　　　　　　　B．数据操作

　　C．程序执行结果　　　　　　　　　　　　D．对数据库的更新操作

5．SQL Server 中实现从一个查询或过程中无条件退出的语句是（　　　）。

　　A．CASE　　　　　　　　　　　　　　　　B．RETURN

　　C．BREAK　　　　　　　　　　　　　　　D．CONTINUE

6. SQL Server 2019 是一个（　　　）的数据库系统。

    A．网状型　　　　　　B．层次型　　　　　　C．关系型　　　　D．以上都不是

7. SQL Server 2019 采用的身份验证模式有（　　　）。

    A．仅 Windows 身份验证模式

    B．仅 SQL Server 身份验证模式

    C．Windows 身份验证模式和混合模式

    D．仅混合模式

8. 新安装 SQL Server 后，默认有 6 个内置的数据库，其中在资源管理器中看不到的数据库是（　　　）。

    A．Master　　　　　　B．Tempdb　　　　C．Msdb　　　　D．Northwind

9. SELECT 查询中，要把结果中的行按照某一列的值进行排序，所用到的子句是（　　　）。

    A．ORDER BY　　　　B．WHERE　　　　C．GROUP BY　　D．HAVING

10. SQL Server 提供的单行注释语句是使用（　　　）开始的一行内容。

    A．/*　　　　　　　　B．--　　　　　　C．{　　　　　　D．/

11. 在使用 CREATE DATABASE 命令创建数据库时，FILENAME 选项定义的是（　　　）。

    A．文件增长量　　　　B．文件大小　　　C．逻辑文件名　　D．物理文件名

12. 下面关于登录账户、用户和角色的说法错误的是（　　　）。

    A．登录账户是服务器级的

    B．用户是登录账户在某个数据库中的映射

    C．用户不一定要和登录账户相关联

    D．角色其实就是用户组

13. 下面关于触发器描述正确的是（　　　）。

    A．当触发器所保护的数据发生变化时，SQL Server 系统自动取消操作，关闭数据库

    B．触发器不能级联触发，因为级联触发会引起系统崩溃

    C．触发器不能与存储过程同时运行或相互调用

    D．使用触发器可以保持计算列的值使其源数据同步变化

14. 触发器可以创建在（　　　）中。

    A．数据库　　　　　　B．表　　　　　　C．视图　　　　D．存储过程

15. 用于创建存储过程的 SQL 语句为（　　　）。

    A．CREATE DATABASE　　　　　　B．CREATE TRIGGER

    C．CREATE PROCEDURE　　　　　D．CREATE TABLE

16. 下面关于存储过程的描述不正确的是（　　　）。

    A．存储过程实际上是一组 T-SQL 语句

    B．存储过程预先被编译存放在服务器的系统表中

    C．存储过程独立于数据库而存在，供数据库用户随时调用

    D．存储过程主要在交互查询时作为用户接口使用

17. 下面关于存储过程的叙述正确的是（　　　）。

    A．当用户应用程序调用存储过程时，系统便将存储过程调入内存执行

    B．通过权限设置可使某些用户只能通过存储过程访问数据表

C. 存储过程中只能包含数据查询语句

D. 如果通过存储过程查询数据，虽然屏蔽了 T-SQL 命令，方便了用户操作，但执行速度却慢了

18. 系统存储过程提供 SQL Server 的 4 种管理操作，如新建用户、预设选项、设置密码等，系统存储过程在系统安装时就已经创建，存放在系统数据库（　　）中。

A. Master　　　　　　B. Model　　　　　　C. Tempdb　　　　　D. Msdb

19. 当用户对指定表操作时，触发器会自动执行。以下对表的操作中，（　　）操作和触发器的执行无关。

A. UPDATE　　　　　B. INSERT　　　　　C. DELETE　　　　　D. SELECT

20. 从游标中检索行的语句是（　　）。

A. SELECT　　　　　B. DECLARE

C. FETCH　　　　　　D. DEALLOCATE

二、填空题

1. SQL Server 2019 属于_____数据库系统。

2. _____是 SQL Server 2019 系统的核心服务。

3. SQL Server 2019 的系统数据库包括_____、_____、_____、_____、和_____。

4. _____数据库是 SQL Server 2019 创建用户数据库的模板。

5. SQL Server 2019 数据库由_____文件和_____组成。

6. SQL Server 2019 中数据文件用于_____。

7. 日志文件用来_____。

三、简答题

1. SQL Server 2019 的常见版本有哪些？各自的应用范围是什么？

2. SQL Server 2019 的组成是什么？

3. 简述 SQL Server 2019 物理数据库由哪些文件组成，这些文件各有什么作用。

4. SQL Server 2019 的优势是什么？

5. 逻辑文件名与物理文件名的区别是什么？

6. SQL Server 2019 的系统数据库有哪几种？功能是什么？

7. 说明使用游标的步骤和方法。

四、设计操作题

1. 设计一个学生成绩管理数据库系统，该系统涉及学生、教师、课程 3 个实体及一个主要联系——选课。

学生（Student）的属性有学号（Sno）、姓名（Sname）、性别（Ssex）、班级（Class）。

教师（Teacher）的属性有教师工号（Tno）、姓名（Tname）、性别（Tsex）、职称（Prof）。

课程（Course）的属性有课程号（Cno）、课程名（Cname）、任课教师工号（Tno）。

选课（SC）的属性有学号（Sno）、课程号（Cno）、成绩（Grade）。

有关语义：每门课程可以有多名学生学习，每个学生可以选修多门课程，选课包括成绩；每名教师可以教授多门课程，每门课程可以由多名教师任教。

根据以上信息完成下列各题。

（1）使用 SQL 语句建立数据库。

此数据库名称为"学生成绩管理数据库"，包含一个数据文件和一个事务日志文件。

数据文件只有主文件，其逻辑文件名为 stc_dat，物理文件名为 stcdat.mdf，存放在 D:\stcbase 目录下，文件的初始大小为 10MB，最大容量为 50MB，数据库文件的增量为 5MB。同步建立事务日志文件，事务日志的逻辑文件名为 stc_log，物理文件名为 stclog.ldf，也存放在 D:\stcbase 目录下，文件的初始大小为 5MB，最大容量为 20MB，文件的增量为 2MB。

（2）使用 SQL 语句在刚建立的数据库中建立满足如下条件的学生信息表。

Student 表结构

列　名	说　明	数据类型	约　束
Sno	学号	字符串，长度为 20	主码
Sname	姓名	字符串，长度为 10	非空
Ssex	性别	字符串，长度为 2	取"男"或"女"
Class	班级	字符串，长度为 10	

2．程序员工资表。

ProWage 表结构

列　名	说　明	数据类型	约　束
ID	编号	整型	自动编号，主键
PName	姓名	字符串，长度为 10	程序员姓名
Wage	班级	整型	工资

创建一个存储过程，对程序员的工资进行分析，月薪 2000～10 000 元不等，如果有百分之五十的人薪水不到 3000 元，给所有人加薪，每次加 100 元，再进行分析，直至有一半以上的人大于 3000 元，存储过程执行完后，最终加了多少钱？

请编写 T-SQL 来实现如下功能。

（1）创建存储过程，查询是否有一半程序员的工资在 2500 元、3000 元、3500 元、4000 元、5000 元或 6000 元之上，如果不到，则分别每次给每个程序员加薪 100 元，直至一半程序员的工资达到 2500 元、3000 元、3500 元、4000 元、5000 元或 6000 元。

（2）创建存储过程，查询程序员平均工资是否在 4500 元之上，如果不到则每个程序员每次加 200 元，直至所有程序员平均工资达到 4500 元。

习题

课件

答案

第 8 章　数据库应用系统开发技术

在数据库应用领域，数据库应用系统是利用数据库开发技术管理数据的信息系统，两者密切相关，数据库开发技术是用于构建、维护和管理数据库应用系统的工具和方法，为数据库应用系统的开发和运行提供支持。

本章学习目标：理解数据库系统的体系结构以及数据库连接技术，以便在实际项目中做出灵活选择和应用；通过教务管理系统案例使读者掌握如何使用 JSP（JavaServer Pages）、Servlet、JDBC（Java DataBase Connectivity）与 SQL Server 构建传统的 Web 应用程序，从而深化对数据库应用系统开发技术的掌握。

8.1　数据库系统的体系结构

数据库系统结构可分为集中式、客户机/服务器、并行和分布式等。由于集中式数据库系统是一种应用最早也是最简单的数据库系统，在此不再进行介绍。

1. 客户机/服务器系统

客户机/服务器（C/S）结构是随着计算机网络技术的发展和微型机的广泛使用而发展起来的软件系统结构。通过它可以充分利用两端硬件环境的优势，将任务合理分配到客户端和服务器端来实现，降低系统的通信开销，如图 8-1 所示。

两层结构由客户端（应用）层和数据库服务层构成，客户端层提供用户操作界面，接收数据输入，向数据库服务层发出数据请求并接收返回的数据结果，根据逻辑进行相关运算，向客户显示有关信息。而数据库服务层则接收客户端的数据请求，进行相关的数据处理，并将数据集或数据处理返回给客户端。

但两层结构存在一定的问题，如客户端直接访问数据库，因而导致网络流量大，不利于安全控制等。为解决这些问题，往往采用三层体系结构，即将业务逻辑放到应用服务器上，应用服务器接收客户端的业务请求，根据请求访问数据库，待数据库做出相关处理后，将处理结果返回客户端。在三层体系结构中，应用服务器从物理上和逻辑上独立出来，客户层不直接访问数据库服务器层，而是访问应用服务器；客户机发出的不再是数据请求，而是业务请求。其结构如图 8-2 所示。

C/S 结构的关键在于功能的分布，即将一些功能放在客户端执行，而将另一些功能放在服务器上执行，目的在于减少计算机系统的各种瓶颈问题。

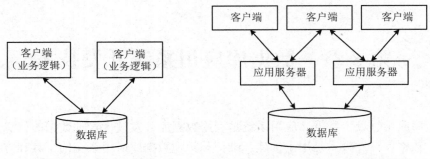

图 8-1　两层 C/S 结构模型　　　　　　图 8-2　三层 C/S 结构模型

2．浏览器/服务器系统

浏览器/服务器（B/S）结构是随着 Internet 技术的兴起，对 C/S 结构的一种改变或改进，如图 8-3 所示。在该结构下，用户工作界面通过 WWW 浏览器来实现，主要事务逻辑在服务器端实现，极少部分事务逻辑在前端（浏览器）实现。同样，对于较为复杂的事务处理，采用如同 C/S 体系那样的三层结构，可以大大简化客户端载荷，减少系统维护与升级的成本和工作量，降低用户的总体成本。

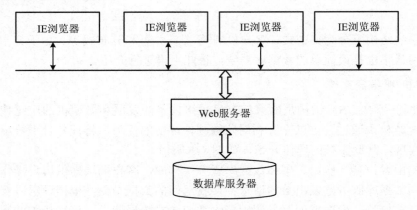

图 8-3　三层 B/S 结构模型

3．并行与分布式数据库系统

1）并行数据库系统（Parallel DBS）

目前，数据库中的数据量在大幅度增长，巨型数据库的容量已达到 TB 级，其要求事务处理的速度极快，而 C/S 结构的 DBS 都难以应对这种环境。并行计算机系统使用多个 CPU 和多个磁盘进行并行操作，以提高数据处理和 I/O 速度，在并行处理时，许多操作是同时进行而不是分时进行，因此，并行结构的数据库系统可以适应和解决上述问题。

2）分布式数据库系统（Distributed DBS）

分布式数据库系统是通过通信网络连接起来的结点集合，每个结点都可以拥有集中式的计算机系统。该系统的数据存储具有分布性特点，而在逻辑上具有整体性的特点，即该系统中的数据分别存储于不同的结点，但在逻辑上却是一个整体。

本章所讲述的学生管理系统将使用 SQL Server 2019 作为数据库服务层，以 Java 作为数据库编程工具来开发客户层程序，是一个典型的 B/S 结构的数据库系统。

Java 作为现在最具竞争力的软件开发语言，其"一次编码，到处运行"的特点是其他任何编程语言所无可比拟的，同时它制定的 JDBC 标准也是使用 Java 语言开发不同数据库应用程序的完美解决方案。

8.2　数据库连接技术

8.2.1　ODBC 技术

开放数据库互连（ODBC）建立了一组访问数据库的规范，并提供一组访问数据库的应用程序编程接口（Application Programming Interface，API）。这些 API 独立于不同厂商的 DBMS，也独立于具体的编程语言。通过使用 ODBC，应用程序能够使用相同的源代码和各种各样的数据库进行交互。这使得开发者不需要以特殊的数据库管理系统 DBMS 为目标，或者了解不同支撑背景的数据库的详细细节，就能够开发和发布客户/服务器应用程序。

1. ODBC 工作原理

ODBC 应用系统的体系结构如图 8-4 所示。它由 4 部分构成：用户应用程序、ODBC 驱动程序管理器、数据库驱动程序、数据源。

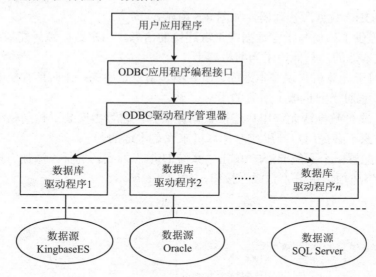

图 8-4　ODBC 应用系统的体系结构

❏ 用户应用程序（Application）。用户应用程序提供用户界面、应用逻辑和事务逻辑。使用 ODBC 开发数据库应用程序时，应用程序调用的是标准的 ODBC 函数和 SQL 语句，应用层使用 ODBC API 调用接口与数据库进行交互。

❏ 驱动程序管理器（Driver Manager）。驱动程序管理器用来管理各种驱动程序。ODBC 驱动程序管理器由微软公司提供，它包含在 ODBC32.DLL 中，对用户是透明的，管理应用程序和驱动程序之间的通信。

❑ 数据库驱动程序。数据库驱动程序是一些 DLL，提供了 ODBC 和数据库之间的接口，ODBC 通过数据库驱动程序来提供应用系统与数据库平台的独立性。

❑ 数据源。数据源是最终用户需要访问的数据，数据源包含了数据库位置和数据库类型等信息，实际上是一种数据连接的抽象。

应用程序要访问一个数据库，首先必须配置数据源，根据提供的数据库位置、数据库类型及 ODBC 驱动程序等信息，建立起 ODBC 与具体数据库的联系。这样，只要应用程序将数据源名提供给 ODBC，ODBC 就能建立起与相应数据库的连接。

在 ODBC 中，ODBC API 不能直接访问数据库，必须通过驱动程序管理器与数据库交换信息。驱动程序管理器负责将应用程序对 ODBC API 的调用传递给正确的驱动程序，而驱动程序在执行完相应的操作后，将结果通过驱动程序管理器返回给应用程序。

在访问 ODBC 数据源时需要 ODBC 驱动程序的支持。ODBC 是为调用关系数据库提供统一途径的一类 API，由于它适用于许多不同的数据库产品，因此是服务器扩展程序开发者理所当然的选择。通常提供的标准数据格式包括 SQL Server、Access、Paradox、dBase、FoxPro、Excel、Oracle 以及 Microsoft Text 的 ODBC 驱动器。

如果用户希望使用其他数据格式，则需要安装相应的 ODBC 驱动器及 DBMS。用户使用自己的 DBMS 数据库管理功能生成新的数据库模式后，就可以使用 ODBC 来登录数据源。

2. ODBC 数据源配置

（1）打开 ODBC 数据源管理器，如图 8-5 所示。

用户 DSN 提供了如何与指定数据提供者连接的信息，用户数据源只能被当前用户访问，对计算机来说是本地的，只能用于当前机器上。

系统 DSN 对于计算机来说是本地的，但并不是用户专用的；任何具有权限的用户都可以访问系统 DSN，它对当前机器上所有的用户可见。

文件 DSN：文件数据源允许用户连接数据提供者，它可由安装了相同驱动程序的用户所共享。文件数据源不必是用户专用或对计算机来说是本地的。

（2）设置和配置一个系统 DSN，单击"系统 DSN"标签，选择"添加"按钮。找到并选择"SQL Server"选项，单击"完成"按钮，如图 8-6 所示。

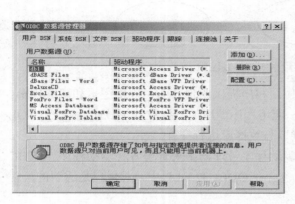

图 8-5　ODBC 数据源管理器

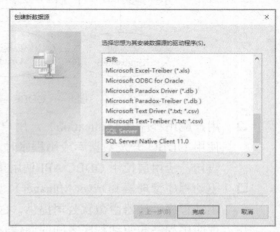

图 8-6　驱动程序选择

（3）在弹出的对话框中输入数据源的名称和一个简单的描述，并选择想要连接的数据库服务器名称。然后单击"下一步"按钮，对其他信息进行设置，如图 8-7 所示。最后测试数据源成功后，所创建数据源将显示在"系统数据源"列表框中，此时单击"确定"按钮进行保存，如图 8-8 所示。

图 8-7　数据源设置　　　　　　　　　　图 8-8　ODBC 数据源配置完成

8.2.2　JDBC 技术

Java 数据库连接（Java DataBase Connectivity，JDBC）是一套允许 Java 与 SQL 数据库对话的程序设计接口，它是用于执行 SQL 语句的 Java API，是 Java 应用程序连接数据库、存取数据的一种机制，可以为多种关系数据库提供统一访问，由一组用 Java 语言编写的类和接口组成。

JDBC 使得向各种关系数据库发送 SQL 语句更加容易。换句话说，有了 JDBC API，用户不必为访问 Sybase 数据库、Oracle 数据库或者 SQL Server 数据库分别编写专门的程序，只需要利用 JDBC API 编写一个程序逻辑即可，它可以向各种不同的数据库发送 SQL 语句。所以在使用 Java 编程语言编写应用程序时，不用再去为不同的平台编写不同的应用程序。由于 Java 语言的跨平台性，因此 Java 和 JDBC 结合起来，程序员只需要编写一遍程序就可以在任何平台上运行。

1. JDBC 连接方式简介

JDBC 主要提供两个层次的接口，分别是面向程序开发人员的 JDBC API（JDBC 应用程序接口）和面向系统底层的 JDBC Driver API（JDBC 驱动程序接口），如图 8-9 所示。

从图 8-9 中可以看出，JDBC API 所关心的只是 Java 调用 SQL 的抽象接口，而不考虑具体使用何种形式，具体的数据库调用要靠 JDBC Driver API 来完成，即 JDBC API 可以与数据库无关，只要提供了 JDBC Drivde API，JDBC API 就可以访问任何一种数据库，无论它位于本地还是远程服务器。

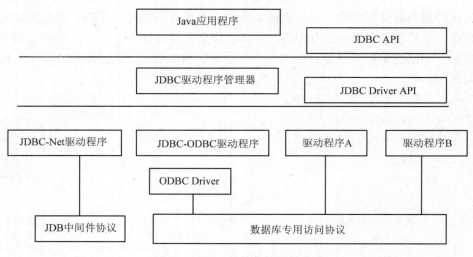

图 8-9　JDBC 连接数据库的方式

2. JDBC 接口驱动类型

根据运行条件不同，常见的 JDBC 驱动程序可以分为 4 种类型，下面分别进行介绍。

1）JDBC-ODBC 桥加 ODBC 驱动程序（JDBC-ODBC Bridge plus ODBC Driver）

JDBC-ODBC 桥驱动程序将 JDBC 调用转换成 ODBC 调用。JDBC-ODBC 桥包含在原 SUN 公司（已经被 Oracle 公司收购）提供的 JDBC 软件包中，它是一种 JDBC 驱动程序，在 ODBC 的基础上实现了 JDBC 的功能，充分发挥了支持 ODBC 大量数据源的优势。JDBC 利用 JDBC-ODBC 桥通过 ODBC 来存取数据。因此，这种类型的驱动程序适用于局域网或三层结构中。原 SUN 公司建议将该类驱动程序用于原型开发，而不要用于正式的运行环境。

2）本地 API 驱动程序（Native-API Partly-Java Driver）

本地 API 驱动程序将 JDBC 的调用转换成主流数据库 API 本机调用。与第一种 JDBC-ODBC 桥驱动程序类似，这类驱动程序也需要每一个客户机安装数据库系统的客户端，因而适用于局域网中。这种类型的驱动程序要求编写面向特定平台的代码，主流数据库厂商都为他们的企业数据库平台提供了该类驱动程序。

3）网络协议驱动（Pure Java Driver for Database Middleware）

这种类型的驱动程序是将 JDBC 调用转换成与数据库无关的网络访问协议，利用中间件将客户端连接到不同类型的数据库系统。使用这种驱动程序不需要在客户端安装其他软件就可以访问多种数据库。这种驱动程序与平台和用户访问的数据库系统无关，是组建三层应用模型最灵活的 JDBC 驱动程序

4）本地协议的纯 Java 驱动协议（Direct-to-Database Pure Java Driver）

这种类型的驱动程序是将 JDBC 调用直接转换为某种特定数据库的专用的网络访问协议，可以直接从客户机来访问数据库系统。这种驱动程序与平台无关，而与特定的数据库有关，一般由数据库厂家提供。

3. JDBC API

JDBC API 被表述成一组抽象的接口。JDBC 的接口和类定义都在包 java.sql 中，利用这些接口和类可以使应用程序很容易地对某个数据库打开连接、执行 SQL 语句并处理结果。

下面对这些接口提供的方法进行详细介绍。

1）java.sql.DrvierManager 接口

java.sql.DrvierManager 用来装载驱动程序，并为创建新的数据连接提供支持。

JDBC 的 DriverManager 如同一座桥梁：一方面，它面向程序提供一个统一的连接数据库的接口；另一方面，它管理 JDBC 驱动程序，DrvierManager 类就是这个管理层。下面是 DriverManager 类提供的主要方法。

- ❑ getDriver(String url)：根据 url 定位一个驱动。
- ❑ getDrivers()：获得当前调用访问的所有加载的 JDBC 驱动。
- ❑ getConnection()：使用给定的 url 建立一个数据库连接，并返回一个 Connetion 接口对象。
- ❑ registerDriver(java.sql.Driver driver)：登记给定的驱动。
- ❑ SetCatalog(String database)：确定目标数据库。

2）java.sql.Connection 接口

java.sql.Connection 完成对某一指定的数据库连接。

Connection 接口用于一个特定的数据库连接，它包含维持该连接的所有信息，并提供该连接的方法。下面是它提供的主要方法。

- ❑ createStatement()：创建一个 Statement 对象来将 SQL 语句发送到数据库。
- ❑ setAutoCommit(boolean autoCommit)：将此连接的自动提交模式设置为给定状态。
- ❑ close()：立即释放此 Connection 对象的数据库和 JDBC 资源，而不是等待它们被自动释放。
- ❑ commit()：使所有上一次提交/回滚后进行的更改成为持久更改，并释放此 Connection 对象当前持有的所有数据库锁。
- ❑ getAutoCommit()：获取此 Connection 对象的当前自动提交模式。

java.sql.Connection 用于执行静态 SQL 语句并返回它所生成结果的对象。它在一个给定的连接中作为 SQL 执行声明容器，包含了两个重要的子类型：java.sql.PreparedStatement（用于执行预编译的 SQL 声明）和 java.sql.CallableStatement（用于执行数据库中的存储过程）。

Statement 对象用于将 SQL 语句发送到数据库中，其本身并不包含 SQL 语句，因而必须给查询方法提供 SQL 语句作为参数。下面是 Statement 接口声明的主要方法。

- ❑ executeQuery(String sql)：执行给定的 SQL 语句，该语句返回单个 ResultSet 对象。
- ❑ executeUpdate(String sql)：执行给定 SQL 的语句，该语句可能为 INSERT、UPDATE 或 DELETE 语句，或者不返回任何内容的 SQL 语句（如 SQL DDL 语句）。
- ❑ execute(String sql)：执行给定的 SQL 语句，该语句可能返回多个结果。

3）java.sql.ResultSet

java.sql.ResultSet 表示数据库结果集的数据表，通常通过执行查询数据库的语句生成。

- ❑ next()：将光标从当前位置向后移一行。
- ❑ previous()：将光标移动到此 ResultSet 对象的上一行。
- ❑ last()：将光标移动到此 ResultSet 对象的最后一行。
- ❑ first()：将光标移动到此 ResultSet 对象的第一行。

❑ close()：立即释放此 ResultSet 对象的数据库和 JDBC 资源，而不是等待该对象自动关闭时发生此操作。

4. JDBC 操作数据库的步骤

1）加载驱动程序

以 JDBC-ODBC 驱动器为例，使用 Class.forName()语句加载驱动程序，其中 Class 是包 java.lang 中的一个类，该类通过调用它的方法 forName 就可以完成驱动程序的加载。该语句可能发生异常，捕获异常的方法如下：

```
try{
    Class.forName("sun.jabc.odbc.JdbcOdbcDriver");//JDBC-ODBC 驱动加载
}catch(ClassNotFoundException e){}
```

当某种数据库驱动程序加载后，就可以建立与数据库管理系统的连接了。

2）获取数据库连接对象

使用包 java.sql 中的 Connection 类声明一个连接对象，再使用类 DriverManager 的方法 getConnection()创建连接对象，语句格式如下：

```
Connection c1;
c1=DriverManager.getConnection("jdbc:odbc 数据源名","user","password");
```

这样，java 程序就与数据库真正建立起了连接，若连接成功，则返回一个 Connection 类的对象 c1，以后对这个数据源的操作都是基于 c1 对象的。

3）创建执行 SQL 命令

（1）SELECT 查询命令。

JDBC 一般采用基于 Statement 对象的查询方法。首先使用 Statement 类声明一个 SQL 语句对象，然后通过该连接对象调用 createStatement()方法创建 SQL 语句对象，语句格式如下：

```
Statement sql;
Sql=conn.createStatement();
```

有了 SQL 对象后，该对象就可以调用相应的方法实现对数据库的查询操作。具体地，在 Statement 对象上，可以使用 execQuery()方法执行查询语句。execQuery()方法的参数是一个 String 对象，即一个 SQL 的数据处理语句，并将查询结果放在一个 ResultSet 类声明的对象中，然后进行相应的处理。例如：

```
ResultSet rs=sql.execQuery("Select * from TableName");
```

（2）INSERT、UPDATE、DELETE 命令。

在 Statement 对象上，可以使用 executeUpdate()方法来进行数据库的更新操作。executeUpdate()方法与 execQuery()方法类似，其参数也是一个 String 对象，即要执行的 DML 语句，它返回一个整数，该整数表示对数据库记录的操作成功的次数。

采用 DML 语句对数据库记录进行插入、修改和删除操作，分别对应于 SQL 的 INSERT、UPDATE 和 DELETE 语句。

使用 SQL 语句的 INSERT 命令可以向数据库中插入记录，例如：

```
INSERT INTO stu VALUES(1000, '李玉','男',99);
```

SQL 会根据 INSERT 语句执行的情况返回一些信息，比如语句中存在问题，则返回错误信息，如果正常执行，则返回受到影响的行数。

使用 UPDATE 命令可以对数据库中符合条件的记录进行修改。例如：

```
UPDATE stu SET score=score+5 WHERE id>900;
```

对数据库进行删除操作使用的是 DELETE 命令。例如：

```
DELETE FROM stu WHERE score<60;
DELETE FROM stu;
```

（3）处理执行结果。

在获得查询结果后，可以使用 ResultSet 类提供的方法进行操作。例如：

```
ResultSet rs=sql.execQuery("select xm,birthday form student where xh=10001");
```

查询学号等于 1001 的学生的信息，返回一个结果集 rs。若当前的结果集中有一条符合条件的记录，可以通过上面的方法输出该结果集的数据。

例如：

```
String xm=rs.getString("xm");
```

或者

```
String xm=rs.getString("1");
```

其中，xm 是字段的名称，1 表示 xm 是 SELECT 语句中的第一个字段。

```
java.sql.Date birthday=rs.getDate（"birthday"）;
```

或者

```
java.sql.Date birthday=rs.getDate(2);
```

其中，birthday 是字段的名称，2 表示 xm 是 SELECT 语句中的第二个字段。

（4）释放资源。

数据库连接是非常宝贵的资源，用完后必须马上释放，如果 Connection 不能及时正确地关闭，将导致系统宕机。Connection 的使用原则是"尽量晚创建，尽量早释放"。如果在程序中分别创建了 Connection、Statement 和 ResultSet 对象，应该依次释放 ResultSet、Statement、Connection。

8.2.3　ADO 与 ADO.NET 连接

ADO（ActiveX Data Objects）和 ADO.NET（ActiveX Data Objects .NET）都是用于访问和操作数据库的技术。

1. ADO 概述

ADO 是基于 COM（Component Object Model，组件对象模型）的技术，是继 ODBC 之后微软公司推出的数据库访问接口技术，早期主要用于访问关系型数据库，如 Access、SQL Server 等。ADO 包括 6 个类，即 Connection、Command、Recordset、Errors、Parameters 和

Fields，对数据库的操作都是通过这 6 个类的对象完成的。ADO 主要是同步执行的，执行数据库操作时会阻塞程序的执行，直到操作完成。

2. ADO.NET 概述

ADO.NET 是.NET 框架的一部分，支持访问各种数据源。ADO.NET 由两部分组成：数据提供程序（Provider）和数据集（DataSet）。数据提供程序主要包括 Connection、Command、DataReader 和 DataAdapter 四个组件，数据库应用程序通过这些组件完成与数据库服务器的连接、数据查询和数据操作。数据集是数据表（DataTable）的集合，是数据库中的数据在内存中的副本，能在与数据库断开连接的情况下对数据库中的数据进行操作。

3. 应用 ADO.NET 访问 SQL Server

下面以 C#语言访问 SQL Server 数据库为例。

1）创建连接对象

```
string    connectionString    =    "Data    Source=YourServer;Initial    Catalog=YourDatabase;User
ID=YourUsername;Password=YourPassword";
SqlConnection connection = new SqlConnection(connectionString);
```

上面语句创建了一个 SqlConnection 对象 connection，用于连接 SQL Server 数据库。SqlConnection 对象有两个常用方法：Open()方法用于打开与数据库的连接；Close()方法用于关闭与数据库的连接。

2）执行 SQL 查询

```
SqlCommand command = new SqlCommand();
command.Connection= connection;
command.CommandText="SELECT * FROM S";
```

SqlCommand 对象有两个常用方法：ExecuteReader()，用于执行带查询结果的 SELECT 语句，其返回值是 SqlDataReader 类型的对象，可以通过 Read()和 Getstring()等方法从 SqlCommand 对象中检索需要返回的数据；ExecuteNonQuery()方法，用于执行不带查询结果的语句，如 INSERT、UPDATE 和 DELETE 语句等。

8.3　教学管理系统的设计

前面已介绍了数据库应用系统的设计过程、Java 操作数据库的基础知识，这对于开发数据库应用程序非常重要。为了使读者更直观地理解这部分内容，下面将结合一个数据库应用系统（教学管理系统）来介绍使用 Java 开发 SQL Server 2019 数据库应用程序的完整过程和方法。

8.3.1　开发背景

教学管理系统是学校信息化管理系统中不可缺少的部分，该系统为学校的管理者提供良好的支持。一直以来，人们使用传统的方式进行教学信息的管理，这种管理方式存在着许多缺点，如效率低、容易出错、格式不规范等，也不易进行统计和分析。

随着科学技术的不断发展,计算机科学日渐成熟,其强大的功能已为人们深刻认识,它已进入人类社会的各个领域并发挥着越来越重要的作用。作为计算机应用的一部分,使用计算机对教学信息进行管理,具有手工管理所无法比拟的优点,例如,检索迅速、查找方便、可靠性高、存储量大、寿命长、成本低等。这些使用计算机管理教学信息的优点能够极大地提高学校对教学信息管理的效率。

8.3.2　系统分析

要求建立一个基于 B/S 结构的教学管理系统,使教学信息管理工作系统化、规范化,从而达到提高管理效率的目的。

通过第 5 章对教学管理系统的分析,系统的最终需求分为以下几部分。

(1)学生信息的录入,学生的详细资料包括学生的学号、姓名、性别、籍贯、所属学院、专业等,并且系统还应能够修改输入错误的学生个人信息记录。

(2)管理员可以添加、修改、删除教师信息、学院信息、授课信息。

(3)对课程进行管理,包括增加课程(该课程包括任课教师和所属专业)。

(4)根据学号查询学生信息及选课信息。

(5)软件使用权限管理方式。根据工作流程,软件有管理员、学生和教师 3 种角色。管理员可以对课程信息、教师信息、学生信息进行管理;学生可以进行查看课程信息和修改个人信息的操作;教师可以查看本人所授课程的学生信息。

8.3.3　系统设计

1. 系统功能设计

教学管理系统主要实现学生信息、课程信息数据的增、删、改和数据处理的功能,该系统根据不同的用户身份分为不同的功能模块,如图 8-10 所示。

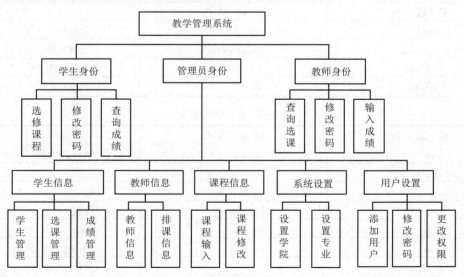

图 8-10　系统功能模块图

通过需求分析，可以得到数据流图和数据字典（详见第 5 章）。

2. 数据库设计

1）数据库概念结构设计

在第 5 章已经得到了概念结构设计（见图 5-14）。由于学校的专业每年都需要调整，因此在数据库设计中需要考虑增加一个专业实体。在之前的需求分析中，软件开发人员并没有得到这个需求，因此概念结构的设计也是需要反复进行的，直到校方能够认同。增加专业实体的概念结构如图 8-11 所示。

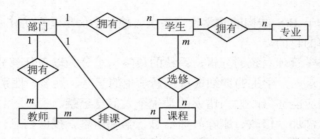

图 8-11　教学管理系统基本 E-R 图

2）数据库逻辑结构设计

此处主要将前面的数据库概念结构转化为 SQL Server 2019 数据库系统所支持的实际数据模型，也就是数据库的逻辑结构设计。在实体的基础上，形成数据库中的表。

教学管理系统数据库中的各个表结构如表 8-1～表 8-8 所示。

表 8-1　D（系院）表

字 段 名	数 据 类 型	备 注
dno	int	部门编号，主键
dept	varchar(100)	部门名称

表 8-2　M（专业）表

字 段 名	数 据 类 型	备 注
mno	int	专业号，主键
mname	varchar(100)	专业名称
mYear	int	学制年限
mInfo	text	专业介绍

表 8-3　S（学生）表

字 段 名	数 据 类 型	备 注
sno	int	学号，主键
sPwd	varchar(20)	密码
sn	varchar(10)	姓名
sex	varchar(8)	性别
sage	int	年龄
dno	int	部门编号，外键
SGrade	int	年级
sClass	int	班级

续表

字　段　名	数　据　类　型	备　　注
mno	int	所属专业，外键
bp	Varchar(255)	籍贯

表 8-4　T（教师）表

字　段　名	数　据　类　型	备　　注
tno	int	教师编号
tn	varchar(10)	教师姓名
dno	int	部门编号，外键
tpwd	varchar(20)	密码
sex	char(4)	性别
age	int	年龄
prof	nvarchar(20)	职称

表 8-5　C（课程）表

字　段　名	数　据　类　型	备　　注
cno	int	课程编号，主键
cn	varchar(100)	课程名称
ct	int	课程学时
cp	varchar(50)	课程性质
dno	int	部门编号，外键

表 8-6　SC（选课）表

字　段　名	数　据　类　型	备　　注
scno	int	选课编号，主键
sno	int	学生编号，外键
cno	int	课程编号，外键
score	int	成绩

表 8-7　TC（排课）表

字　段　名	数　据　类　型	备　　注
cno	int	课程编号，外键
tno	int	教师编号，外键

表 8-8　AdminUsers（管理员）表

字　段　名	数　据　类　型	备　　注
name	varchar(20) not null	用户名
pwd	varchar(20)	密码
juese	int	角色

3. 数据库表及其之间的联系

将上面的 8 张表汇集在一起，便得到一个整体的表之间的联系的概况，如图 8-12 所示。图中 pk 表示主键，fk 表示外键。

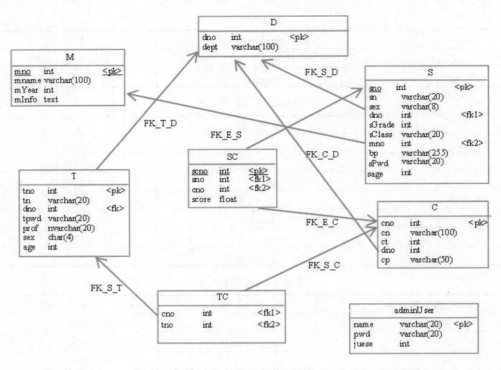

图 8-12　表及其之间的联系

8.4　教学管理系统的实现

8.4.1　开发工具 MyEclipse 介绍

MyEclipse 是在 Eclipse 基础上加上自己的插件开发而成的功能强大的企业级集成开发环境，主要用于 Java、Java EE 以及移动应用的开发。MyEclipse 的功能非常强大，支持也十分广泛，尤其是对各种开源产品的支持相当不错。本小节将介绍 MyEclipse 开发环境的搭建以及在此环境下开发 Java 程序的一般步骤。

1．MyEclipse 的安装

在安装 MyEclipse 之前需先安装 JDK，这里不再赘述。

MyEclipse 的安装软件包可从 http://www.myeclipsecn.com/download/下载，目前最新的版本是 MyEclipse 2023.1.2。本安装版本为 10.7，其安装过程如图 8-13～图 8-17 所示。

2．MyEclipse IDE 的组成

运行 MyEclipse，将显示如图 8-17 所示的界面，主要由菜单栏、工具栏、代码窗口、项目窗口、导航窗口和输出窗口等组成。

图 8-13 MyEclipse 欢迎界面

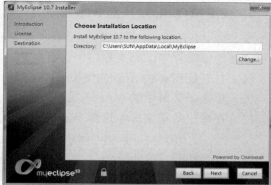

图 8-14 MyEclipse 安装路径

图 8-15 MyEclipse 安装进度

图 8-16 安装完毕

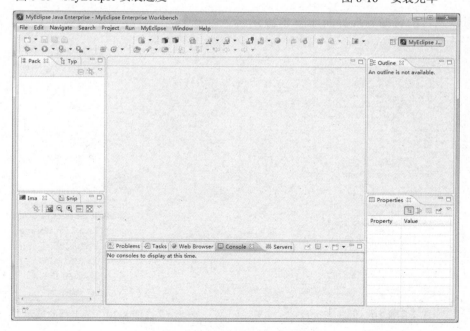

图 8-17 MyEclipse 集成开发环境

3．使用 MyEclipse 开发 Web 程序的一般步骤

安装好 MyEclipse 后可以简单地进行一些基本设置，如编程代码字体大小等，主要是为了更方便地编写程序。如果程序中含有中文，建议将工作空间默认的编码格式改为 UTF-8。

（1）打开如图 8-17 所示的集成开发环境后，单击左上角的 File 菜单。

（2）单击子菜单中的 New 选项。

（3）在弹出的子菜单中选择 Web Project 选项，如图 8-18 所示。

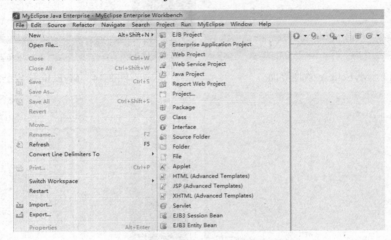

图 8-18　选择 Web Project 选项

（4）在弹出的窗口中的 Project Name 文本框中填写工程名称，如填写"HelloWeb"，如图 8-19 所示。

（5）新工程的资源管理界面如图 8-20 所示。

图 8-19　创建新工程

图 8-20　新工程的展示

（6）在此界面，编程人员可以添加所需内容。

8.4.2　创建教学管理系统项目

在 MyEclipse 下创建一个 Java 项目 studentmanager，具体步骤如下。

启动 MyEclipse 开发环境后，选择 File→New→Web Project 命令，在弹出的 New Web Project 对话框中填写 Project Name 等信息，如图 8-21 所示。

图 8-21　新建 Web 项目

8.4.3　数据库连接模块的实现

JDBC 连接数据库可以通过不同的驱动来实现，本设计中使用本地协议的纯 Java 驱动程序，它与特定的数据库有关，一般由数据库厂商提供。因为本次所采用的是 SQL Server 2019，所以需要下载其驱动程序。可以从 Microsoft 官网上下载，把 mssql-jdbc-8.2.2.jre8.jar 包加入项目中即可。如果利用 Maven 构建项目，则在 pom.xml 文件中加入以下依赖：

```
<dependency>
    <groupId>com.microsoft.sqlserver</groupId>
    <artifactId>mssql-jdbc</artifactId>
    <version>8.2.2.jre8</version>
</dependency>
```

在连接数据库前需要先对 SQL Server 2019 做如下配置。

（1）设置身份验证模式为 SQL Server 和 Windows 混合模式，如图 8-22 所示。

（2）打开 SQL Server 配置管理器。确保 TCP/IP 被启用，单击"属性"按钮可以查看 TCP/IP 的端口号，如图 8-23 所示。

（3）在 SQL Server Management Studio 数据库服务器下的"安全性"选项页中新建一个登

录名（用户名和密码自定义），如本次设计中都为 admin，配置如图 8-24 所示。

图 8-22　SQL Server 配置 1

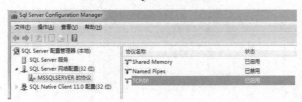

图 8-23　SQL Server 配置 2

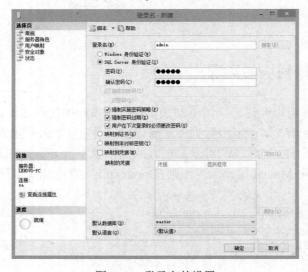

图 8-24　登录名的设置

数据库连接模块 DatabaseConn 的代码如下：

```
package xzit.studentManage.dao;
import java.sql.Connection;
import java.sql.DriverManager;
import java.sql.PreparedStatement;
```

```java
import java.sql.ResultSet;
import java.sql.SQLException;
public class BaseDao {
private static final String DRIVER="com.microsoft.sqlserver.jdbc.SQLServerDriver";
private static final String URI="jdbc:sqlserver://localhost:1433;databaseName=student";
private static final String UID="admin";
private static final String PWD="admin";
protected Connection conn=null;
protected PreparedStatement pstmt=null;
protected ResultSet rs=null;
static{
    try {
            Class.forName(DRIVER);//加载驱动程序
    } catch (ClassNotFoundException e) {
            e.printStackTrace();
    }
}
//获得数据库连接对象
protected Connection getConnection()
{
    try {
                    conn=DriverManager.getConnection(URI, UID, PWD);
                    if(null!=conn)
        System.out.println("ok");
    } catch (SQLException e) {
        // TODO Auto-generated catch block
        //System.out.println("err");
        e.printStackTrace();
    }
    return conn;
        }
//关闭预处理对象、数据库连接对象、结果集
protected void closeAll()
{
    if(null!=rs)
    {
        try {
            rs.close();
        } catch (SQLException e) {
            e.printStackTrace();
        }
    }
    if(null!=pstmt)
    {
        try {
            pstmt.close();
        } catch (SQLException e) {
            e.printStackTrace();
        }
    }
    if(null!=conn)
```

```
    {
        try {
            conn.close();
        } catch (SQLException e) {
            e.printStackTrace();
        }
    }
    }
//封装查询方法
public ResultSet executeQuery(String sql,Object... params)
{
    conn=this.getConnection();
    try {
        int i=1;
        pstmt=conn.prepareStatement(sql);//预处理
        for (Object o:params){
            pstmt.setObject(i, o);
            i++;
        }
        rs=pstmt.executeQuery();//返回查询结果
    } catch (SQLException e) {
        e.printStackTrace();
    }
    return rs;
}
//执行对数据库的增、删、改操作
public int executeUpdate(String sql,Object... params)
{
    int count=0;
    conn=this.getConnection();//获得数据库连接
    try {
        int i=1;
        pstmt=conn.prepareStatement(sql);
        for(Object o:params)
        {
            pstmt.setObject(i, o);
            i++;
        }
        count=pstmt.executeUpdate();
    } catch (SQLException e) {
        e.printStackTrace();
    }finally{
        this.closeAll();
    }
    return count;
    }
}
```

8.4.4　用户登录模块的实现

　　根据权限的不同，用户可以以不同的身份登录教学管理系统。用户的权限包括管理员、
教师、学生。其中，管理员为完全权限，可以使用教学管理系统的所有功能；教师为部分权限，不能使用"学生选课"和"课程修改"功能，并且只能修改本人的用户名和密码；学生为部分权限，具有"选课"和"课程查询"功能，以及对其他模块的查询功能，也只能修改本人的用户名和密码。

图 8-25　用户登录界面

　　在用户登录时，通过用户所输入的用户名和密码来验证用户的登录信息，并判断用户的权限，根据不同的权限打开不同的系统主界面，如图 8-25 所示。

　　前台的 HTML 页面中包含一个 form，部分代码如下：

```
<form action="LoginServlet" method="post">
 <div id="container" align="center">
    <div id="head">
    <p align="center" class="STYLE1 STYLE2">教学管理系统</p>
    </div>
</form>
```

在此完成登录的业务逻辑处理。代码如下：

```
protected    void    doPost(HttpServletRequest    request,HttpServletResponse    response)    throws
ServletException, IOException {
if( ad != null){
                if((ad.getIden()==0)&&(radio==0))//管理员登录处理
                {
                request.getSession().setAttribute("admin", ad.getUname());
                out.println("<script>");
                out.println("location = \"ManagerLogin.html\";");
                out.println("</script>");
                }else if((ad.getIden()==1)&(radio==1)){ //教师登录处理
                    request.getSession().setAttribute("admin", ad.getUname());
                    out.println("<script>");
                    out.println("location = \"TeacherLogin.html\";");
                    out.println("</script>");
                }else if((ad.getIden()==2)&(radio==2)){ //学生登录处理
                    request.getSession().setAttribute("admin", ad.getUname());
                    out.println("<script>");
                    out.println("location = \"StudentLogin.html\";");
                    out.println("</script>");
                }else{
                    out.println("<script>");
                    out.println("alert(\"账户类型不匹配，请重新选择!\");");
                    out.println("location = \"index.jsp\";");
                    out.println("</script>");
```

```
            }
        } else {
            out.println("<script>");
            out.println("alert(\"用户名与密码不匹配，请重新输入!\");");
            out.println("location = \"index.jsp\";");
            out.println("</script>");
        }
}
```

8.4.5　学生信息管理模块的实现

学生信息管理模块用于学生个人信息的登记，包括学生的学号、姓名、性别、出生日期、年级、班级、所属学院、所属专业和籍贯等，并且系统还应能够验证输入错误的学生个人信息记录，其界面设计如图 8-26 所示。此外，该模块还具有修改、删除和查询学生信息的功能，其界面设计如图 8-27 所示。

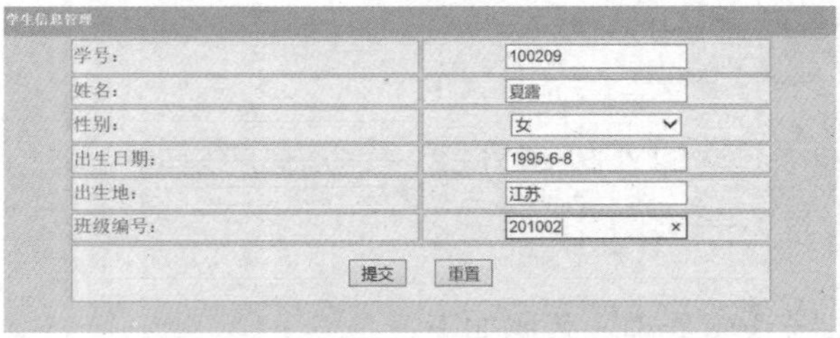

图 8-26　学生信息添加界面

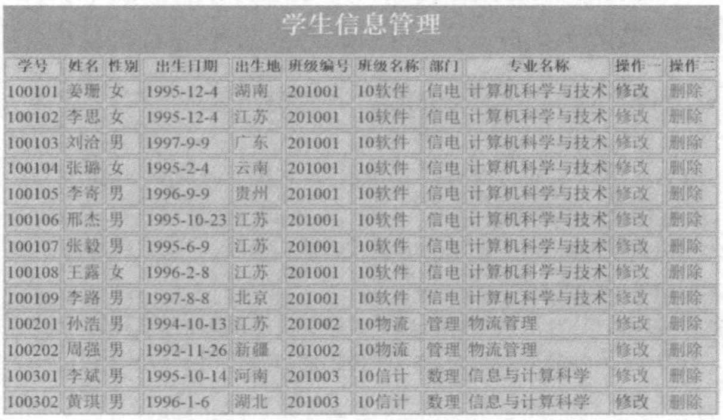

学生信息管理

学号	姓名	性别	出生日期	出生地	班级编号	班级名称	部门	专业名称	操作一	操作二
100101	姜珊	女	1995-12-4	湖南	201001	10软件	信电	计算机科学与技术	修改	删除
100102	李思	女	1995-12-4	江苏	201001	10软件	信电	计算机科学与技术	修改	删除
100103	刘洽	男	1997-9-9	广东	201001	10软件	信电	计算机科学与技术	修改	删除
100104	张璐	女	1995-2-4	云南	201001	10软件	信电	计算机科学与技术	修改	删除
100105	李寄	男	1996-9-9	贵州	201001	10软件	信电	计算机科学与技术	修改	删除
100106	邢杰	男	1995-10-23	江苏	201001	10软件	信电	计算机科学与技术	修改	删除
100107	张毅	男	1995-6-9	江苏	201001	10软件	信电	计算机科学与技术	修改	删除
100108	王露	女	1996-2-8	江苏	201001	10软件	信电	计算机科学与技术	修改	删除
100109	李路	男	1997-8-8	北京	201001	10软件	信电	计算机科学与技术	修改	删除
100201	孙浩	男	1994-10-13	江苏	201002	10物流	管理	物流管理	修改	删除
100202	周强	男	1992-11-26	新疆	201002	10物流	管理	物流管理	修改	删除
100301	李斌	男	1995-10-14	河南	201003	10信计	数理	信息与计算科学	修改	删除
100302	黄琪	男	1996-1-6	湖北	201003	10信计	数理	信息与计算科学	修改	删除

图 8-27　学生信息管理模块界面

本模块核心代码如下：

```
package xzit.studentManage.biz.impl;
import java.util.List;
import xzit.studentManage.biz.IStudentBiz;
import xzit.studentManage.dao.BaseDao;
import xzit.studentManage.dao.IStudentDao;
import xzit.studentManage.dao.impl.StudentDaoImpl;
import xzit.studentManage.vo.Student;
public class StudentBizImpl extends BaseDao implements IStudentBiz {
```

```
        IStudentDao stuDao = new StudentDaoImpl();

        //添加学生信息
        public int insert(String Sno, String Sn, String Sex, String Bir, String Bp,
                String Clo) {
            Student stu = new Student(Sno,Sn,Sex,Bir,Bp,Clo);
            return stuDao.executeUpdate("insert_s", stu);
        }
//删除学生信息
        public int delete(String Sno) {
            Student stu = new Student(Sno);
            return stuDao.executeUpdate("delete_s", stu);
        }
//修改学生信息
        public int update(String Sno, String Sn, String Sex, String Bir, String Bp,
                String Clo) {
            Student stu = new Student(Sno,Sn,Sex,Bir,Bp,Clo);
            return stuDao.executeUpdate("update_s", stu);
        }
//查询全部学生信息
        public List<Student> getStudentAll() {
            Student stu = null;
            List<Student> student = stuDao.executeQuery(0,stu);
            return student;
        }
//查询单个学生信息
        public List<Student> getStudentById(String Sno) {
            List<Student> stu = stuDao.executeQuery(1, new Student(Sno));
            return stu;
        }
}
```

8.4.6　教师信息管理模块的实现

教师信息管理模块用于教师信息的登记，包括教师的编号、姓名、性别、出生日期、所属学院、职称等信息，此外，该模块还具有修改、删除和查询教师信息的功能，其部分界面设计如图 8-28 所示。

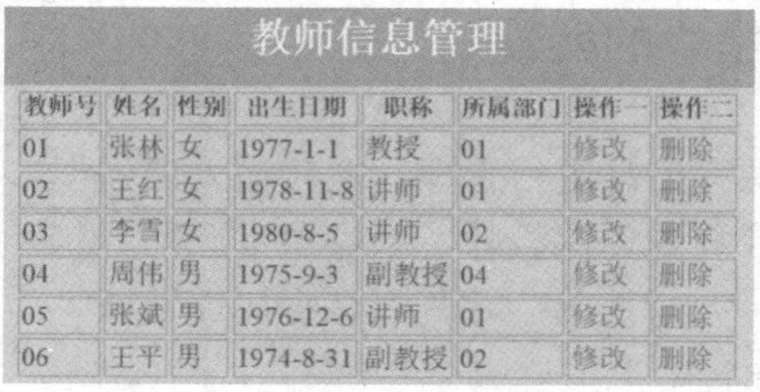

| \multicolumn{9}{c}{教师信息管理} |
教师号	姓名	性别	出生日期	职称	所属部门	操作一	操作二
01	张林	女	1977-1-1	教授	01	修改	删除
02	王红	女	1978-11-8	讲师	01	修改	删除
03	李雪	女	1980-8-5	讲师	02	修改	删除
04	周伟	男	1975-9-3	副教授	04	修改	删除
05	张斌	男	1976-12-6	讲师	01	修改	删除
06	王平	男	1974-8-31	副教授	02	修改	删除

图 8-28　教师信息管理模块界面

本模块核心代码如下：

```
package xzit.studentManage.biz.impl;
import java.util.List;
import xzit.studentManage.biz.ITeacherBiz;
import xzit.studentManage.dao.BaseDao;
import xzit.studentManage.dao.ITeacherDao;
import xzit.studentManage.dao.impl.TeacherDaoImpl;
import xzit.studentManage.vo.Teacher;
public class TeacherBizImpl extends BaseDao implements ITeacherBiz {
ITeacherDao teaDao = new TeacherDaoImpl();
//添加教师信息
    public int insert(String Tno, String Tn, String Sex, String Bir,
            String Prof, String Dno) {
        Teacher tea = new Teacher(Tno,Tn,Sex,Bir,Prof,Dno);
        return teaDao.executeUpdate("insert_t", tea);
    }
//删除教师信息
    public int delete(String Tno) {
        Teacher tea = new Teacher(Tno);
        return teaDao.executeUpdate("delete_t", tea);
    }
//修改教师信息
    public int update(String Tno,String Tn,String Sex,String Bir,String Prof,String Dno) {
        Teacher tea = new Teacher(Tno,Tn,Sex,Bir,Prof,Dno);
        return teaDao.executeUpdate("update_t", tea);
    }
//查询全部教师信息
    public List<Teacher> getTeacherAll() {
        Teacher tea = null;
        return teaDao.executeQuery(0,tea);
    }
//查询单个教师信息
    public List<Teacher> getTeacherById(String Tno) {
        List<Teacher> tea   = teaDao.executeQuery(1, new Teacher(Tno));
        return tea;
    }
}
```

8.4.7　课程信息管理模块的实现

课程信息管理模块对课程信息进行管理，能够输入课程的相关信息，并指定该门课程的任课教师，以供学生选择。如图 8-29 所示，用户可以管理课程号、名称、课程属性及该课程的课时等课程信息。

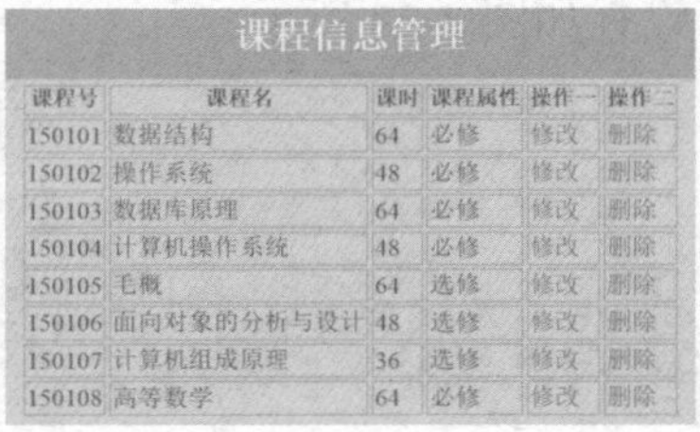

课程信息管理

课程号	课程名	课时	课程属性	操作一	操作二
150101	数据结构	64	必修	修改	删除
150102	操作系统	48	必修	修改	删除
150103	数据库原理	64	必修	修改	删除
150104	计算机操作系统	48	必修	修改	删除
150105	毛概	64	选修	修改	删除
150106	面向对象的分析与设计	48	选修	修改	删除
150107	计算机组成原理	36	选修	修改	删除
150108	高等数学	64	必修	修改	删除

图 8-29　课程信息管理模块界面

本模块核心代码如下：

```
package xzit.studentManage.biz.impl;
import java.util.List;
import xzit.studentManage.biz.ICourseBiz;
import xzit.studentManage.dao.BaseDao;
import xzit.studentManage.dao.ICourseDao;
import xzit.studentManage.dao.impl.CourseDaoImpl;
import xzit.studentManage.vo.Course;
import xzit.studentManage.vo.SCourse;
public class CourseBizImpl extends BaseDao implements ICourseBiz {
    ICourseDao couDao = new CourseDaoImpl();
//添加课程信息
    public int insert(String Cno, String Cn, int Ct, String Cp) {
        Course cou = new Course(Cno,Cn,Ct,Cp);
        return couDao.executeUpdate("insert_c", cou);
    }
//删除课程信息
    public int delete(String Cno) {
        Course cou = new Course(Cno);
        return couDao.executeUpdate("delete_c", cou);
    }
//修改课程信息
    public int update(String Cno, String Cn, int Ct, String Cp) {
        Course cou = new Course(Cno,Cn,Ct,Cp);
        return couDao.executeUpdate("update_c", cou);
    }
//查询全部课程信息
    public List<Course> getCourseAll() {
        Course cou = null;
        return couDao.executeQuery(0, cou);
    }
//查询单个课程信息
    @Override
    public List<Course> getCourseById(String Cno) {
        List<Course> cou = couDao.executeQuery(1, new Course(Cno));
        return cou;
    }
}
```

8.4.8　成绩信息管理模块的实现

成绩信息管理模块的功能为教师录入、查询和修改成绩，学生可以查询成绩。录入成绩的界面如图 8-30 所示。

图 8-30　成绩录入界面

本模块核心代码如下：

```
package xzit.studentManage.biz.impl;
import java.util.List;
import xzit.studentManage.biz.ISCourseBiz;
import xzit.studentManage.dao.BaseDao;
import xzit.studentManage.dao.ISCourseDao;
import xzit.studentManage.dao.impl.SCourseDaoImpl;
import xzit.studentManage.vo.SCourse;
public class SCourseBizImpl extends BaseDao implements ISCourseBiz {
    ISCourseDao scouDao = new SCourseDaoImpl();
//教师录入学生成绩
    public int insert(String Sno, String Cno, int Score) {
        SCourse scou = new SCourse(Sno,Cno,Score);
        return scouDao.executeUpdate("insert_score", scou);
    }
```

8.5　本 章 小 结

本章主要以教学管理系统为例，详细介绍了该系统的需求分析、系统设计和实现过程。

（1）数据库应用系统的开发一般包括需求分析、系统初步设计、系统详细设计、编码、调试等几个阶段，每个阶段有不同的任务，并可以采用不同的工具和方法实现。

（2）常用的数据库系统体系结构有 C/S 结构和 B/S 结构，可供选择的技术方案和开发工具也有很多。

（3）MyEclipse 作为 Java 开发工具对 Java 的使用者来说容易入门，可视化的界面操作和对数据库操作的支持，使其成为初学者常用的数据库系统开发工具之一。要进行数据库系统的开发，需要掌握 Java 基础知识和 MyEclipse 下 GUI 的设计以及 Java 中访问 SQL Server 数据库的方法。

（4）一个数据库应用系统开发案例可以使读者更为直观地理解 SQL Server 数据库应用系统的设计与开发方法。本章以学生管理系统为例，说明了使用 MyEclipse 开发数据库应用程序的完整过程和方法。

习　题　8

一、单项选择题

1. 系统需求分析阶段的基础工作是（　　）。
   A．教育和培训　　　　B．系统调查　　　　C．初步设计　　　D．详细设计
2. 关于数据库设计步骤的说法中错误的有（　　）。
   A．数据库设计一般分为 4 步：需求分析、概念设计、逻辑设计和物理设计
   B．数据库的概念模式独立于任何数据库管理系统，不能直接用于数据库实现

　　C．物理设计阶段对数据库性能的影响已经非常小了

　　D．逻辑设计是在概念设计的基础上进行的

　　3．一个学生可以同时借阅多本书，一本书只能由一个学生借阅，学生和图书之间为（　　）联系。

　　　　A．一对一　　　　　　B．一对多　　　　　　C．多对多　　　　　　D．多对一

二、填空题

　　1．加载数据库驱动可使用_____来注册驱动，不会对具体的驱动类产生依赖。

　　2．当对对象进行批量更新时，采用_____创建对象效率较高，且在 SQL 语句中使用"?"占位符；采用_____创建则效率较低。

　　3．JDBC 可以对多个数据库进行连接，对应数据的默认端口号分别为 MySQL：_____；Oracle：_____；SQL Server：_____。

三、简答题

　　1．JDBC 的主要功能是什么？由哪些部分组成？

　　2．如何建立连接数据库、发送访问、操作数据库的 SQL 语句？

　　3．如何处理对数据库访问操作的结果？

四、应用题

本章主要实现了管理员身份对应的模块设计，请完成学生身份和教师身份对应的模块设计。

习题

课件

答案

第 9 章　数据库应用系统开发案例

数据库应用系统技术和数据库应用系统开发案例之间存在密切联系和依赖关系。数据库应用系统技术提供了开发、设计和实现数据库应用系统所需的工具、语言和方法，而数据库应用系统开发案例则是通过应用这些技术和方法，实际开发和构建具体的数据库应用系统的示例。

本章学习目标：掌握数据库应用系统的开发过程，包括系统需求分析、系统设计、数据库设计、程序结构设计等，并能够实现其中的主要功能模块，对数据库应用系统开发有整体的认识。

9.1　养殖管理系统的设计

在第 8 章介绍了大家熟悉的教学管理系统的设计，已初步掌握了使用 MyEclipse 开发工具并采用 JDBC 技术来完成数据库应用系统的设计过程。为了使读者了解到企业实际项目的开发背景、主流技术等，本章选择了一个来自学院合作企业杰普科技的真实项目案例——智慧农业溯源系统的子系统养殖管理系统，介绍使用 SpringBoot+MyBatis+Vue 技术栈开发 SQL Server 2019 数据库应用程序的过程和方法。

9.1.1　开发背景

近年来，随着互联网等新技术的加速发展，物联网、云计算、大数据等技术已经运用到农业生产各环节，数字农业、智慧农业应运而生。现今，科技已经成为发展农业的基础，在农业智能化已成为我国现代农业发展新方向的背景下，智慧农业正在成为乡村振兴发展的重要路径。智慧农业综合管理平台应运而生，该平台包括农业信息化门户网站、智慧养殖及溯源系统、智慧农业知识库等组成部分，从而实现农业养殖过程中环境监控、智慧管理、精准防治、远程操控，达到高技术、低人工成本、高产能、低消耗的目标。

由于智慧农业综合管理平台功能范围太大，本章节主要介绍养殖管理系统的设计和部分功能模块的实现。

9.1.2　系统分析

养殖场可以利用智能养殖管理系统完成对动物的全过程监控管理，动物出生后系统会为其生成一个 RFID 电子标签或二维码，该标签是动物在养殖、屠宰、仓储、销售过程中的唯一标识。系统中用户角色包含养殖人员、医护人员、屠宰人员、仓储人员、销售人员等。

（1）养殖人员可利用该系统对动物进行日常的管理，如饲料喂养、疫苗接种、异常情况上报、指标记录及移圈出栏等。

（2）医护人员可以对动物进行疫苗接种、病症记录及治疗等。

（3）屠宰人员可以对动物进行屠宰分割。

（4）仓储人员可以对分割后的动物进行仓库分配管理。

（5）销售人员可以销售肉制品，并开具提货单，使得客户从仓库中提取肉制品。

养殖管理子系统在整个系统中的作用十分关键，其直接生成了动物成长数据，为后续的溯源工作提供了支持。该系统的需求包括数据需求、功能需求和性能需求等，本小节只分析其功能需求。养殖管理系统可以大致划分为以下功能模块。

（1）基础管理：主要包含对人员、栏舍和圈栏等人员、场地、动物的管理。

（2）日常喂养管理：主要包含饲料管理、投喂记录、动物指标记录、特殊情况上报等。

（3）病症预防与治理：主要包含疫苗、病症、药品管理、病症记录、动物防疫隔离等。

（4）屠宰管理：主要包括防疫证明检测、屠宰组人员分配、具体屠宰等。

（5）物流及仓储管理：主要包括车辆安排与运输、仓库基本管理与出入库操作等。

9.1.3　系统设计

1．系统功能设计

养殖管理子系统功能包括基础管理、日常喂养管理、病症预防与治理、屠宰管理、物流及仓储管理等功能模块，如图 9-1 所示。

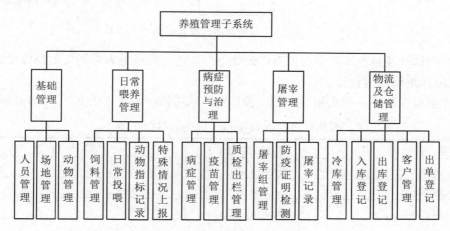

图 9-1　养殖系统功能模块图

2．数据库设计

1）数据库概念结构设计

受篇幅的限制，本小节仅对养殖系统的基础管理、日常喂养管理、病症预防与治理等 3个功能模块的部分功能模块的数据库进行设计。如基础管理的场地管理包括栏舍管理和圈栏管理，一个栏舍可以设置多个圈栏，设计栏舍和圈栏两个实体，它们之间是一对多的关系；某个批次进栏的动物（猪）关在某个圈栏喂养，设计批次、动物两个实体，在某个批次下可以新进很多动物（猪），它们之间是一对多的关系，同时动物（猪）可以放在某个圈栏进行喂养，它们之间是多对一的关系；养殖人员每隔一段时间对动物进行指标记录，根据实际养殖情况对动物进行移圈操作，设计指标记录实体，它与动物之间是多对一的关系；养殖人员发现动物存在异常情况后，可以在系统中进行特殊情况上报，相应的医生看到后，可以对动物进行观察、确诊及治疗，设计情况上报实体，它与动物之间是多对一的关系。局部 E-R 图如图 9-2 所示。

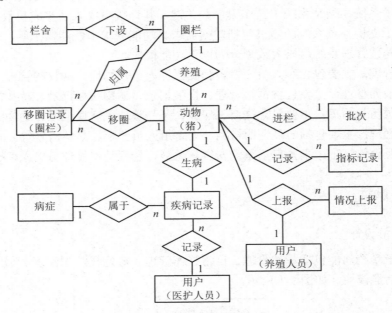

图 9-2　养殖系统局部 E-R 图

因用户实体涉及角色多对多的关系，此处不再叙述，可参见本章相关数据库设计资料。

2）数据库逻辑结构设计

根据养殖系统的业务关系和 E-R 图，设计相关表结构，具体如表 9-1～表 9-8 所示。

表 9-1　manager_fence_house（栏舍）表

字 段 名	字 段 类 型	字 段 备 注
fh_id	varchar(100)	栏舍编号
fh_name	varchar(30)	栏舍名称
fh_desc	varchar(255)	栏舍描述
fh_time	varchar(30)	栏舍创建时间
fh_delete	int	逻辑删除状态，0：存在，1：删除

表 9-2　manager_hurdles（圈栏）表

字 段 名	字 段 类 型	字 段 备 注
h_id	varchar(100)	栏圈编号
h_name	varchar(50)	栏圈名称
h_desc	varchar(255)	栏圈描述
h_max	int	栏圈存储（猪）容量
h_saved	int	栏圈存储（猪）已存数量

续表

字　段　名	字　段　类　型	字　段　备　注
h_time	varchar(30)	创建时间
h_enable	varchar(10)	状态（可用，禁用）
h_full	varchar(10)	状态（未满，已满）
h_backup1	varchar(100)	备用字段 1
h_backup2	varchar(100)	备用字段 2
h_backup3	varchar(100)	备用字段 3
h_delete	int	逻辑删除状态，0：存在，1：删除
h_fence_id	varchar(100)	栏舍外键

表 9-3　manager_animal（动物）表

字　段　名	字　段　类　型	字　段　备　注
a_animal_id	varchar(100)	动物编号
a_weight	float	动物体重
a_gender	varchar(10)	动物性别（雌性，雄性）
a_healthy	varchar(10)	健康状态（健康，生病）
a_status	varchar(20)	过程状态（养殖中，已检疫，已出栏，已屠宰，已入库，已销售）
a_inoculate	varchar(20)	疫苗接种状态（未接种，已接种）
a_time	varchar(30)	录入时间
a_backup1	varchar(100)	备用字段 1
a_backup2	varchar(100)	备用字段 2
a_backup3	varchar(100)	备用字段 3
a_batch_id	varchar(100)	批次外键
a_hurdles_id	varchar(100)	栏圈外键

表 9-4　manager_batch（批次）表

字　段　名	字　段　类　型	字　段　备　注
b_serial_id	varchar(100)	批次编号
b_desc	varchar(255)	批次描述
b_quarantine	varchar(20)	检疫状态（未检疫，已检疫）
b_qualified	varchar(20)	检疫合格状态（合格，不合格）
b_quarantine_img	varchar(255)	检疫图片
b_time	varchar(30)	批次时间
b_delete	int	逻辑删除状态，0：存在，1：删除

表 9-5　manager_disease（病症管理）表

字　段　名	字　段　类　型	字　段　备　注
d_id	int	病症编号
d_name	varchar(100)	病症名称
d_desc	varchar(255)	病症描述
d_type	varchar(100)	病症类型

字　段　名	字　段　类　型	字　段　备　注
d_etiology	varchar(100)	病源
d_symptom	varchar(255)	症状
d_prevention	varchar(255)	预防方式
d_delete	int	逻辑删除状态，0：存在，1：删除

表 9-6　disease_record（疾病记录）表

字　段　名	字　段　类　型	字　段　备　注
dr_id	int	记录编号
dr_animal_id	varchar(100)	动物编号
dr_desc	varchar(255)	症状描述
dr_cure	varchar(255)	治疗过程描述
dr_time	varchar(30)	治疗时间
dr_status	varchar(20)	治疗状态（未治疗，治疗中，已治疗）
dr_d_id	int	病症编号（外键）
dr_udocker_id	varchar(100)	医生编号（外键）

表 9-7　shift_circle（移圈记录）表

字　段　名	字　段　类　型	字　段　备　注
sc_id	int	移圈编号
sc_animal_id	varchar(100)	动物（猪）的编号
sc_original_hurdles_id	varchar(100)	目前所在栏圈编号
sc_new_hurdles_id	varchar(100)	新的栏圈编号
sc_time	varchar(30)	移圈时间
sc_ubreed_id	varchar(100)	养殖人员编号，即移圈人员
sc_reason	varchar(255)	移圈原由

表 9-8　situation_reporting（情况上报）表

字　段　名	字　段　类　型	字　段　备　注
sr_id	int	上报编号
sr_animal_id	varchar(100)	动物编号
sr_desc	varchar(255)	症状描述
sr_ubreed_id	varchar(100)	养殖人员编号
sr_time	varchar(30)	上报时间
sr_status	varchar(20)	上报状态（上报中，处理中，生病中，未生病，已治愈，未治愈）
sr_udocker_id	varchar(100)	医生编号

9.2　养殖管理系统程序结构设计

9.2.1　系统体系架构设计

　　三层架构体系设计是一种常见的软件架构模式，养殖管理系统选用典型的基于 B/S 模式的三层结构进行设计。表示层由 HTML、CSS、JavaScript 和 Vue 前端框架构成，通过 API 调用与业务逻辑层进行通信，使用 Spring MVC 来处理 HTTP 请求和响应，实现表示层的功能；业务逻辑通常封装在服务（Service）类中，调用数据访问层来获取数据或执行操作；数据访问层通过 MyBatis-Spring-Boot-Starter 库来简化数据访问操作，同时数据访问层也包含实体类（Entity）和仓库（Repository）接口，用于定义和操作数据模型。养殖管理的系统框图如图 9-3 所示。

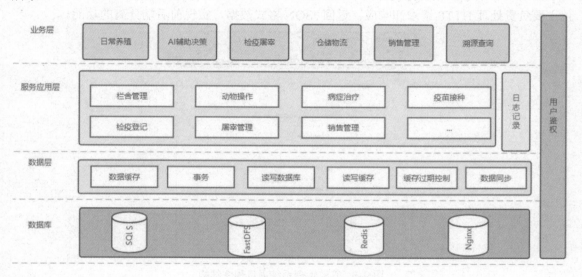

图 9-3　养殖管理系统体系结构框图

9.2.2　开发环境搭建

　　养殖管理系统示例项目的后端程序是在 IntelliJ IDEA 2021 环境下基于 SpringBoot 框架开发的，而前端程序是在 Visual Studio Code 环境下基于 Vue.js 框架开发的，数据库采用 SQL Server 2019。

　　本小节仅介绍后端程序开发环境的搭建，前端开发环境搭建过程请扫描章后二维码进行查看。在 IDEA 环境下使用 Spring Initializer 快速创建项目并加载项目依赖，如图 9-4 所示。

图 9-4　后端程序开发环境搭建

如图 9-5 所示，项目源文件由 controller、service、dao、pojo 等包构成，其中 controller 包主要负责处理 HTTP 请求和响应，返回 JSON 格式数据，实现前后端分离的功能。

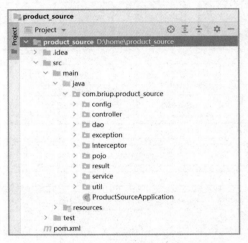

图 9-5　养殖管理系统项目程序结构

在 pom.xml 文件中添加以下依赖关系：

```xml
<dependencies>
<!--web 依赖-->
    <dependency>
        <groupId>org.springframework.boot</groupId>
        <artifactId>spring-boot-starter-web</artifactId>
    </dependency>
    <!--devtools 依赖-->
    <dependency>
        <groupId>org.springframework.boot</groupId>
        <artifactId>spring-boot-devtools</artifactId>
        <scope>runtime</scope>
        <optional>true</optional>
    </dependency>
    <!--sqlserver 依赖-->
```

```xml
        <dependency>
            <groupId>com.microsoft.sqlserver</groupId>
            <artifactId>mssql-jdbc</artifactId>
            <scope>runtime</scope>
        </dependency>
        <!--mybatis 依赖-->
        <dependency>
            <groupId>org.mybatis.spring.boot</groupId>
            <artifactId>mybatis-spring-boot-starter</artifactId>
            <version>2.3.1</version>
        </dependency>
        <!--druid 连接池依赖-->
        <dependency>
            <groupId>com.alibaba</groupId>
            <artifactId>druid-spring-boot-starter</artifactId>
            <version>1.2.18</version>
        </dependency>
        <!--mybatis 分页插件-->
        <dependency>
            <groupId>com.github.pagehelper</groupId>
            <artifactId>pagehelper-spring-boot-starter</artifactId>
            <version>1.4.7</version>
        </dependency>
        <!--lombok 依赖-->
        <dependency>
            <groupId>org.projectlombok</groupId>
            <artifactId>lombok</artifactId>
            <optional>true</optional>
        </dependency>
        <!--springBoot test 依赖-->
        <dependency>
            <groupId>org.springframework.boot</groupId>
            <artifactId>spring-boot-starter-test</artifactId>
            <scope>test</scope>
        </dependency>
</dependencies>
```

在 resources/application.yml 文件中配置项目启动端口、数据源、数据返回格式、数据层日志输出与映射文件等参数信息。

```yaml
#端口
server:
  port: 9999

spring:
  # 数据源
  datasource:
    druid:
      driver-class-name: com.microsoft.sqlserver.jdbc.SQLServerDriver
      url: jdbc:sqlserver://localhost:1433;databaseName=product_source
      username: root
      password: briup
```

```
#返回统一格式的时间 JSON 字符串
jackson:
    date-format: yyyy-MM-dd HH:mm:ss
    time-zone: GMT+8


mybatis:
    configuration:
        # 控制台打印 SQL 日志
        log-impl: org.apache.ibatis.logging.stdout.StdOutImpl
        # 配置驼峰映射
        map-underscore-to-camel-case: true
        # 配置类型别名所在的包
        type-aliases-package: com.briup.product_source.pojo
        # mapper 映射文件所在的位置
        mapper-locations: classpath:mappers/**/*.xml>
```

9.3　养殖管理系统功能实现

9.3.1　栏舍管理模块

养殖场需要根据动物（猪）的健康、年龄等状态设置不同的区域。如隔离舍，用于隔离病猪；如育成舍，即猪舍内圈与圈间以 0.8～1.0 m 高的实体墙相隔，沿通道正面用栅栏，其集中了实体猪栏、栅栏式猪栏两者的优点，适用于大小猪场；如保育舍，用于 4～10 周龄的断奶仔猪，结构同高床产仔栏的地板和围栏，高度 0.6 m，离地 20～40 cm，占地小，便于管理。本小节主要介绍栏舍查询功能的实现。

查询栏舍信息时可以根据栏舍名称进行查询，查询结果应显示栏舍编号、名称、创建时间、状态、描述等信息，显示界面如图 9-6 所示。

图 9-6　栏舍信息显示界面

1. FenceHouseController 类

该类中的 query 方法调用 ManagerFenceHouseService 组件的 query 方法完成数据分页查询的请求处理，并向前端返回 JSON 格式数据，代码如下：

```
//分页并根据条件查询栏舍基本信息
public Response<PageInfo<ManagerFenceHouse>> query(int page, int pageSize, String fhName){
        PageInfo<ManagerFenceHouse>
pageVM=managerFenceHouseService.query(page,pageSize,fhName);
        return Response.success(pageVM);
}
```

2. ManagerFenceHouseService 类

该类实现了 IManagerFenceHouseService 接口,属于业务逻辑类,是完成栏舍信息管理的核心类,该类中的 query 方法代码如下:

```
//根据条件查询栏舍基本信息
@Override
public PageInfo<ManagerFenceHouse> query(int page, int pageSize, String fhName) {
        // 开启分页插件,放在查询语句上面,帮助生成分页语句
        PageHelper.startPage(page,pageSize);
        List<ManagerFenceHouse> list=managerFenceHouseMapper.query(fhName);
        PageInfo<ManagerFenceHouse> pageManagerFenceHouse= new PageInfo<>(list);
        return pageManagerFenceHouse;
    }}
```

3. ManagerFenceHouseMapper 类

栏舍信息需要从 manager_fence_house 表中进行查询,查询时可以根据栏舍名称模糊查询,其功能由 dao 层的 ManagerFenceHouseMapper 接口通过 MyBatis 动态代理查询获得。其 mapper 映射文件代码如下:

```
<!--条件查询栏舍信息-->
    <select id="queryAllHouses" resultMap="BaseResultMap">
        select <include refid="Base_Column_List"/>
        from manager_fence_house
        <where>
            <if test="fhName != null">
                fh_name like concat('%',#{fhName},'%')
            </if>
        </where>
    </select>
```

9.3.2　动物管理模块

动物管理模块用于实现养殖动物(猪)的体重、性别、健康状态、过程状态、疫苗接种状态、所属批次、所属栏圈及购入时间等基本信息管理,这些信息为后续动物养殖、出栏、仓储及销售过程的溯源打下基础,这是养殖系统中一个重要的模块。本小节主要介绍栏舍添加功能的实现。

动物信息查询可以根据所属批次、所属栏圈、健康状态、性别进行查询,查询结果包括编号、体重、性别、健康状态、过程状态、疫苗接种状态、所属批次、所属栏圈、购入时间等信息,显示界面如图 9-7 所示。

图 9-7　动物信息显示界面

如图 9-7 所示，在界面中单击"添加"按钮，弹出如图 9-8 所示的功能操作界面。

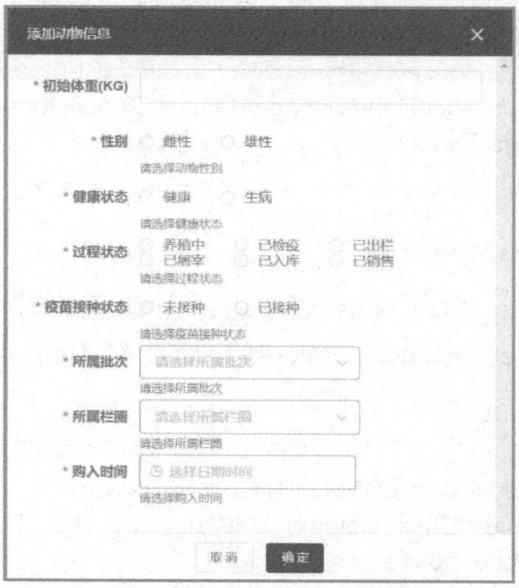

图 9-8　添加动物信息显示界面

1. 获取栏圈信息和批次信息

栏圈信息通过调用 ManagerHurdlesController 类的 selectAllHurdles 方法完成，批次信息通过调用 ManagerBatchController 类的 queryAll 方法完成，并向前端返回 JSON 格式数据，Controller 层代码如下：

```
//查询所有栏圈
@GetMapping("/selectAllHurdles")
public Response<List<ManagerHurdlesExtend>> selectAllHurdles() {
    List<ManagerHurdlesExtend> list = managerHurdlesService.selectAllHurdles();
    return Response.success(list);
}
//查询所有批次
@GetMapping("/queryAll")
public Response queryAll() {
    List<ManagerBatch> list = managerBatchService.queryAll();
    return Response.success(list);
}
```

2. 保存动物信息

动物相关信息填写完成后，前端将数据封装为JSON对象发送给ManagerAnimal Controller 类的 saveOrUpdate 方法，再调用 ManagerAnimalService 业务逻辑类及 Manager AnimalMapper 类完成动物信息的添加，核心代码如下：

```java
//添加或更新动物信息——ManagerAnimalController
@PostMapping("/saveOrUpdate")
    public Response<String> saveOrUpdate(@RequestBody ManagerAnimal managerAnimal){
        managerAnimalService.saveOrUpdate(managerAnimal);
        return Response.success("操作成功");
}
//添加或更新动物信息——ManagerAnimalService
public void saveOrUpdate(ManagerAnimal managerAnimal) {
    if (managerAnimal.getaAnimalId()!=null&&!managerAnimal.getaAnimalId().equals("")){
        int count=managerAnimalMapper.updateByPrimaryKeySelective(managerAnimal);
        if (count==0){
            throw new BriupFrameworkException("更新失败");
        }
        }else {
            //插入前根据栏圈编号查看该栏圈是否已满，如果未满则更新已存数量
            int max =
managerHurdlesExtendMapper.selectByIdMax(managerAnimal.getHurdlesId());
            int saved =
managerHurdlesExtendMapper.selectByIdSaved(managerAnimal.getHurdlesId());
            if (saved>=max){
                throw new BriupFrameworkException("插入失败,该栏圈已存满");
            }
            //插入
            managerAnimal.setaAnimalId(UUIDUtil.getUUID());
            managerAnimal.setaBackup2("0");
            int count=managerAnimalMapper.insertSelective(managerAnimal);
            if (count==0){
                throw new BriupFrameworkException("插入失败");
            }
            managerHurdlesExtendMapper.updateByIdSaved(managerAnimal.getHurdlesId());
        }
    }}
<!--添加动物信息的动态 SQL 语句-->
<insert id="insertSelective" parameterType="com.briup.framework.bean.ManagerAnimal">
    insert into manager_animal
    <trim prefix="(" suffix=")" suffixOverrides=",">
      <if test="aAnimalId != null">
        a_animal_id,
      </if>
      <if test="aWeight != null">
        a_weight,
      </if>
      <if test="aGender != null">
        a_gender,
      </if>
```

```xml
<if test="aHealthy != null">
  a_healthy,
</if>
<if test="aStatus != null">
  a_status,
</if>
<if test="aInoculate != null">
  a_inoculate,
</if>
<if test="aTime != null">
  a_time,
</if>
<if test="aBackup1 != null">
  a_backup1,
</if>
<if test="aBackup2 != null">
  a_backup2,
</if>
<if test="aBackup3 != null">
  a_backup3,
</if>
<if test="aBatchId != null">
  a_batch_id,
</if>
<if test="aHurdlesId != null">
  a_hurdles_id,
</if>
</trim>
<trim prefix="values (" suffix=")" suffixOverrides=",">
  <if test="aAnimalId != null">
    #{aAnimalId,jdbcType=VARCHAR},
  </if>
  <if test="aWeight != null">
    #{aWeight,jdbcType=VARCHAR},
  </if>
  <if test="aGender != null">
    #{aGender,jdbcType=VARCHAR},
  </if>
  <if test="aHealthy != null">
    #{aHealthy,jdbcType=VARCHAR},
  </if>
  <if test="aStatus != null">
    #{aStatus,jdbcType=VARCHAR},
  </if>
  <if test="aInoculate != null">
    #{aInoculate,jdbcType=VARCHAR},
  </if>
  <if test="aTime != null">
    #{aTime,jdbcType=VARCHAR},
  </if>
  <if test="aBackup1 != null">
```

```
            #{aBackup1,jdbcType=VARCHAR},
          </if>
          <if test="aBackup2 != null">
            #{aBackup2,jdbcType=VARCHAR},
          </if>
          <if test="aBackup3 != null">
            #{aBackup3,jdbcType=VARCHAR},
          </if>
          <if test="aBatchId != null">
            #{aBatchId,jdbcType=VARCHAR},
          </if>
          <if test="aHurdlesId != null">
            #{aHurdlesId,jdbcType=VARCHAR},
          </if>
      </trim>
  </insert>
```

9.4　本章小结

本章主要以养殖管理系统为例，详细介绍了基于 SpringBoot+SQL Server 2019 数据库应用系统的开发步骤和开发方法，并以数据查询和添加等常用功能为例对部分功能模块进行了设计和实现，帮助读者对数据库应用系统开发建立起整体认识，可为今后开发其他数据库应用系统提供可借鉴的案例。

习　题　9

请结合养殖管理系统案例，实现以下功能。
（1）圈栏信息管理，如图 9-9 所示。

	编号	栏圈名称	创建时间	状态	栏圈容量	所属栏舍	状态	栏圈描述	操作
	1	育成4号圈	2022-04-13	可用	30	育成舍	启用	育成4号圈描述	禁用 修改
	2	育成3号圈	2022-04-13	可用	30	育成舍	启用	育成3号圈描述	禁用 修改
	3	育成1号圈	2022-04-13	可用	30	育成舍	启用	育成1号圈描述	禁用 修改
	4	育成2号圈	2022-04-13	可用	30	育成舍	启用	育成2号圈描述	禁用 修改
	5	育成5号圈	2022-04-13	可用	30	育成舍	启用	育成5号圈描述	禁用 修改

图 9-9　圈栏信息管理

（2）批次信息管理，如图 9-10 所示。

	序号	编号	动物数量	状态	是否检疫	检疫是否合格	检疫图片		操作
	1	75fa8762d655461ab90799a20ae282af	3	养殖中,已销售	已检疫	合格		20	移除　修改
	2	ffb95f211b874a778844857ff1e5141f	3	已入库,已销售	已检疫	合格		20	移除　修改
	3	36bbbeb5836e43de80c15401d206b5ce	2	已销售	已检疫	合格		20	移除　修改
	4	2dee244973ef4b4585907d2a4bad4f2a	2	已销售	已检疫	合格		20	移除　修改
	5	9e327e1207974747b9bb82c936a0585d	2	已检疫	已检疫	合格		20	移除　修改
	6	244f840f31484313a1c3faf5b2882dc4	6	已入库,已销售	已检疫	合格		20	移除　修改

共 6 条　 < 1 > 　10条/页

图 9-10　批次信息管理

（3）疾症管理，如图 9-11 所示。

	名称	类型	病源	症状	状态	预防方式	描述	操作
	猪瘟	瘟疫	猪瘟病毒	突然发病，高热，稽留，体温能达到41度，全身痉挛，四肢抽搐，皮肤有点出血，快速死亡	启用	用猪瘟疫苗按免疫程序做预防注射，对新引进的猪必须坚持补防	猪瘟是由猪瘟病毒引起的一种急性、热性、拜血性传染病	禁用　修改

共 1 条　 < 1 > 　10条/页

图 9-11　疾症管理

后端项目源码

前端项目源码

养殖溯源项目
前端介绍

养殖溯源管理项目前
端开发环境搭建视频

习题

课件

第 10 章 数据库技术新发展

世界著名物理学家牛顿曾经说过："如果说我看得远，那是因为我站在巨人们的肩上。"

近年来，随着互联网和移动互联网的高速发展，数据库技术也在不断地更新和发展。新技术的应用不仅提升了数据库的性能和容量，还改变了数据库的管理和使用方式。

本章学习目标：理解分布式数据库、面向对象数据库、XML 数据库、数据仓库、数据挖掘技术及 NoSQL 数据库的相关概念及基本原理，了解相关数据库技术的最新进展和发展趋势。

10.1 分布式数据库

10.1.1 分布式数据库概述

分布式数据库是指利用高速计算机网络将物理上分散的多个数据存储单元连接起来，组成一个逻辑上统一的数据库。分布式数据库的基本思想是将原来集中式数据库中的数据分散存储到多个通过网络连接的数据存储节点上，以获取更大的存储容量和更高的并发访问量。近年来，随着数据量的高速增长，分布式数据库技术也得到了快速的发展，传统的关系型数据库开始从集中式模型向分布式架构发展，基于关系型的分布式数据库在保留了传统数据库的数据模型和基本特征的基础上，从集中式存储走向分布式存储，从集中式计算走向分布式计算。

大数据时代，面对海量数据量的井喷式增长和不断增长的用户需求，分布式数据库必须具有如下特征，才能应对不断增长的海量数据。

（1）高可扩展性：分布式数据库必须具有高可扩展性，能够动态地增添存储节点以实现存储容量的线性扩展。

（2）高并发性：分布式数据库必须及时响应大规模用户的读/写请求，能对海量数据进行随机读/写。

（3）高可用性：分布式数据库必须提供容错机制，能够实现对数据的冗余备份，保证数据和服务的高度可靠性。

分布式数据库相对传统的集中式数据库有如下优点。

（1）更高的数据访问速度：分布式数据库为了保证数据的高可靠性，往往采用备份的策略实现容错，所以，在读取数据的时候，客户端可以并发地从多个备份服务器同时读取，从而提高了数据访问速度。

（2）更强的可扩展性：分布式数据库可以通过增添存储结点来实现存储容量的线性扩展，而集中式数据库的可扩展性十分有限。

（3）更高的并发访问量：分布式数据库由于采用多台主机组成存储集群，所以相对集中式数据库，它可以提供更高的用户并发访问量。

　　分布式数据库系统由分布于多个计算机结点上的若干个子数据库系统组成，它提供有效的存取手段来操纵这些结点上的子数据库。分布式数据库在使用上可视为一个完整的数据库，而实际上它是分布在地理分散的各个结点上。当然，分布在各个结点上的子数据库在逻辑上是相关的。

10.1.2　分布式数据库系统的体系结构

　　根据我国制定的《分布式数据库系统标准》，分布式数据库系统抽象为 4 层的结构模式。这种结构模式得到了国内外的支持和认同。4 层模式划分为全局外层、全局概念层、局部概念层和局部内层，在各层间还有相应的层间映射，如图 10-1 所示。这种 4 层模式适用于同构型分布式数据库系统，也适用于异构型分布式数据库系统。

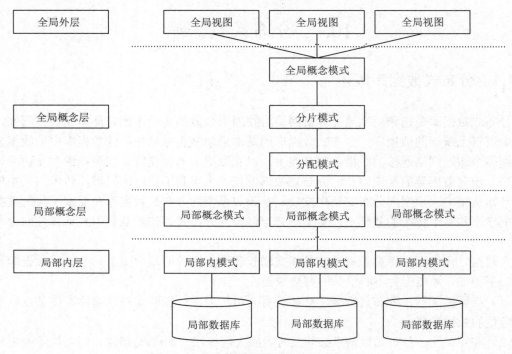

图 10-1　分布式数据库系统的体系结构图

　　（1）全局视图：是分布式数据库的全局用户对分布式数据库的最高抽象。全局用户使用视图时，不必关心数据的分片和具体的物理分配细节。

　　（2）全局概念模式：全局概念模式即全局概念视图，是分布式数据库的整体抽象，包含了全局数据特性和逻辑结构。像集中式数据库中的概念模式一样，它也是对数据库全体的描述。全局概念模式再经过分片模式和分配模式映射到局部模式。

　　（3）分片模式：是描述全局数据的逻辑划分视图。即全局数据逻辑结构根据某种条件的划分，将全局数据逻辑结构划分为局部数据逻辑结构。

　　（4）分配模式：是描述局部数据逻辑的局部逻辑结构，即划分后的分片的物理分配视图。

　　（5）局部概念模式：是全局概念模式的子集，用于描述局部场地上的局部数据逻辑结构。当全局数据模型与局部数据模型不同时，还涉及数据模型转换等内容。

（6）局部内模式：定义局部物理视图，是对物理数据库的描述，类似集中数据库的内层。

10.1.3　分布式数据库系统的发展前景

随着分布式数据库系统的日益发展，新的应用趋势不断呈现，下面分别介绍几种新趋势。

1）数据服务器

数据服务器是一种能向分布式应用提供访问远程数据服务器服务的方案，该方案常常作为实现分布式数据库的可选途径，把数据服务器作为分布式数据库系统的站点。

数据服务器虽然有很多优点，但是它的通信费用很大，由于关系数据模型的操作是面向成批数据处理的集合操作，因此关系模型是数据服务器方法支持的最自然的数据模型。所以目前几乎所有的数据服务器都是关系型的。

2）分布式知识库

一个知识库为数据库补充了从已有信息演绎新信息的能力，它比一般数据库的功能更强，特别是它的查询处理能力远比关系数据库强得多，不论是新的应用领域还是传统数据库应用领域，分布式知识库都具有更为广阔的发展前景。

知识库是存储常用知识的内涵数据库和存储事实的外延数据库的联合体，用户查询通过外延数据库隐含地使用存储在内涵数据库中的知识，内涵数据库中的知识基本上比语义数据控制信息更加通用。知识库方法类似于数据库方法的模式分解，主要通过分解常用知识来解决难题。知识库系统的设计和实现中存在许多困难和问题，其中最重要的就是有关知识的表示、知识的一致性和知识库的查询处理。内涵数据库需要不断更新，但是更新频率比外延数据库小。

3）分布式面向对象数据库

面向对象数据库和分布式数据库是两个正交的概念，两者的有机结合产生了分布式面向对象数据库，分布式面向对象数据库虽然发展起来还不久，也并不是很完善，但是它有其自身的优点：首先，分布式面向对象数据库可以达到高可用性和高性能；第二，大型应用一般会涉及互相协作的各种人员和分布的计算设施，分布式面向对象数据库能很好适应这种情况；第三，面向对象数据库具有隐藏信息的特征，正是这个特性使得面向对象数据库成为支持异构型数据库的自然候选，但是异构型数据库一般都是分布式的，因此分布式面向对象数据库是其最好的选择。

10.2　面向对象数据库

面向对象数据库系统是为了满足新的数据库应用需要而产生的新一代数据库系统，它把面向对象的方法和数据库技术结合起来，可以使数据库系统的分析、设计最大限度地与人们对客观世界的认识相一致。因此，面向对象数据库系统是面向对象的程序设计技术与数据库技术相结合的产物，它的主要特点是具有面向对象技术的封装性和继承性，提高了软件的可重用性。

面向对象程序语言操纵的是对象，所以面向对象数据库的一个优势是面向对象语言程序员在做程序时，可直接以对象的形式存储数据。对象数据模型有以下特点。

（1）使用对象数据模型将客观世界按语义组织成由各个相互关联的对象单元组成的复杂系统。对象可以定义为对象的属性和对象的行为描述，对象间的关系分为直接和间接关系。

（2）语义上相似的对象被组织成类，类是对象的集合，对象只是类的一个实例，通过创建类的实例实现对象的访问和操作。

（3）对象数据模型具有"封装""继承""多态"等基本概念。

（4）方法实现类似于关系数据库中的存储过程，但存储过程并不和特定对象相关联，方法实现是类的一部分。

（5）实际应用中，面向对象数据库可以实现一些带有复杂数据描述的应用系统，如时态和空间事务、多媒体数据管理等。

由于实际应用的需求，20 世纪 80 年代已开始出现一些面向对象数据库的商品和许多正在研究的面向对象数据库。多数这样的面向对象数据库被用于基本设计的学科和工程应用领域。

早期的面向对象数据库由于一些特性而限制了在一般商业领域里的应用。面向对象数据库的新产品都在试图改变这些状况，使得面向对象数据库的开发从实验室走向市场。

面向对象数据库从面向程序设计语言的扩充着手，使之成为基于面向对象程序设计语言的面向对象数据库。如 ONTOS、ORION 等，它们均是 C++的扩充，熟悉 C++的人均能很方便地掌握并使用这类系统。

面向对象数据库研究的另一个进展是在现有关系数据库中加入许多纯面向对象数据库的功能。在商业应用中对关系模型的面向对象扩展着重于性能优化，处理各种环境中对象的物理表示的优化和增加 SQL 模型以赋予面向对象特征。如 UNISQL、O2 等，它们均具有关系数据库的基本功能，采用类似 SQL 的语言，用户很容易掌握。

10.3 XML 数据库

XML 数据库是一种支持对 XML（标准通用标记语言下的一个应用）格式文档进行存储和查询等操作的数据管理系统。在系统中，开发人员可以对数据库中的 XML 文档进行查询、导出和指定格式的序列化。

目前 XML 数据库有以下 3 种类型。

（1）XML Enabled Database（XEDB），即能处理 XML 的数据库。其特点是在原有的数据库系统上扩充对 XML 数据的处理功能，使之能适应 XML 数据存储和查询的需要。一般的做法是在数据库系统之上增加 XML 映射层，这可以由数据库供应商提供，也可以由第三方厂商提供。映射层管理 XML 数据的存储和检索，但原始的 XML 元数据和结构可能会丢失，而且数据检索的结果不能保证是原始的 XML 形式。XEDB 的基本存储单位与具体的实现紧密相关。

（2）Native XML Database（NXD），即纯 XML 数据库。其特点是以自然的方式处理 XML 数据，以 XML 文档作为基本的逻辑存储单位，针对 XML 的数据存储和查询特点专门设计适用的数据模型和处理方法。

（3）Hybrid XML Database（HXD），即混合 XML 数据库。根据应用的需求，可以视其为 XEDB 或 NXD 的数据库，典型的例子是 Ozone。

XML 数据库是一个能够在应用中管理 XML 数据和文档的集合的数据库系统。XML 数据库是 XML 文档及其部件的集合,并通过一个具有能力管理和控制这个文档集合本身及其所表示信息的系统来维护。XML 数据库不仅是结构化数据和半结构化数据的存储库,像管理其他数据一样,持久的 XML 数据管理包括数据的独立性、集成性、访问权限、视图、完备性、冗余性、一致性以及数据恢复等。这些文档是持久且可以操作的。

当前着重于页面显示格式的 HTML 标记语言和基于它的关键词检索等技术已经不能满足用户日益增长的信息需求。近年来的研究致力于将数据库技术应用于网上数据的管理和查询,使查询可以在更细的粒度上进行,并集成多个数据源的数据。但困难在于网上数据缺乏统一的、固定的模式,数据往往是不规则且经常变动的。因此,XML 数据作为一种自描述的半结构化数据,为 Web 的数据管理提供了新的数据模型,如果将 XML 标记数据放入一定的结构中,对数据的检索、分析、更新和输出就能够在更加容易管理的、系统的和较为熟悉的环境下进行,因而我们将数据库技术应用于 XML 数据处理领域,通过 XML 数据模型与数据库模型的映射来存储、提取、综合和分析 XML 文档的内容。这为数据库研究开拓了一个新的方向,将数据库技术的研究扩展到对 Web 数据的管理。

与传统数据库相比,XML 数据库具有以下优势。

(1)XML 数据库能够对半结构化数据进行有效的存取和管理。如网页内容就是一种半结构化数据,而传统的关系数据库对于类似网页内容这类半结构化数据无法进行有效的管理。

(2)提供对标签和路径的操作。传统数据库语言允许对数据元素的值进行操作,不能对元素名称操作,半结构化数据库提供了对标签名称的操作,还包括对路径的操作。

(3)当数据本身具有层次特征时,由于 XML 数据格式能够清晰表达数据的层次特征,因此 XML 数据库便于对层次化的数据进行操作。XML 数据库适合管理复杂数据结构的数据集,如果以 XML 格式存储信息,则 XML 数据库利于文档存储和检索;可以用方便实用的方式检索文档,并能够提供高质量的全文搜索引擎。另外,XML 数据库能够存储和查询异种的文档结构,提供对异种信息存取的支持。

10.4　数　据　仓　库

10.4.1　数据仓库概述

20 世纪 80 年代中期,数据仓库之父 William H.Inmon 在其《建立数据仓库》(*Building the Data Warehouse*)一书中提出了数据仓库的概念。William H.Inmon 对数据仓库的定义如下:数据仓库是在企业管理和决策中面向主题的、集成的、不可更新的、随时间不断变化的数据集合。由这个定义可以看出数据仓库主要有以下 4 个特点。

(1)面向主题:主题是在一个较高层次上将数据进行综合、归类并进行分析利用的抽象。面向主题的数据组织方式,就是在较高层次上对分析对象的数据进行完整、一致的描述,能统一地刻画各个分析对象所涉及的企业的各项数据,以及数据之间的关系。

(2)集成的:由于各种原因,数据仓库的每个主题所对应的的数据源在原有的分散数据库中通常会有许多重复和不一致的地方,而且不同联机系统的数据都和不同的应用逻辑绑定,因此数据在进入数据仓库之前必须统一和综合，这一步是数据仓库建设中最关键、最复杂的一步。

（3）不可更新的：数据仓库的数据反映的是一段相当长的时间内历史数据的内容，主要供企业决策分析之用。与面向应用的事务数据库需要对数据做频繁的插入、更新操作不同，数据仓库中的数据所涉及的操作主要是查询和新数据的导入，一般不进行修改操作。

（4）随时间不断变化的：数据仓库系统必须不断捕捉数据库中变化的数据，并在经过统一集成后装载到数据仓库中。同时，数据仓库中的数据也有存储期限，会随时间变化不断删去旧的数据，只是其数据时限远比操作型环境的要长，比如根据需要可保存 10 年内的历史数据。

数据仓库是信息领域近年来迅速发展起来的数据库新技术。数据仓库的建立能充分利用已有的数据资源，把数据转换为信息，从中挖掘出知识、创造效益。所以越来越多的企业开始认识到数据仓库的重要性。

10.4.2　数据仓库系统的体系结构

数据仓库系统通常是对多个异构数据源的有效集成，集成后按照主题进行重组，包含历史数据。存放在数据仓库中的数据通常不再修改，用于做进一步的分析型数据处理。

数据仓库系统的建立和开发是以企事业单位的现有业务系统和大量业务数据的积累为基础的。数据仓库不是一个静态的概念，只有把信息适时地交给需要这些信息的使用者，供他们做出改善业务经营的决策，信息才能发挥作用，信息才有意义。因此，把信息加以整理和重组，并及时提供给相应的管理决策人员是数据仓库的根本任务。数据仓库的开发是全生命周期的，通常是一个循环迭代的开发过程。

一个典型的数据仓库系统通常包含数据源、数据的存储和管理、OLAP 服务器以及前端工具与应用 4 个部分。

1）数据源

数据源是数据仓库系统的基础，即系统的数据来源，通常包含企业（或事业单位）的各种内部信息和外部信息。内部信息具体包括存于操作型数据库中的各种业务数据和办公自动化系统中包含的各类文档数据；外部数据具体包括各类法律法规、市场信息、竞争对手的信息、各类外部统计数据及其他有关文档等。

2）数据的存储与管理

数据的存储与管理是整个数据仓库系统的核心。在现有各业务系统的基础上，对数据进行抽取、清理并有效集成，按照主题进行重新组织，最终确定数据仓库的物理存储结构，同时组织存储数据仓库的元数据（包括数据仓库的数据字典、记录系统定义、数据转换规则、数据加载频率以及业务规则等信息）。按照数据的覆盖范围和存储规模，数据仓库可以分为企业级数据仓库和部门级数据仓库。对数据仓库系统的管理也就是对其相应数据库系统的管理，通常包括数据的安全、归档、备份、维护和恢复等工作。

3）OLAP 服务器

OLAP 服务器对需要分析的数据按照多维数据模型进行重组，以支持用户随时从多角度、多层次来分析数据，发现数据规律与趋势。如前文所述，OLAP 服务器通常有如下 3 种实现方式：ROLAP 基本数据和聚合数据均存放在 RDBMS 之中；MOLAP 基本数据和聚合数据存放于多维数据集中；HOLAP 是 ROLAP 与 MOLAP 的综合，基本数据存放于 RDBMS 之中，聚合数据存放于多维数据集中。

4）前端工具与应用

前端工具主要包括各种数据分析工具、报表工具、查询工具、数据挖掘工具以及各种基于数据仓库或数据集市开发的应用。其中，数据分析工具主要针对 OLAP 服务器；报表工具、数据挖掘工具既可以用于数据仓库，也可针对 OLAP 服务器。

10.4.3　数据仓库的数据库模式

数据仓库是多维数据库，它扩展了关系数据库模型，以星形架构为主要结构方式，并在它的基础上扩展出雪花架构和数据星座等方式，但不管是哪一种架构，维度表、事实表和事实表中的量度都是必不可少的组成要素。

维度是多维数据集的结构性特性。它们是事实数据表中用来描述数据分类的有组织层次结构（级别）。这些分类和级别分别描述了一些相似的成员集合，用户将基于这些成员集合进行分析。在多维数据集中，度量值是一组值，这些值基于多维数据集的事实数据表中的一列，而且通常为数字。此外，度量值是所分析的多维数据集的中心值，即度量值是最终用户浏览多维数据集时重点查看的数字数据（如销售、毛利、成本），所选择的度量值取决于最终用户所请求的信息类型。事实表是数据聚合后依据某个维度生成的结果表。

1）星形模型

星形模型是最常用的数据仓库设计结构的实现模式，它使数据仓库形成了一个集成系统，为最终用户提供报表服务，为用户提供分析服务对象。星形模式通过使用一个包含主题的事实表和多个包含事实的非正规化描述的维度表来支持各种决策查询。星形模型可以采用关系型数据库结构，模型的核心是事实表，围绕事实表的是维度表。通过事实表将各种不同的维度表连接起来，各个维度表都连接到中央事实表。维度表中的对象通过事实表与另一维度表中的对象相关联，这样就能建立各个维度表对象之间的联系。每一个维度表通过一个主键与事实表进行连接。

事实表主要包含了描述特定商业事件的数据，即某些特定商业事件的度量值。一般情况下，事实表中的数据不允许修改，新的数据只是简单地添加进事实表中，维度表主要包含了存储在事实表中数据的特征数据。每一个维度表利用维度关键字并通过事实表中的外键约束于事实表中的某一行，实现与事实表的关联，这就要求事实表的外键不能为空，这与一般数据库中外键允许为空是不同的。这种结构使用户能够很容易地从维度表中的数据分析开始，获得维度关键字，以便连接到中心的事实表，进行查询，这样就可以减少在事实表中扫描的数据量，以提高查询性能。

使用星形模式主要有两方面的原因。一是可以提高查询的效率。采用星形模式设计的数据仓库的优点：由于数据的组织已经过预处理，主要数据都在庞大的事实表中，因此只要扫描事实表就可以进行查询，而不必把多个庞大的表连接起来，查询访问效率较高，同时由于维度表一般都很小，甚至可以放在高速缓存中，与事实表进行连接时其速度较快，便于用户理解。二是对于非计算机专业的用户而言，星形模式比较直观，通过分析星形模式，很容易组合出各种查询。

2）雪花模型

雪花模型是对星形模型的扩展，每一个维度都可以向外连接多个详细类别表。在这种模式中，维度表除了具有星形模型中维度表的功能，还连接对事实表进行详细描述的详细类别表，详细类别表通过对事实表在有关维度上的详细描述，达到了缩小事实表和提高查询效率的目的。

雪花模型对星形模型的维度表进一步标准化，对星形模型中的维度表进行了规范化处理。雪花模型的维度表中存储了正规化的数据，这种结构通过把多个较小的标准化表（而不是星形模型中的大的非标准化表）联合在一起来改善查询性能。由于采取了标准化的维度表，粒度较低，雪花模型提高了数据仓库应用的灵活性。

这些连接需要花费相当多的时间。一般来说，一个雪花形图表要比一个星形图表效率低。

3）星座模式

一个复杂的商业智能应用往往会在数据仓库中存放多个事实表，这时就会出现多个事实表共享某一个或多个维度表的情况，这就是事实星座，也称为星系模式（Galaxy Schema）。

4）数据集市

数据集市是在构建数据仓库的时候经常用到的一个词汇。如果说数据仓库是企业范围的，收集的是关于整个组织的主题，如顾客、商品、销售、资产和人员等方面的信息，那么数据集市则是包含企业范围数据的一个子集，如只包含销售主题的信息，这样数据集市只对特定的用户是有用的，其范围限于选定的主题。

数据集市面向企业中的某个部门（或某个主题）是从数据仓库中划分出来的，这种划分可以是逻辑上的，也可以是物理上的。

数据仓库中存放了企业的整体信息，而数据集市只存放了某个主题需要的信息，其目的是减少数据处理量，使信息的利用更加快捷和灵活。

数据仓库由于是企业范围的，能对多个相关的主题建模，因此在设计其数据构成时一般采用星系模式。

10.4.4　数据仓库工具

为了使数据仓库用户能有效地使用数据仓库中的信息，进行深层次的综合分析和决策，数据仓库系统要向用户提供一整套数据访问和分析工具。通过所提供的访问工具，为数据仓库的用户提供统一、协调和集成的信息环境，支持企业全局的决策过程和对企业经营管理的深入综合分析。

在数据仓库中，这是通过为用户提供一套前端数据访问和分析工具来实现的。目前市场上能获得的数据访问和分析工具种类繁多，主要有关系型查询工具、关系型数据的多维视图工具、DSS/EIS 软件包和客户机/服务器工具等四大类。

1）关系型查询工具

通用的关系型查询工具提供高度友好的用户接口，可以访问关系型数据。借助这样的工具，一般用户无须技术人员的协助，即可表述查询要求。查询结果能根据用户的需要，形成报表和示意图，这样的工具都支持标准的用户接口，并同时访问多个数据库服务器和数据库管理系统。

2）关系型数据的多维视图工具

这类工具是为采用传统的关系型数据库管理系统作为数据仓库目标数据库的用户而设计的。通过使用这样的工具，虽然数据仓库的数据库是关系型的，但用户可以以多维的方式分析关系型数据。其最大的优点是不必采用专用的多维目标数据库管理系统即可达到多维分析的目的。这类工具具有多种具体的实现手段，一些工具并不在客户机一端形成局部数据库，而只是维护多维视图，另一些工具则从数据仓库中抽取所需的关系型数据子集，在客户机上通过一种称为数据立方的多维结构方式加以局部存储，还有一些工具则更为先进，为了在关系型数据库上进行多维分析，实现了一个 3 层的软硬件结构。

3）DSS/EIS 软件包

DSS/EIS 软件包是更为复杂的工具，用于复杂的多维数据分析，用其可直接提供面向业务的信息分析，如财务报表分析和合并财务报表分析、业务品种利润分析、企业负债分析和管理报表等。

4）客户机/服务器工具

对于那些特定的不能直接采用现有工具和 DSS/EIS 软件包的业务需求，可以考虑使用通用的客户机/服务器工具开发前端的应用。通过使用这种工具，可以开发特定的功能，满足用户对图形界面、数据操作及数据分析报表等多方面的特殊需求。这些工具都能提供对数据的透明访问，简化对数据库的访问操作，支持多媒体应用，能够迅速构建前端决策支持应用系统，开发成本较低。使用这些工具开发的应用可以通过 DDE 和 OLE 接口与第三方产品实现透明连接，因此在开发前端工具的过程中，可以根据需要把很多现成产品连接到其中，如文字处理系统和统计软件包等，这对于提高开发效率和系统质量是颇有裨益的。由于通用客户机/服务器工具应用广泛，用户众多，因此在开发客户化的数据访问和分析工具时，应积极考虑使用这样的工具。

10.5　数据挖掘技术

10.5.1　数据挖掘概述

数据挖掘是近年来随着数据库技术和人工智能技术的发展而出现的一种多学科交叉的全新信息技术，是指从大量的、不完全的、有噪声的、模糊的和随机的数据中，提取隐含在其中的、人们事先不知道的但又是有潜在价值的信息和知识的过程。

数据挖掘涉及多个学科方向，主要包括数据库、统计学和人工智能等。数据挖掘可按数据库类型、挖掘对象、挖掘任务、挖掘方法与技术以及应用等几方面进行分类。按数据库类型分类：关系数据挖掘、模糊数据挖掘、历史数据挖掘、空间数据挖掘等。按数据挖掘对象分类：文本数据挖掘、多媒体数据挖掘、Web 数据挖掘。按数据挖掘任务分类：关联分析、时序模式、聚类、分类、偏差检测、预测等。按数据挖掘方法和技术分类：归纳学习类、仿生物技术类、公式发现类、统计分析类、模糊数学类、可视化技术类。

10.5.2　数据挖掘的实施步骤

从数据本身来考虑，数据挖掘通常需要信息收集、数据集成、数据规约、数据清理、数据变换、数据挖掘实施过程、模式评估和知识表示 8 个步骤。

（1）信息收集：根据确定的数据分析对象，抽象出在数据分析中所需要的特征信息，然后选择合适的信息收集方法，将收集到的信息存入数据库。对于海量数据，选择一个合适的数据存储和管理的数据仓库是至关重要的。

（2）数据集成：把不同来源、格式、特点性质的数据在逻辑上或物理上有机地集中，从而为企业提供全面的数据共享。

（3）数据规约：如果执行多数的数据挖掘算法，即使是在少量数据上也需要很长的时间，而做商业运营数据挖掘时数据量往往非常大。数据规约技术可以用来获得数据集的规约表示，它小得多，但仍然接近于保持原数据的完整性，并且规约后执行数据挖掘结果与规约前执行结果相同或几乎相同。

（4）数据清理：在数据库中的数据有一些是不完整的（有些感兴趣的属性缺少属性值）、含噪声的（包含错误的属性值），并且是不一致的（同样的信息有不同的表示方式），因此需要进行数据清理，将完整、正确、一致的数据信息存入数据仓库中。否则，挖掘的结果会不尽如人意。

（5）数据变换：通过平滑聚集、数据概化、规范化等方式将数据转换成适用于数据挖掘的形式。对于有些实数型数据，通过概念分层和数据的离散化来转换数据也是重要的一步。

（6）数据挖掘实施过程：根据数据仓库中的数据信息，选择合适的分析工具，应用统计方法、事例推理、决策树、规则推理、模糊集，甚至神经网络、遗传算法的方法处理信息，得出有用的分析信息。

（7）模式评估：从商业角度，由行业专家来验证数据挖掘结果的正确性。

（8）知识表示：将数据挖掘所得到的分析信息以可视化的方式呈现给用户，或作为新的知识存放在知识库中，供其他应用程序使用。

数据挖掘过程是一个反复循环的过程，每一个步骤如果没有达到预期目标，都需要回到前面的步骤，重新调整并执行。不是每件数据挖掘的工作都需要这里列出的每一步，例如，在某个工作中不存在多个数据源的时候，数据集成步骤便可以省略。数据规约、数据清理、数据变换又合称数据预处理。在数据挖掘中，至少 60% 的费用可能要花费在信息收集阶段，而其中 60% 以上的精力和时间都花费在了数据预处理过程中。

10.5.3　数据挖掘常用的基本技术

数据挖掘是一门诞生时间不长却飞速发展的计算机分析技术，近年来，数据挖掘理论日趋成熟，并在实践中大放异彩。在各个领域的应用中，最常用的数据挖掘技术主要有决策树、神经网络、关联规则、聚类分析、孤立点分析、统计学习、贝叶斯学习、回归分析、模糊集和粗糙集等。

1）决策树

决策树方法是一种归纳学习算法。在构造的树中，每个叶结点都赋予一个类标识。非叶结点包含属性的测试条件，用于区分具有不同特征的记录。主要的决策树算法有 ID3、C4.5、CART 和 CHAID。

2）神经网络

神经网络是一种模仿动物神经网络行为特征，进行分布式并行处理的算法。反向传播算法是神经网络中采用最多的方法。神经网络的优点：分类的准确度高，并行分布处理能力强，对噪声数据有较强的鲁棒性和容错能力等。但该方法比较耗时，不适用于处理大数据量的数据集。

3）关联规则

关联规则用来揭示数据与数据之间未知的相互依赖关系，它的任务就是：给定一个事务数据库，在基于支持度-置信度框架中，发现数据与项目之间大量有趣的相互联系，生成所有的支持度和可信度分别高于用户给定的最小支持度和最小可信度的关联规则。关联规则算法主要有 Apriori 算法、DHP 算法、DIC 算法和 FP-增长算法等。

4）聚类分析

聚类分析是对样本进行分组，寻找到多维数据点中的差异之处。它与判别分析不同之处在于：聚类分析的分类方式并不需要预先设定一个指针变量，它属于一种非参数分析方法，所以并没有非常严谨的数理依据，也无须假设总体为正态分布。聚类分析可以作为一个获得数据分布情况，观察每个类的特征和对特定类进一步分析的独立工具。通过聚类，能够识别密集和稀疏的区域，发现全局的分布模式，以及数据属性之间的相互关系等。主要的聚类分析方法有划分方法、基于层次的方法、基于密度的方法、基于网格的方法和基于模型的方法。

5）孤立点分析

孤立点是数据集中与众不同的数据，使人怀疑这些数据并非随机偏差，而是产生于完全不同的机制。在某些领域中研究孤立点的异常行为能发现隐藏在数据集中更有价值的知识。在数据挖掘中，孤立点检测的方法可分为 4 类：基于统计学的方法、基于距离的方法、基于偏离的方法和基于密度的方法。

6）统计学习

统计学习理论是一种专门研究小样本情况下机器学习规律的理论。机器学习的研究目标是以观测数据为基础，通过对数据的研究得出目前尚不能通过原理分析得到的规律。然后利用这些规律去分析现实中的客观现象，对未来的数据进行预测。现实应用中存在着大量人类尚无法准确认识但可以进行观测的事物，因此机器学习在从现在科学技术到社会、经济等各领域都有着十分重要的应用。

7）贝叶斯学习

贝叶斯推理是在知道新的信息后修正数据集概论分布的基本工具，用来处理数据挖掘中的分类问题。贝叶斯分析方法的特点是使用概论来表示所有形式的不确定性，用概率规则来实现学习和推理。它在决策过程中可以进行知识更新，能利用先验信息与样本信息得到后验信息，还可以用后验信息与所能得到的信息综合考虑，得到又一后验信息，若有新的变化，则可以再综合已有信息得到新的后验信息，然后根据后验信息做出决策。

8）回归分析

回归分析方法是研究相关关系的一种有力的数学工具。它是建立在对客观事物大量试验和观察的基础上，用来寻找隐藏在看上去不确定的现象中的统计规律的数理统计方法。它的应用遍及很多领域，是用来找到一个输入变量和输出变量关系的最佳模型的分析手段。

9）模糊集和粗糙集

模糊集用隶属函数来刻画对象对集合属于程度的连续过渡性，即元素从属于集合到不属于集合的渐变过程。模糊集是一种边界不分明的集合，一个元素对于模糊集合来说，可以既属于该集合又不属于该集合，边界是模糊的。粗糙集理论是一种刻画不完整性和不确定性的数学工具，能有效地分析和处理不精确、不完整等各种不完备的信息，并从中发现隐含的知识，揭示潜在的规律。粗糙集可以和遗传算法相结合、和模糊集相结合以及和神经网络相结合以用于数据挖掘。

10.6　NoSQL 数据库

NoSQL 泛指非关系型的数据库。随着互联网 Web 2.0 网站的兴起，传统的关系数据库在处理 Web 2.0 网站，特别是超大规模和高并发的 SNS 类型的 Web 2.0 纯动态网站已经显得力不从心，出现了很多难以克服的问题，而非关系型的数据库则由于其本身的特点得到了非常迅速的发展。NoSQL 数据库的产生就是为了解决大规模数据集合多重数据种类带来的挑战，特别是大数据应用难题。

NoSQL 最常见的解释是"non-relational"，"Not Only SQL"也被很多人接受。NoSQL仅仅是一个概念，泛指非关系型的数据库，区别于关系数据库，它们不保证关系数据的 ACID特性。NoSQL 是一项全新的数据库革命性运动，其拥护者提倡运用非关系型的数据存储，相对于铺天盖地的关系型数据库运用，这一概念无疑是一种全新的思维的注入。NoSQL 有如下优点。一是易扩展，NoSQL 数据库种类繁多，但是所具有的一个共同的特点就是去掉关系数据库的关系型特性，数据之间无关系，这样就非常容易扩展，无形之间也在架构的层面上带来了可扩展的能力。二是大数据量、高性能，NoSQL 数据库都具有非常高的读写性能，尤其在大数据量下，同样表现优秀，这得益于它的无关系性，数据库的结构简单。

NoSQL 数据库虽然数量众多，但是归结起来，典型的 NoSQL 数据库通常包括键值存储数据库、列存储数据库、文档型数据库和图形数据库。

❑ 键值存储数据库主要会使用到一个哈希表，这个表中有一个特定的键和一个指针指向特定的数据。key/value 模型对于 IT 系统来说的优势在于简单、易部署。但是如果数据库管理员（DBA）只对部分值进行查询或更新的时候，key/value 就显得效率低下了，如 Tokyo Cabinet/Tyrant、Redis、Voldemort、Oracle BDB。

❑ 列存储数据库通常是用来应对分布式存储的海量数据。键仍然存在，但是它们的特点是指向了多个列。这些列是由列家族来安排的，如 Cassandra、HBase、Riak。

❑ 文档型数据库的灵感来自 Lotus Notes 办公软件，而且它同第一种键值存储相类似。该类型的数据模型是版本化的文档，半结构化的文档以特定的格式存储，如 JSON。文档型数据库可以看作键值数据库的升级版，允许之间嵌套键值，在处理网页等复杂数据时，文档型数据库比传统键值数据库的查询效率更高，如 CouchDB、MongoDB。国内也有文档型数据库 SequoiaDB，并且已经开源。

❑ 图形数据库即图形结构的数据库，同其他行列以及刚性结构的 SQL 数据库不同，它是使用灵活的图形模型，并且能够扩展到多个服务器上。NoSQL 数据库没有标准的查询语言（SQL），因此进行数据库查询需要制定数据模型。许多 NoSQL 数据库都有 REST 式的数据接口或者查询 API，如 Neo4J、InfoGrid、Infinite Graph。

对于 NoSQL 并没有一个明确的范围和定义，但是它们都普遍存在下面一些共同特征。

1）易扩展

NoSQL 数据库种类繁多，但是一个共同的特点就是去掉关系数据库的关系型特性。数据之间无关系，这样就非常容易扩展。无形之间也在架构的层面上带来了可扩展的能力。

2）大数据量，高性能

NoSQL 数据库都具有非常高的读写性能，尤其在大数据量下，同样表现优秀。这得益于它的无关系性，数据库的结构简单。一般 MySQL 使用 Query Cache。NoSQL 的 Cache 是记录级的，是一种细粒度的 Cache，所以 NoSQL 在这个层面上性能就要高很多。

3）灵活的数据模型

NoSQL 无须事先为要存储的数据建立字段，随时可以存储自定义的数据格式。而在关系数据库里，增删字段是一件非常麻烦的事情。如果是非常大数据量的表，增加字段简直就是一个噩梦。这点在大数据量的 Web 2.0 时代尤为明显。

4）高可用

NoSQL 在不太影响性能的情况，可以方便地实现高可用的架构。比如 Cassandra、HBase 模型，通过复制模型也能实现高可用性。

NoSQL 整体框架分为 4 层，由下至上分为数据持久层、数据分布层、数据逻辑模型层、和接口层，层次之间相辅相成，协调工作。

❑ 数据持久层定义了数据的存储形式，主要包括基于内存、基于硬盘、内存和硬盘接口、订制可拔插 4 种形式。基于内存形式的数据存取速度最快，但可能会造成数据丢失。基于硬盘的数据存储可能保存很久，但存取速度较基于内存形式的慢。内存和硬盘相结合的形式，结合了前两种形式的优点，既保证了速度，又保证了数据不丢失。订制可拔插则保证了数据存取具有较高的灵活性。

❑ 数据分布层定义了数据是如何分布的，相对于关系型数据库，NoSQL 可选的机制比较多，主要有 3 种形式：一是 CAP 支持，可用于水平扩展；二是多数据中心支持，可以保证在横跨多数据中心时也能够平稳运行；三是动态部署支持，可以在运行着的集群中动态地添加或删除节点。

❑ 数据逻辑模型层表述了数据的逻辑表现形式，与关系型数据库相比，NoSQL 在逻辑表现形式上相当灵活，主要有 4 种形式：一是键值模型，这种模型在表现形式上比较单一，但有很强的扩展性；二是列式模型，这种模型相比于键值模型能够支持较为复杂的数据，但扩展性相对较差；三是文档模型，这种模型对于复杂数据的支持和扩展性都有很大优势；四是图模型，这种模型的使用场景不多，通常是基于图数据结构的数据定制的。

❑ 接口层为上层应用提供了方便的数据调用接口，提供的选择远多于关系型数据库。接口层提供了 5 种选择，即 Rest、Thrift、Map/Reduce、Get/Put、特定语言 API，使得应用程序和数据库的交互更加方便。

NoSQL 分层架构并不代表每个产品在每一层只有一种选择。相反，这种分层设计提供了很大的灵活性和兼容性，每种数据库在不同层面可以支持多种特性。

NoSQL 数据库在以下几种情况下比较适用。

（1）数据模型比较简单。

（2）需要灵活性更强的 IT 系统。

（3）对数据库性能要求较高。

（4）不需要高度的数据一致性。

（5）对于给定的 key，比较容易映射复杂值的环境。

10.7　本　章　小　结

本章主要总结了近年来数据库技术发展的特点，对数据库领域的发展方向进行了综述，并对分布式数据库、面向对象数据库、XML 数据库、数据仓库、数据挖掘技术和 NoSQL 数据库这 6 个研究热点进行了简要介绍，为读者在数据库领域从事研究和应用开发提供参考。

☞ 知识拓展

图灵奖得主：迈克尔·斯通布雷克

习　题　10

一、单项选择题

1．分布式数据库中的"数据分片"是指（　　　）。

　　A．对磁盘的分片　　　　　　　　B．对全局关系的分片

　　C．对内存的分片　　　　　　　　D．对网络结点的分片

2．分布式数据库中的"数据分配"是指在计算机网络各场地上的（　　　）。

　　A．对磁盘的分配策略　　　　　　B．对数据的分配策略

　　C．对内存的分配策略　　　　　　D．对网络资源的分配策略

3．分布式数据库的体系结构是（　　　）。

　　A．分布的　　　　B．集中的　　　　C．全局的　　　　D．分层的

4．面向对象数据库系统的主要特点是具有面向对象技术的（　　），提高了软件的可重用性。

    A．封装性和继承性　　　　　　　　B．虚拟性和多态性

    C．抽象性和继承性　　　　　　　　D．封装性和多态性

5．数据仓库系统必须不断捕捉数据库中变化的数据，并在经过统一集成后装载到数据仓库中，这是数据仓库（　　）特点。

    A．面向主题的　　　　　　　　　　B．集成的

    C．不可更新的　　　　　　　　　　D．随时间不断变化的

6．数据仓库的数据库模式是以（　　）为基础进行扩展的。

    A．星形模型　　　　B．雪花模型　　　　C．星座模式　　　D．数据集市

7．开展数据挖掘的基本目的是（　　）。

    A．建立数据仓库　　　　　　　　　B．帮助用户做出决策

    C．从大量数据中提取有用信息　　　D．对数据进行统计和分析

8．下面（　　）技术可以用来平滑数据，消除数据噪声。

    A．数据清理　　　　B．数据集成　　　　C．数据变换　　　D．数据规约

9．用来揭示数据与数据之间未知的相互依赖关系是数据挖掘的（　　）技术。

    A．决策树　　　　　B．神经网络　　　　C．关联规则　　　D．聚类分析

10．在对客观事物大量试验和观察的基础上，用来寻找隐藏在看上去不确定的现象中的统计规律的数理统计方法，该方法是数据挖掘的（　　）技术。

    A．统计学习　　　　　　　　　　　B．贝叶斯学习

    C．回归分析　　　　　　　　　　　D．模糊集和粗糙集

11．以下选项不是 NoSQL 数据库共性特征的是（　　）。

    A．易扩展　　　　　B．数据量大　　　　C．模型固定　　　D．高可用性

二、填空题

1．分布式数据库的主要特点包括：_____、_____和_____。

2．分布式数据库系统抽象为 4 层的结构模式，分别为_____、_____、_____和_____，在各层间还有相应的层间映射。

3．面向对象数据库系统是为了满足新的数据库应用需要，把_____和_____结合起来，可以使数据库系统的分析、设计最大程度地与人们对客观世界的认识相一致。

4．目前 XML 数据库有 3 种类型：_____、_____和_____。

5．数据仓库主要有 4 个特点：_____、_____、_____和_____。

6．一个典型的数据仓库系统通常包含_____、_____、_____和_____ 4 个部分。

7．数据仓库中常见的数据库模式有_____、_____和_____。

8．数据仓库中常用的工具有_____、_____、_____和_____。

9．数据挖掘的实施步骤包括_____、_____、_____、_____、_____和_____。

10．典型的 NoSQL 数据库通常包括_____、_____、_____和_____。

11．NoSQL 整体框架包括_____、_____、_____和_____。

三、简答题

1. 简述分布式数据库体系结构。
2. 简述面向对象数据库与关系数据库的区别。
3. 与传统数据库相比，XML 数据库具有哪些优势？
4. 简述数据仓库的特点。
5. 简述数据仓库工具有哪些。
6. 简述数据挖掘的含义。
7. 简述数据挖掘常用的基本技术。
8. 简述 NoSQL 数据库适用的情况有哪些。

习题

课件

答案

课程网址

参 考 文 献

[1] 姜代红，蒋秀莲．数据库原理及应用[M]．2 版．北京：清华大学出版社，2017．

[2] 姜代红，蒋秀莲．数据库原理及应用实用教程[M]．北京：清华大学出版社，2010．

[3] 李雁翎．数据库原理及应用：基于 GaussDB 的实现方法[M]．北京：清华大学出版社，2021．

[4] 宋金玉．数据库原理及应用[M]．3 版．北京：清华大学出版社，2022．

[5] 贾铁军．数据库原理及应用[M]．4 版．北京：清华大学出版社，2021．

[6] 王珊，萨师煊．数据库系统概论[M]．5 版．北京：高等教育出版社，2018．

[7] 叶潮流，吴伟．数据库原理与应用 SQL Server 2019（慕课版）[M]．北京：人民邮电出版社，2022．

[8] 何玉洁．数据库原理与应用教程[M]．3 版．北京：机械工业出版社，2013．

[9] 唐好魁．数据库技术及应用[M]．3 版．北京：电子工业出版社，2016．

[10] 顾韵华，李含光．数据库基础教程（SQL Server 平台）[M]．2 版．北京：电子工业出版社，2014．

[11] 胡孔法．数据库原理及应用[M]．2 版．北京：机械工业出版社，2015．

[12] 王占全．高级数据库技术[M]．上海：华东理工大学出版社，2011．

[13] 廖梦怡，王金柱．SQL Server 2012 宝典[M]．北京：电子工业出版社，2014．

[14] Adam Jorgensen，Patrick LeBlanc，Jose Chinchilla，等．SQL Server 2012 宝典[M]．4 版．张慧娟，译．北京：清华大学出版社，2014．

[15] 李苹，黄可望，黄能耿．SQL Server 2012 数据库应用与实训[M]．北京：机械工业出版社，2015．

[16] 李春葆，陈良臣，曾平，等．数据库原理与技术——基于 SQL Server 2012[M]．北京：清华大学出版社，2015．

[17] 李建中，王珊．数据库系统原理[M]．2 版．北京：电子教育出版社，2004．

[18] 徐洁磐．现代数据库系统教程[M]．北京：北京希望电子出版社，2003．

[19] 陈志泊．数据库原理及应用教程[M]．北京：人民邮电出版社，2023．

[20] 钱雪忠，罗海驰，钱鹏江．数据库系统原理学习辅导[M]．北京：清华大学出版社，2004．

[21] 王珊．数据库系统概论学习指导与习题解析[M]．4 版．北京：高等教育出版社，2008．

[22] 王雯，刘新亮，左敏．数据库原理及应用[M]．北京：机械工业出版社，2010．

[23] M. Tamer Ozsu，Patrick Valduriez．分布式数据库系统原理[M]．3 版．周立柱，范举，吴昊，等译．北京：清华大学出版社，2014．

[24] https://technet.microsoft.com/library。